高职高专“十三五”规划教材

# 计算机网络基础

蔡龙飞　许喜斌　主　编

林虹虹　陈科桦　赵小蕾　何　洁　何　芳　徐博龙　副主编

中国铁道出版社有限公司
CHINA RAILWAY PUBLISHING HOUSE CO., LTD.

## 内 容 简 介

计算机网络是计算机专业的一门重要的专业课程，国内外关于计算机网络的教材品种众多、各具特色，本书的特点在于不仅着重讲解计算机网络基础理论知识，同时又重视实训和应用，重视培训学生的技能。

全书共分为9章，主要内容有计算机网络的发展、定义、体系结构、网络协议和网络设备，IP网络技术和相关协议，交换技术和路由技术及相关算法，DNS等经典的应用层协议，移动互联网及物联网技术，网络新安全等。每章后附有实训练习及习题，以帮助读者巩固各知识点。

本书适合作为高职高专计算机专业、电子商务专业以及其他电子信息类相关专业的网络课程教材，也可作为广大网络管理人员及技术人员学习网络知识的参考书。

**图书在版编目（CIP）数据**

计算机网络基础/蔡龙飞，许喜斌主编. —北京：中国铁道出版社，2017.9（2022.8 重印）
高职高专“十三五”规划教材
ISBN 978-7-113-23731-8

Ⅰ.①计… Ⅱ.①蔡… ②许… Ⅲ.①计算机网络-高等职业教育-教材 Ⅳ.①TP393

中国版本图书馆 CIP 数据核字(2017)第 215326 号

书　　名：**计算机网络基础**
作　　者：蔡龙飞　许喜斌

策　　划：唐　旭　周海燕　　　　编辑部电话：（010）51873090
责任编辑：周海燕　冯彩茹
封面设计：崔丽芳
责任校对：张玉华
责任印制：樊启鹏

出版发行：中国铁道出版社有限公司（100054，北京市西城区右安门西街8号）
网　　址：http://www.tdpress.com/51eds/
印　　刷：北京富资园科技发展有限公司
版　　次：2017年9月第1版　2022年8月第7次印刷
开　　本：787 mm×1 092 mm　1/16　印张：15.5　字数：384 千
书　　号：ISBN 978-7-113-23731-8
定　　价：39.00 元

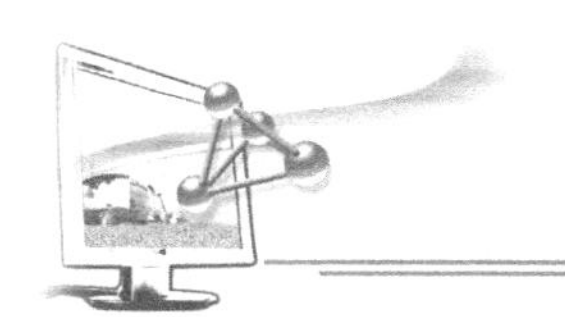

# 前 言

FOREWORD

据中国互联网络信息中心（CNNIC）发布第40次《中国互联网络发展状况统计报告》显示，截至2017年6月，中国网民规模达7.51亿。目前中国计算机网络发展迅速，已经成为应用最为活跃的领域，也是支撑全球信息交流互通的重要支柱。在当今的信息时代，计算机网络正保持着快速的发展，各类应用规模呈上升趋势，即时通信、搜索引擎、网络新闻、网络支付等大大丰富了人们的生活，同时也在逐步改变着人们的生活方式、工作方式与思维方式，必将对人类社会的进步产生重要而深远的影响。

计算机网络是计算机技术与通信技术相互渗透、密切结合而形成的一门交叉学科，涉及的知识点多且复杂，但经过几十年的发展，目前已经形成了比较完善的体系，并带动了移动互联网、物联网等相关技术的高速发展。因此，针对计算机网络技术发展迅速、应用广、知识多、更新快的特点，同时也作为一门高等院校重要的计算机专业类课程，仍然需要不断地建设和完善相关教材来充实和提升其内容、技术、应用和发展。

近年来，我国在互联网技术、产业应用以及跨界融合等方面取得了积极进展，已具备加快推进“互联网+”发展的坚实基础，为了顺应世界“互联网+”发展趋势，本书以培养计算机网络高级技能人才为目标，力图将互联网思维的理念和方法融入各章内容中。在内容结构的组织上，以计算机网络应用模块化为导向来讲述网络最基本的工作原理和知识点，同时加入当前网络技术发展的最新技术和关注热点，保证知识的先进性和系统性。另外，通过实训练习来巩固读者知识掌握和提升具体应用技能，力求使读者在掌握计算机网络工作原理和相关技术的同时，能进行网络系统的规划、设计和网络设备的软硬件安装调试工作，能进行网络系统的运行、维护和管理，能高效、可靠、安全地管理网络资源，学会解决网络出现的基本问题，并且还能持续不断地对迅速发展的网络新技术具备自主学习能力。本书也考虑了全国计算机等级考试及网络管理员考试所要求的基本内容，有助于读者通过相关科目的认证考试。

全书共分9章:

第1章计算机网络概述，介绍了计算机网络的发展、定义、基本概念、拓扑结构和接入方式以及相关的数据通信基础知识。

第2章网络体系结构与网络协议，重点讨论了网络体系结构与网络协议的基本概念，详细介绍了计算机网络参考模型及各个模型的不同层次的主要功能，重点介绍了OSI模型七层协议的作用和TCP/IP模型四层协议的作用，并对OSI参考模型和TCP/IP参考模型进行了比较与分析。

第3章典型企业网络架构，重点讨论了常见的企业网络架构模式，不同工作环境中使用的不同传输媒体，同时介绍了常用的网络设备。

第 4 章 IP 网络基础，讨论了以太网的帧结构，分层模型中数据传输过程，并介绍了 IP 编址及相关概念，重点讨论了 NAT 技术、ARP 协议、传输层协议、HDLC 协议和 PPP 协议。

第 5 章交换技术，先介绍经典的局域网交换技术，再扩展开来，讲解在物理层和数据链路层上扩展以太网，进一步阐述生成树协议（STP）的作用和工作原理，再进行传统局域网与虚拟局域网的比较，让读者清楚虚拟局域网的作用。

第 6 章路由技术，讨论了网络层的主要设备——路由器，先介绍路由器的作用、路由的选择和分组数据转发原理；再进行路由算法的介绍，包括最优化原则、最短路径算法、距离矢量路由算法和链路状态路由算法，进一步加深读者对路由器的认识和掌握。另外，还讨论了内部和外部网关的相关协议。

第 7 章典型的应用层协议，讨论了常用域名系统 DNS 的工作原理、远程终端协议 Telnet 的工作过程、主机配置与动态主机配置 DHCP 的应用、文件传输协议 FTP 的作用，通过学习这些常见的应用层协议，加大读者对应用层特点的理解。

第 8 章网络新技术，讨论了计算机网络在不断发展和变化中较为流行的新技术——移动互联网技术和物联网技术，着重对两种网络新技术的起源、定义、体系结构和关键技术的概要性知识做介绍。

第 9 章网络安全，主要介绍了网络安全的基本概念和重要性，及网络安全研究的基本问题和主要网络安全技术，重点介绍了加密技术、数字签名、VPN 技术、防火墙技术以及入侵检测技术等。

在本书的编写过程中，编者参考了近年来比较新的文献资料，在写作中力求做到层次清晰、论述严谨、循序渐进、内容丰富、应用性强。

本文由蔡龙飞、许喜斌任主编，林虹虹、陈科桦、赵小蕾、何洁、何芳、徐博龙任副主编。其中：第 1 章由何洁编写，第 2 章由徐博龙编写，第 3 章由林虹虹（企业工程师）编写，第 4 章由蔡龙飞编写，第 5、6 章由赵小蕾编写，第 7 章由陈科桦编写，第 8 章由何芳编写，第 9 章由许喜斌编写。全书由蔡龙飞、许喜斌统稿。

在本书的编写过程中，中国铁道出版社的编辑给予了很大的支持，在此表示衷心的感谢。

由于编者水平有限，加之时间仓促，书中难免存在疏漏与不足之处，敬请广大读者和同仁不吝赐教、拨冗指正。

编　者<br>2017 年 8 月

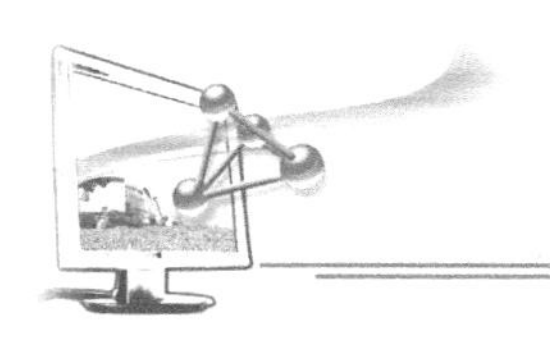

# 目录

CONTENTS

# 第 1 章 计算机网络概述

【教学提示】

随着计算机网络的快速发展，各种网络应用层出不穷，计算机网络已经影响到人们学习和生活的方方面面。本章概要阐述了计算机网络的产生与发展历程，介绍了四代计算机网络及其特点；简要介绍了计算机网络的功能，给出了计算机网络的定义、组成与分类方法，对五种重要的网络拓扑结构进行了讲解；最后，对电路交换、报文交换、分组交换三种网络交换技术的优缺点进行了分析与总结，并对各种 Internet 接入方式进行了简要介绍。

【教学要求】

理解不同阶段的计算机网络的特点，理解计算机网络的定义，理解资源子网和通信子网的分类与作用；掌握计算机网络的拓扑结构与特点，掌握三类网络交换技术工作原理及其特点；了解 Internet 接入方式。

## 1.1 计算机网络的产生与发展

计算机网络的发展历史和其他事物的发展历史一样，经历了从简单到复杂，从低级到高级的过程。在这一过程中，计算机技术与通信技术紧密结合、相互促进、共同发展，最终产生了计算机网络。

### 1.1.1 面向终端的计算机网络——第一代计算机网络

1946 年 2 月 14 日，世界上第一台计算机 ENIAC 在美国宾夕法尼亚大学诞生。这部机器使用了 17 468 个真空管，长 30.48 m，宽 6 m，占地 170 $m^2$，重达 30 t。ENIAC 以电子管作为元器件，所以又被称为电子管计算机，是第一代计算机。自 ENIAC 问世以来，大型计算机开始逐渐发展起来，但计算机的数量非常少，而且非常昂贵。当时的计算机大都采用批处理方式，用户使用计算机首先要将程序和数据制成纸带或卡片，再送到计算中心进行处理。1954 年，人们开始使用一种称为收发器（Transceiver）的终端将穿孔卡片上的数据通过电话线路传送到远程计算机。此后，电传打字机也作为远程终端和计算机相连，用户可以在远程电传打字机上输入自己的程序，而计算机计算的结果也可以传送到远程电传打字机上并打印出来，计算机网络的基本原型就这样诞生了。

由于当初的计算机是为批处理而设计的，因此当计算机和远程终端相连时，必须在计算机上增加一个接口。显然，这个接口应当对计算机原来软件和硬件的影响尽可能小，于是就出现了图 1-1 所示的线路控制器（Line Controller）。图中的调制解调器（Modem）是必需的，因为公用交换电话网络（Public Switched Telephone Network，PSTN）是用来传输模拟的语音信号，而计算机处理的信号为数字信号,因此需要用调制解调器完成模拟数据和数字数据之间的转换。当计算机连接的终端数量增多时，为了避免一台计算机使用多个线路控制器，在 20 世纪 60 年代初期，出现了多重线路控制器（Multiple Line Controller）。它可以和多个远程终端相连接，构成面向终端的计算机通信网，如图 1-2 所示。有人将这种最简单的通信网称为第一代计算机网络。

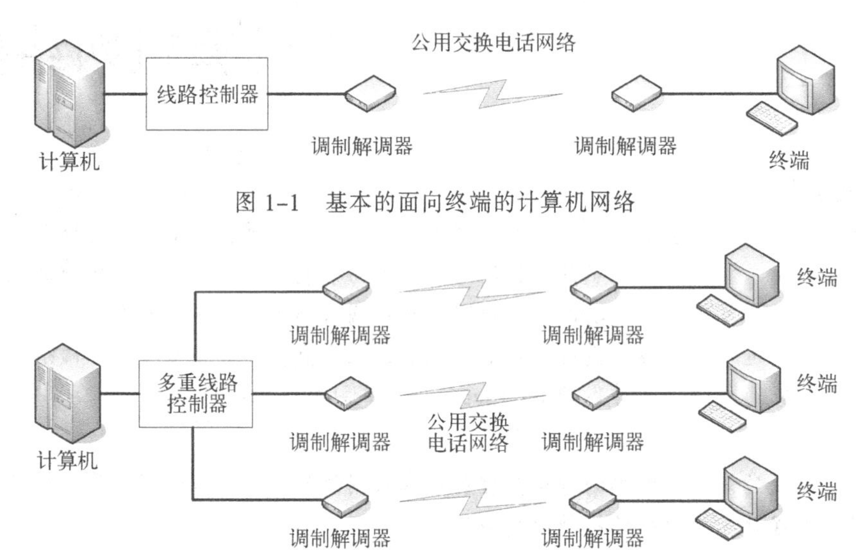


图 1-1　基本的面向终端的计算机网络

图 1-2　扩展的面向终端的计算机通信网

在第一代计算机网络中，计算机是网络的控制中心，终端围绕着中心分布在各处，而计算机的主要任务是进行批处理。同时考虑到为一个用户架设直达的通信线路是一种极大的浪费，因此在用户终端和计算机之间通过公用交换电话网络进行通信。人们利用通信线路、集中器、多路复用器等设备，将一台计算机与多台用户终端相连接，用户通过终端命令以交互的方式使用计算机系统，从而将单一计算机系统的各种资源分散到每个用户手中。

第一代计算机网络系统存在一些缺点：如果计算机的负荷较重，会导致系统响应时间过长；而且单机系统的可靠性一般较低，一旦计算机发生故障，将导致整个网络系统瘫痪。

### 1.1.2　分组交换网——第二代计算机网络

为了克服第一代计算机网络的缺点，提高网络的可靠性和可用性，人们开始研究将多台计算机相互连接的方法。网络用户希望通过网络实现计算机资源共享。人们首先想到的是借鉴电话系统中所采用的电路交换（Circuit Switching）。但电路交换本来是为电话通信而设计的，对于计算机网络来说，建立通路的呼叫过程太长，必须寻找新的适合于计算机通信的交换技术。1964 年 8 月，巴兰（Baran）在美国兰德（Rand）公司“论分布式通信”的研究报告中提到了存储转发的概念，为第二代计算机网络的出现提供了重要的技术支撑。

第二代计算机网络的阶段是 20 世纪 60 年代中期到 70 年代早期。第二代计算机网络在真正

意义上实现了计算机之间的互联，以资源共享为目的，典型的代表是 20 世纪 60 年代美国国防部高级研究计划局的网络 ARPANET（Advanced Research Project Agency Network）。ARPANET 不仅开创了第二代计算机网络，而且影响深远，深远的意义在于由它开始发展成为今天在世界范围内广泛应用的因特网（Internet）。它的 TCP/IP 协议簇已成为事实上的国际标准。第二代计算机网络将分散在不同地点的计算机互联，它是以资源子网为中心的计算机网络，从逻辑功能上来看，可以分为资源子网和通信子网两部分，如图 1-3 所示。在第二代计算机网络中，主机之间没有主从关系，网络中的多个用户通过终端不仅可以共享本主机上的软件、硬件资源，还可以共享通信子网中其他主机上的软件、硬件资源，故这种计算机网络又称共享系统资源的计算机网络。

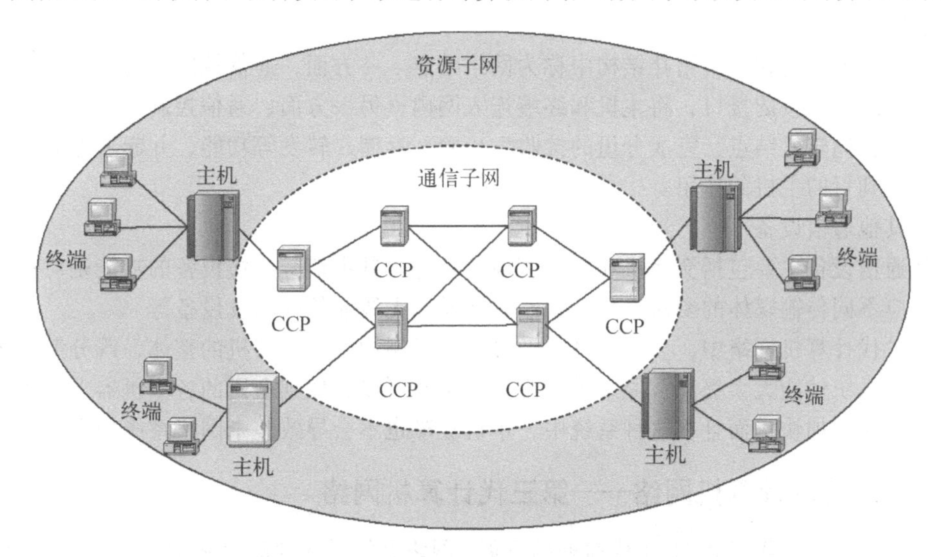


图 1-3　计算机网络结构示意图

**1. 资源子网**

资源子网主要包括各类主机、终端、外围设备、网络协议及网络软件等，它的主要任务是收集、存储和处理信息，为用户提供网络服务和资源共享功能等。

（1）主机（Host）

在计算机网络中，主机是网络上管理共享资源的各种类型的计算机，包括大型机、中型机、小型机、工作站或微机。主机是资源子网的主要组成部分，通过高速线路与通信子网的通信控制处理机（Communication Control Processor，CCP）相连接。

（2）终端（Terminal）

终端是用户访问网络的界面装置，又称终端设备，是计算机网络中处于网络最外围的设备，主要用于用户信息的输入以及处理结果的输出等。在个人计算机时代，个人计算机可以运行称为终端仿真器的程序来模仿一个终端的工作。随着移动网络的发展，移动终端（如智能手机、PAD）等得到了广泛应用。此时，终端不仅能承担输入/输出的工作，同时也能进行一定的运算和处理，实现部分系统功能。

**2. 通信子网**

通信子网是把网络中各站点互相连接起来的数据通信系统，主要包括通信线路（传输介质）、网络连接设备（如通信控制处理器）、网络协议和通信控制软件等。通信子网的主要任务是连接网络上的各种计算机，完成数据的传输、交换、加工和通信处理工作。按照功能来分，包括数据交换和数据传输两部分，硬件部分由通信线路、通信控制处理机以及其他通信设备组成。

（1）通信线路

通信线路（传输介质）是指用于连接两个或多个网络结点（通信控制处理机或者主机）的物理传输线路，包括双绞线、同轴电缆、光纤、无线通信信道、微波与卫星通信信道等。

（2）通信控制处理机

通信控制处理机是一种在数据通信系统中专门负责数据通信、传输和控制的计算机或具有同等功能的计算机部件。

通信控制处理机在网络拓扑结构中称为网络结点。一方面，通信控制处理机作为与资源子网的主机、终端连接的接口，将主机和终端连入网内；另一方面，通信控制处理机作为通信子网中的分组存储转发结点，完成分组的接收、校验、存储、转发等功能，并起着将源主机报文准确地发送到目的主机的作用。

（3）其他通信设备

其他通信设备主要包括交换机和信号变换设备等。其中信号变换设备的功能是对信号进行变换以适应不同传输媒体的要求，包括调制解调器、无线通信的收发设备等。

在第二代计算机网络中，多台计算机通过通信子网构成一个有机的整体，既分散又统一，从而使整个系统性能大大提高；原来单一主机的负载可以分散到全网的各个机器上，使得网络系统的响应速度加快；而且在这种系统中，单机故障也不会导致整个网络系统的全面瘫痪。

### 1.1.3 标准化的计算机网络——第三代计算机网络

经过 20 世纪 60 年代和 70 年代前期的发展，网络开始进入商品化和实用化，特别是计算机局域网的发展和应用十分广泛。客观需求迫使计算机网络体系结构由封闭走向开放式，由此出现了第三代计算机网络。第三代计算机网络的阶段是 20 世纪 70 年代中后期出现的计算机网络，是具有网络体系标准化的网络。20 世纪 70 年代末期，国际标准化组织成立了开放系统互连（Open System Interconnection，OSI）分委员会，研究和制定网络通信标准，以实现网络体系结构的国际标准化。1984 年国际标准化组织正式颁布了一个称为“开放系统互连参考模型”的国际标准 ISO 7498，简称 OSI RM。1980 年 2 月，IEEE 802 局域网标准出台。

### 1.1.4 Internet——第四代计算机网络

计算机网络经过第一代、第二代和第三代的发展，表现出巨大的使用价值和良好的应用前景。20 世纪 90 年代以来，微电子技术、大规模集成电路技术、光通信技术和计算机技术不断发展，为网络技术的发展提供了有力的支持；而网络应用正迅速朝着高速化、实时化、智能化、集成化和多媒体化的方向不断深入，新型应用向计算机网络提出了挑战，新一代网络的出现已成必然。在 20 世纪 90 年代后，局域网成为计算机网络结构的基本单元。网络间互连的要求越来越强烈，以真正达到资源共享、数据通信和分布处理的目标。第四代计算机网络从 20 世纪 80 年代末开始逐渐形成，是互联网与信息高速公路阶段。伴随着局域网技术日渐成熟，出现了光纤及高速网络、智能网络等技术。整个网络就像一个对用户透明的、大的计算机系统，最终发展为以 Internet 为代表的互联网。

# 1.2　计算机网络的功能

由计算机网络的产生与发展历程可知，计算机网络是由计算机技术和通信技术的相互结合、相互促进而形成的。在计算机网络出现之初，其主要功能是为了解决计算机与远程终端之间的通信问题，可以说数据通信是计算机网络最初形成的根本原因。但随着计算机网络的不断发展，当前其主要目的在于实现"资源共享"，即所有合法用户均能享受所在计算机网络中其他计算机所提供的软、硬件资源和数据信息。随着计算机网络规模的进一步扩大，计算机网络的功能也越来越强大，所提供的服务内容也越来越丰富，各种不同的计算机网络系统也越来越复杂。综合来讲，目前计算机网络所具备的功能主要有五种。

### 1．数据通信

数据通信是计算机网络的基本功能之一，用以实现计算机与终端、计算机与计算机、计算机与服务器之间的数据传输。典型的例子就是通过 Internet 收发电子邮件，可以很方便地实现异地交流。

### 2．资源共享

资源共享是构建计算机网络的核心，主要共享的资源有软件资源、硬件资源和数据。

（1）软件资源

软件资源主要包括程序共享、文件共享等，可以避免软件的重复开发与大型软件的重复购买。在局域网中客户机可以调用主机中的应用程序，调看相关的文件。单机用户一旦连入计算机网络，在操作系统的控制下，可以使用网络中其他计算机资源来处理用户提交的大型复杂问题。

（2）硬件资源

用户利用计算机网络，可以共享网络中的硬件设备，避免重复购置，提高计算机硬件的利用率。例如，同一间办公室可以配备一台网络打印机供办公室所有人员使用，避免购买多台打印机，节省成本和空间，也可以使用网络中大容量的存储设备存放所有人员的资料。

（3）数据

数据共享可以避免大型数据库的重复设置，以最大限度降低成本。此外，在一个单位内部的数据共享能够使得单位中不同的部门协同工作，实时同步更新系统数据，提高员工的工作效率。

### 3．负载均衡与分布式处理

分布式处理是通过算法将大型的综合性问题交给网络中不同的计算机同时进行处理。网络中的用户可以根据需要合理选择网络资源，就近快速地进行处理。当网络中的某台计算机负担过重时，网络又可以将新的任务交给较空闲的计算机完成，均衡负载，从而提高每台计算机的可用性。例如，将需要处理的大量数据分散到多台计算机上进行输入，以解决数据输入的"瓶颈"问题。例如，我国进行多次的人口普查，各地方收集到的数据由各地方工作人员进行数据输入。

### 4．提高可靠性

在一个系统中，单个部件或计算机的暂时失效随时都有可能发生，硬件的故障或失效可能会造成巨大的损失。而网络中的每台计算机都可通过网络相互成为后备机。一旦某台计算机出现故障，其任务就可由其他的计算机代为完成，这样就可以避免在单机情况下，一台计算机发生故障引起整个系统瘫痪的现象，从而提高系统的可靠性。

5．综合信息服务

计算机网络的多元化是其一大发展趋势，在一套系统上提供集成的信息服务，包括来自政治、经济、生活等各个方面的资源，同时还能够提供多媒体信息。Internet 上的一些综合性的网站主要提供这种综合信息服务。

# 1.3　计算机网络的定义、组成与分类

## 1.3.1　计算机网络的定义

对“计算机网络”概念的理解和定义，在计算机网络发展的不同阶段，人们提出了各种不同的观点。计算机网络最简单的定义可描述为：一些相互连接的、以共享资源为目的的、自治的计算机的集合。从用户角度看，计算机网络就像一个能为用户自动管理的网络操作系统，调用完成用户所调用的资源，整个网络像一个大的计算机系统，对用户是透明的。另一个比较通用的定义是：利用通信线路将地理上分散的、具有独立功能的计算机系统和通信设备按不同的形式连接起来，以功能完善的网络软件及协议实现资源共享和信息传递的系统。

## 1.3.2　计算机网络的组成

从逻辑上来看，计算机网络是由通信子网和资源子网两部分组成；从软、硬件的角度来看，一个完整的计算机网络系统是由网络硬件和网络软件所组成的。网络硬件是计算机网络系统的物理实现，网络软件是计算机网络系统中的技术支持；两者相互作用，共同完成网络功能。

网络硬件一般是指网络中的服务器、工作站、网络终端、通信处理机、传输介质以及信息变换设备等。

1．服务器

在一般的局域网中，服务器是指为客户提供各种服务的计算机，因此对其有一定的技术指标要求，特别是主、辅存储容量及其处理速度要求较高。根据服务器在网络中所提供的服务不同，可将其划分为文件服务器、打印服务器、通信服务器、域名服务器、数据库服务器等。

2．工作站

除服务器外，网络上的其他计算机主要是通过执行应用程序来完成工作任务的。这种计算机称为工作站或客户机，是网络数据主要的发生场所和使用场所。用户主要是通过使用工作站来利用网络资源，并完成自己的工作任务。

3．网络终端

网络终端是用户访问网络的界面，它可以通过主机联入网内，也可以通过通信控制处理机连入网内。

4．通信处理机

通信处理机是计算机网络中的通信处理设备，一方面作为资源子网的主机、终端连接的接口，将主机和终端连入网内；另一方面它又作为通信子网中分组存储转发结点，完成分组的接

收、校验、存储和转发等功能。

5. 传输介质

传输介质（通信线路）为通信处理机与通信处理机、通信处理机与主机之间提供通信信道；它可以是有线传输介质，也可以是无线传输介质。

6. 信息变换设备

信息变换设备主要完成对信号进行变换的功能，它主要包括调制解调器、无线通信接收和发送器、用于光纤通信的编码解码器等。

网络软件一般是指网络操作系统、通信软件、网络通信协议等。

1. 网络操作系统

网络操作系统是网络软件中最主要的软件，用于实现不同主机之间的用户通信以及全网硬件和软件资源的共享，并向用户提供统一的、方便的网络接口，便于用户使用网络。目前有三大网络操作系统：UNIX、NetWare 和 Windows NT。UNIX 操作系统是一个强大的多用户、多任务操作系统，支持多种处理器架构，以前在大型机和小型机上使用，已经向个人计算机过渡；UNIX 支持 TCP/IP 协议，安全性、可靠性强，缺点是操作较复杂；常见的 UNIX 操作系统有 SUN 公司的 Solaris、IBM 公司的 AIX、HP 公司 HP-UX 等。NetWare 是美国 NOVELL 公司开发的早期局域网操作系统，其最重要的特征是基于基本模块设计思想的开放式系统结构，是一个开放的网络服务器平台，可以方便地对其进行扩充；NetWare 使用 IPX/SPX 协议，其优点是具有 NDS（Novell Directory Service）目录服务，缺点是操作较复杂。Windows NT 是微软公司在 1993 年推出的面向工作站、网络服务器和大型计算机的网络操作系统，也可作为 PC 操作系统；其特点是操作简单方便，缺点是安全性、可靠性较差，适用于中小型网络。除了 UNIX、NetWare 和 Windows NT 三大网络操作系统外，Linux 也是一个免费的网络操作系统，其源代码完全开放，是 UNIX 的一个分支，内核基本和 UNIX 一样，具有 Windows NT 的界面，操作简单，缺点是应用程序较少。

2. 网络协议软件

网络协议是网络通信的数据传输规范，网络协议软件是用于实现网络协议功能的软件。目前，典型的网络协议有 TCP/IP 协议、IPX/SPX 协议、IEEE 802 标准协议系列等。其中，TCP/IP 是当前异构网络互联应用最为广泛的网络协议。

3. 网络管理软件

网络管理软件是用于对网络资源进行管理以及对网络进行维护的软件，如性能管理、配置管理、故障管理、计费管理、安全管理、网络运行状态监视与统计等。

4. 网络通信软件

网络通信软件是用于实现网络中各种设备之间进行通信的软件，使用户能够在不必详细了解通信控制规程的情况下，控制应用程序与多个站进行通信，并对大量的通信数据进行加工和管理。

5. 网络应用软件

网络应用软件为网络用户提供服务，最重要的特征是其研究的重点不是网络中各个独立的计算机本身的功能，而是如何实现网络特有的功能。

## 1.3.3 计算机网络的分类

用于计算机网络分类的标准很多，如根据网络的规模和距离、根据网络的拓扑结构、根据网络的应用协议、根据网络中资源共享的方式等来进行分类。以上这些分类的方式只能反映计算机网络某方面的特征，最能反映计算机网络技术本质特征的分类方式是根据网络的规模和距离，可为个域网（Personal Area Network，PAN）、局域网（Local Area Network，LAN）、城域网（Metropolitan Area Network，MAN)、广域网（Wide Area Network，WAN）、因特网（Internet）。

### 1. 个域网

个域网一般是指利用短距离、低功率无线传输技术，在便携式消费电器与通信设备之间进行短距离通信的网络，其覆盖半径一般在 10 m 以内。

### 2. 局域网

局域网是将较小地理区域内的计算机或数据终端设备连接在一起的通信网络。局域网覆盖的地理范围比较小，一般在几十米到几千米之间。局域网常用于组建一个办公室、一栋楼、一个楼群、一个校园或一个企业的计算机网络，主要用于实现短距离的资源共享。图 1-4 是一个由几台主机、交换机、路由器组成的典型局域网。

局域网的特点是分布距离近、传输速率高、数据传输可靠、结构简单、实现容易等。

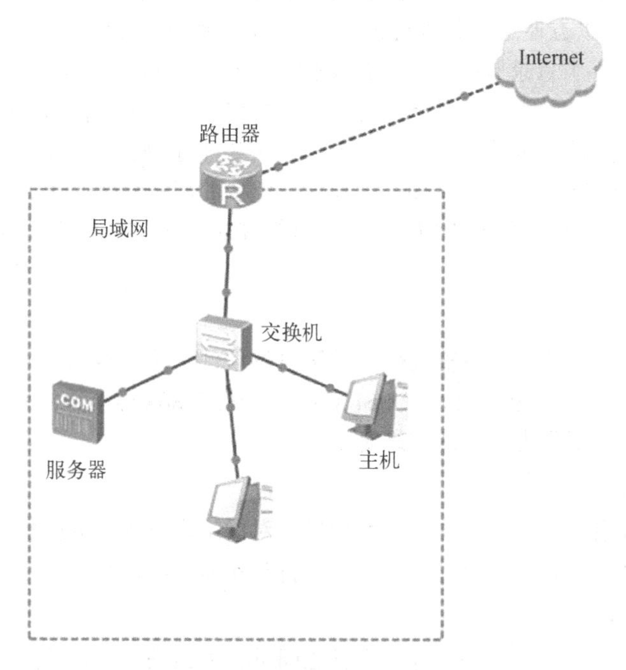


图 1-4　局域网结构示意图

### 3. 城域网

城域网是一种大型的局域网，它的覆盖范围介于局域网和广域网之间，一般为几千米至几万米。城域网将位于一个城市之内不同地点的多个计算机局域网连接起来实现资源共享。城域网所使用的通信设备和网络设备的功能要求比局域网高，以便有效地覆盖整个城市的地理范围。一般在一个大型城市中，城域网可以将多个学校、企事业单位、公司和医院的局域网连接

起来共享资源。

城域网中的传输时延较小，它的传输媒介主要采用光缆，传输速率在 100 Mbit/s 以上。城域网的一个重要用途是用作主干网，通过它将位于同一城市内不同地点的主机、数据库以及局域网等互相连接起来，这与广域网的作用有相似之处，但两者在实现方法与性能上有很大差别，如图 1-5 所示。

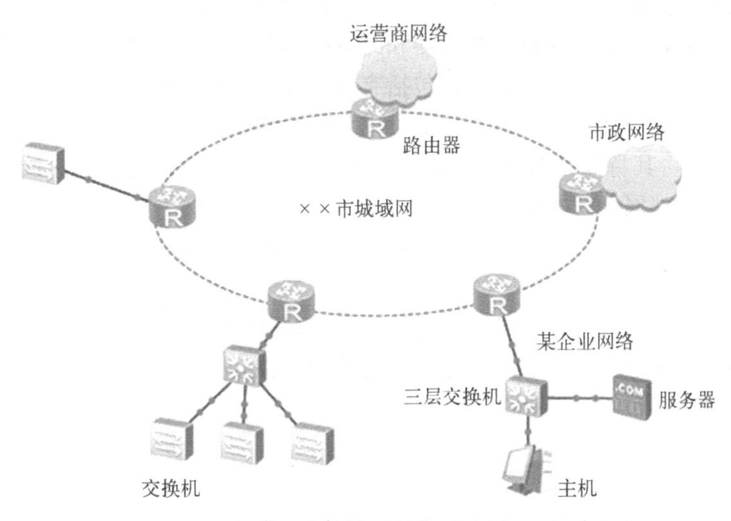


图 1-5 城域网结构示意图

#### 4. 广域网

广域网是在一个广阔的地理区域内进行数据、语音、图像信息传输的计算机网络。由于远距离数据传输的带宽有限，因此广域网的数据传输速率比局域网要慢得多。广域网通常跨接很大的物理范围，所覆盖的范围从几十千米到几千千米，可以覆盖一个城市、一个国家甚至全球。图 1-6 是一个简单的广域网。

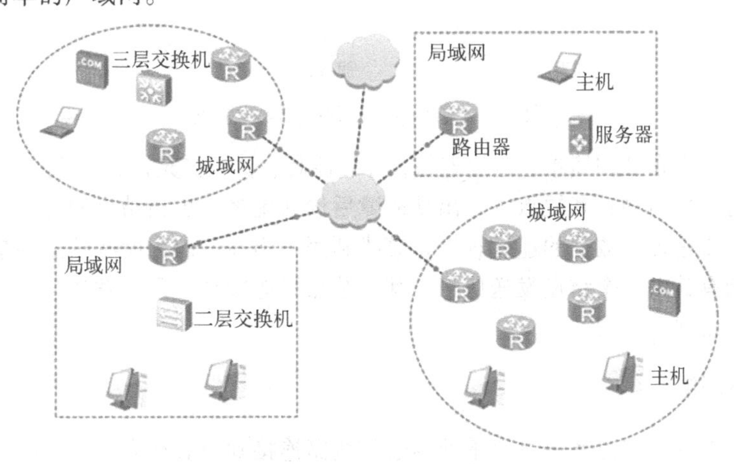


图 1-6 广域网结构示意图

#### 5. 因特网

因特网是广域网的一种，但它不是一种具体独立性的网络，它将同类或不同类的物理网络（局域网、广域网与城域网）互联，并通过高层协议实现不同类网络间的通信。

# 1.4 计算机网络拓扑结构

拓扑学把实体抽象成与其大小、形状无关的点，将连接实体的线路抽象成线，进而研究点、线、面之间的关系。计算机网络的拓扑结构借鉴了拓扑学的知识，它是指网络上计算机或设备与传输媒介形成的结点与线的物理构成模式。计算机网络上的结点有两类：一类是转换和交换信息的转接结点，包括结点交换机、集线器和终端控制器等；另一类是访问结点，包括计算机主机和终端等。线则代表各种传输媒介，包括有线传输介质和无线传输介质。

计算机网络按照传输技术（信道类型）可以分为两类：

① 广播式网络。其特点是多个网络结点共享一个公共的通信信道。总线、网状、无线通信和卫星通信网络等都属于广播式网络。

② 点到点网络。其特点是每条物理线路连接一对结点。星状、环状、树状和网状结构的网络都属于点到点网络。

局域网常用的拓扑结构有总线结构、星状结构、环状结构、树状结构、网状结构。拓扑结构影响着整个网络的设计、功能、可靠性和通信费用等许多方面，是决定局域网性能优劣的重要因素之一。

## 1.4.1 总线网络

总线网络的特点是网络中的所有结点都连接在同一条总线上，可以双向传输。总线网络拓扑结构示意图如图 1-7 所示，其特点是网络中不需要插入任何其他的连接设备，网络中任何一台计算机发送的信号都沿一条共同的总线传播，而且能被其他所有结点接收。

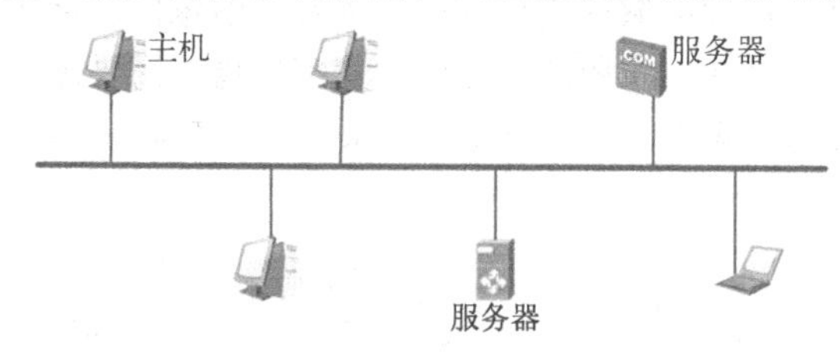


图 1-7 总线网络拓扑结构示意图

总线网络的优点是结构简单，布线容易，可靠性高，易于扩充，结点的故障不会影响系统，是局域网常用的拓扑结构；其缺点一是出现故障后诊断困难，出错结点的排查比较困难，因此结点不宜过多；二是传送数据的速度较慢，总线利用率不高，因为所有结点共享一条总线，在某一时刻，只能有其中一个结点发送信息，其他结点只能接收，不能发送。最著名的总线网络是共享介质式以太网。

## 1.4.2 星状网络

星状网络中的各个结点都由一个单独的通信线路连接到中心结点上。中心结点控制全网的通信，任何两台计算机之间的通信都要通过中心结点来转接。因为中心结点是网络可靠性的“瓶颈”，这种拓扑结构又称为集中控制式网络结构，这种拓扑结构是目前使用最普遍的拓扑结构，处于中心的网络设备可以是集线器，也可以是交换机。这种连接方式通常以双绞线或同轴电缆作为连接线路。星状网络拓扑结构示意图如图 1-8 所示。

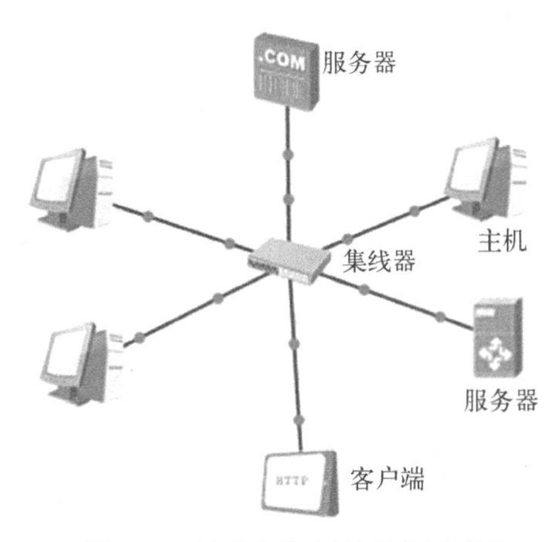


图 1-8　星状网络拓扑结构示意图

星状网络的优点是结构简单、便于维护和管理，因为当网络中某个结点或者某条线缆出现问题时，不会影响其他结点的正常通信，维护比较容易；其缺点一是通信线路专用，电缆成本高；二是中心结点是全网络的可靠性瓶颈，中心结点出现故障会导致网络的瘫痪。

## 1.4.3　环状网络

环状网络的特点是网络中所有结点通过通信线路组成闭合线路，环中只能沿一个方向单向传输。环状网络拓扑结构示意图如图 1-9 所示。

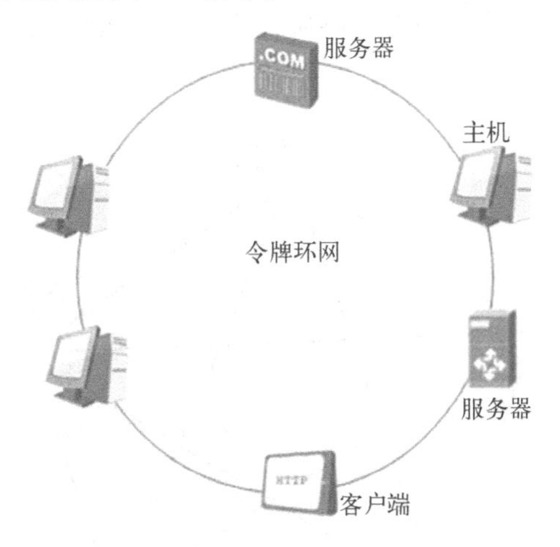


图 1-9　环状网络拓扑结构示意图

环状网络的优点是结构简单，控制简便，结构对称性好，传输速率高；其缺点是任意结点出现故障都会造成网络瘫痪，结点故障检测困难，结点的加入和撤出过程复杂，结点过多时，影响传输效率。

## 1.4.4　树状网络

树状网络是星状网络的扩展，它是根结点和分支结点所构成的一种层次结构，结点按照层次连接，信息交换主要在上、下结点之间进行，相邻结点或同层结点一般不会进行数据交换。树状拓扑结构示意图如图 1-10 所示。

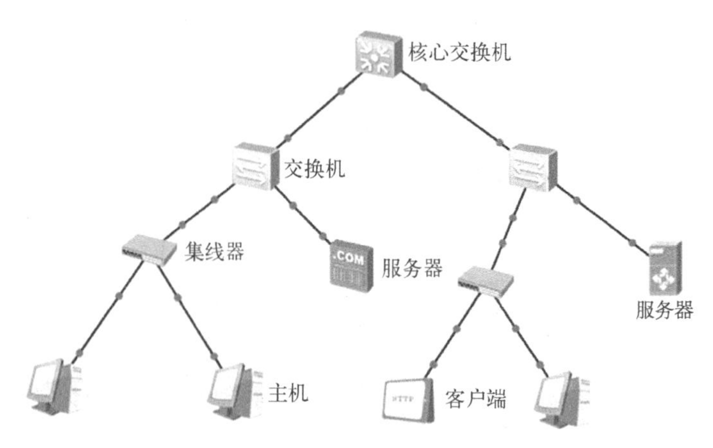


图 1-10　树状网络拓扑结构示意图

树状网络的优点是成本低、结构简单、维护方便、扩充结点方便灵活；缺点是资源共享能力差，可靠性低，对根结点的依赖性大，一旦根结点出现故障，将导致全网瘫痪，电缆成本高。

## 1.4.5　网状网络

网状结构的网络是指将各网络结点与通信线路连接成不规则的形状，每个结点至少与其他两个结点相连，或者说每个结点至少有两条链路与其他结点相连，如图 1-11 所示。大型互联网一般都采用这种结构，如中国教育和科研计算机网 CERNET，Internet 的主干网都采用网状结构。

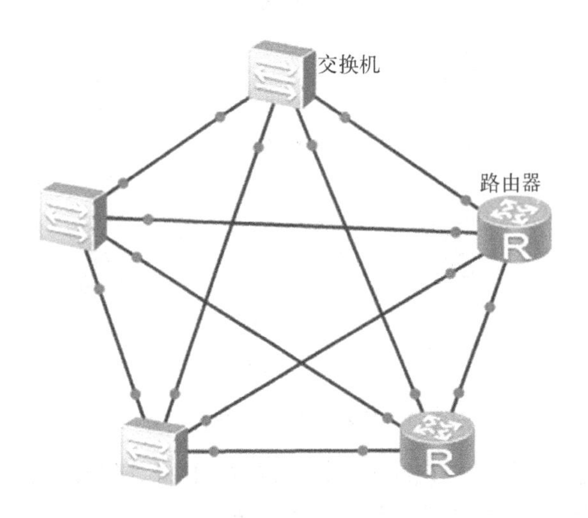


图 1-11　网状网络拓扑结构示意图

网状网络的优点是具有较高的可靠性，某一线路或结点有故障时，不会影响整个网络的工作；因为有多条路径，所以可以选择最佳路径，减少时延，改善流量分配，提高网络性能；缺点是结构复杂，不易管理和维护，线路成本高。网状结构的网络适用于大型广域网。

# 1.5　网络交换技术

从网络交换技术的发展历史看，数据交换经历了电路交换、报文交换、分组交换和综合业务数字交换的发展过程。

1. 电路交换技术

电路交换又称线路交换，是指呼叫双方在开始通话之前，必须先由交换设备在两者之间建立一条专用电路，并在整个通话期间由它们独占这条电路，直到通话结束为止的一种交换方式。电路交换方式的通信过程包括三个阶段：电路建立阶段、数据传输阶段和电路释放阶段。

电路交换的优点是实时性好、传输时延小，特别适合话音通信类的实时通信场合，对一次接续而言，传输时延几乎固定不变；通信双方按发送顺序传送数据，不存在失序问题；既适用于传输模拟信号，也适用于传输数字信号；交换设备及控制简单。

电路交换的缺点是电路利用率低，电路建立时间长，不适合于突发性强的数据通信；平均电路连接建立时间比数据通信时间长；在传送信息期间，没有任何差错控制措施，控制简单，但不利于可靠性要求高的数据业务传送。

2. 报文交换技术

报文交换又称消息交换，用于交换电报、信函、文本文件等报文消息。报文交换以报文为数据交换的单位，报文携带有目标地址、源地址等信息，在交换结点采用存储转发的传输方式。在这种交换方式中，发方不需要先建立电路，不管收方是否空闲，都可随时直接向所在的交换机发送消息，交换机将收到的消息报文先存储于缓冲器的队列中，然后根据报文头中的地址信息计算出路由，确定输出线路，一旦输出线路空闲，立即将存储的消息转发出去。电信网中各中间结点的交换设备均采用此种方式进行报文的接收—存储—转发，直至报文到达目的地。应当指出的是，在报文交换网中，一条报文所经过的网内路径只有一条，但相同的源点和目的点间传送的不同报文可能会经由不同的网内路径。

报文交换的优点是不需要先建立专用的通信线路，不必等待收方空闲，发方就可以随时发送报文。因此电路利用率高，而且各中间结点交换机还可进行速率和代码转换，同一报文可转发至多个收信站点。

报文交换的缺点是，由于报文没有长度限制，因此要求交换机有较大的缓冲区；网络中数据传输需要存储转发，时延较大，且时延不确定，实时性差；因此，这种交换方式只适合于数字信号传输，不适合于实时交互通信，如话音通信等。

3. 分组交换技术

在分组交换中，报文被分割为一定长度的若干个数据分组（也称数据包），每个分组通常含数百至数千比特。将该分组数据加上地址和适当的控制信息等送往分组交换机。与报文交换一样，在分组交换中，分组也采用存储转发技术。两者不同之处在于，分组长度通常比报文长度要短小得多。在交换网中，同一报文的各个分组可能经过不同的路径到达终点，由于中间结点的存储时延不一样，各分组到达终点的先后与源结点发出的顺序可能不同。因此目的结点收齐所有分组后需先经排序、解包等过程才能将正确的数据送给用户。

分组交换技术的优点是加速了数据在网络中的传输，简化了存储管理；减少了出错概率和重发数据量；由于分组较短，更适用于采用优先级策略，便于及时发送一些紧急数据。

分组交换技术的缺点是仍存在存储转发时延，需要结点交换机有更强的处理能力；每组需要加入附加信息，增大了信息量，降低了通信效率，增加了处理时间；可能出现失序、丢失或重复分组，目的结点需要对组进行排序。

从以上三种交换方式可知，当发送数据量大、传送时间远大于呼叫时间时，适合使用电路交换技术；端到端的通路由很多段的链路组成时，适合使用分组交换技术；报文交换的信道利用率高于分组交换；分组交换适用于计算机之间突发式的数据通信。

电路交换、报文交换和分组交换三种交换方式都属于低速数据交换。由于计算机高速数据传输、高速图像数据的传输和交换需要，人们现正利用帧中继（Frame Relay）和 ATM（Asynchronous Transfer Mode）等宽带交换设备来传送高速数据。

## 1.6 Internet 接入方式

从信息资源的角度看，互联网是一个集各部门、各领域的信息资源为一体的、供网络用户共享的信息资源网。家庭用户或单位用户要接入互联网，可通过某种通信线路连接到 ISP（Internet Server Provider），由 ISP 提供互联网的入网连接和信息服务。互联网接入是通过特定的信息采集与共享的传输通道，利用某种特定的传输技术完成用户与广域网的高带宽、高速度的物理连接。

互联网的发展有两个因素：主干网速度和接入网速度。随着互联网技术的不断发展和完善，接入网的带宽被人们分为窄带和宽带。网络接入技术与网络接入方式的结构密切相关，发生在连接网络与用户的最后一段路程（称“最后一公里”）。目前流行的三种网络接入方式是电信网络接入、计算机网络接入和有线电视网络接入。电信网络接入是指用户通过 PSTN、DDN（Digital Data Network，数字数据网）专线、ISDN（Integrated Services Digital Network，综合业务数字网）、ADSL（Asymmetric Digital Subscriber Line，非对称数字用户线路）等方式接入互联网；计算机网络接入是指用户通过局域网方式接入互联网，当前使用最多的局域网是以太网；有线电视网络接入是指用户通过有线电视网络接入互联网。

### 1.6.1 电信网接入

电信网接入方式是用户通过公用电话交换网接入互联网。通常情况下，用户计算机通过调制解调器（Modem）和电话网相连，再通过 ISP 接入互联网。

#### 1. PSTN 方式接入

PSTN 是最容易实施的方法，费用低廉。只要一条可以连接 ISP 的电话线和一个账号即可接入。但缺点是传输速度低，最高速率仅为 56 kbit/s，线路可靠性差。它适合于可靠性要求不高的办公室以及小型企业。当用户较多时，可以多条电话线共同工作，提高访问速度，如图 1-12 所示。目前该种接入方式已经被市场淘汰。

#### 2. DDN 方式接入

DDN 方式接入是利用数字信道提供半永久性连接电路，以传输数据信号为主的数字传输网络。通过 DDN 结点的交叉连接，在网络内为用户提供一条固定的、由用户独自完全占有的数字电路物理通道。无论用户是否在传送数据，该通道始终为用户独占，除非网管删除此条用户电路。DDN 主要由本地传输系统、复用和数字交叉连接系统、局间传输及网同步系统和网络

管理系统（网络管理控制中心）四部分组成，如图 1-13 所示。本地传输系统由用户设备、用户线和网络接入单元（Network Access Unit，NAU）组成，其中把用户线和网络接入单元称为用户环路；复用和数字交叉连接系统主要由数字交叉连接（Digital Cross Connect，DXC）设备组成，数字交叉连接设备是 DDN 中的主要结点设备，是对数字群路信号及其子速率信号进行交换的设备；局间传输及网同步系统是指 DDN 中各结点通过数字信道连接组成的局间网络拓扑结构及其结点间的同步方式；网络管理系统（网络管理中心）负责对全网布局的建立、调整和日常网络运行的监视、调度和控制，并对网络运行情况进行统计。以 DDN 方式接入 Internet，具有专线专用、速度快、质量稳定、安全可靠等特点，可以向用户提供点对点、点对多点透明传输的数据专线出租电路，为用户传输数据、图像、声音等信息，适用于对数据的传输速率、传输质量和实时性、保密性要求高的数据业务，如商业，金融业，电子商务领域等，但通过 DDN 专线上网需要租用一条专用通信线路，费用较高，适合预算较高的用户使用。DDN 的收费一般可以采用包月制和计流量制，这与一般用户拨号上网的按时计费方式不同。由于 DDN 的租用费较贵，主要面向集团公司等需要综合运用的单位。

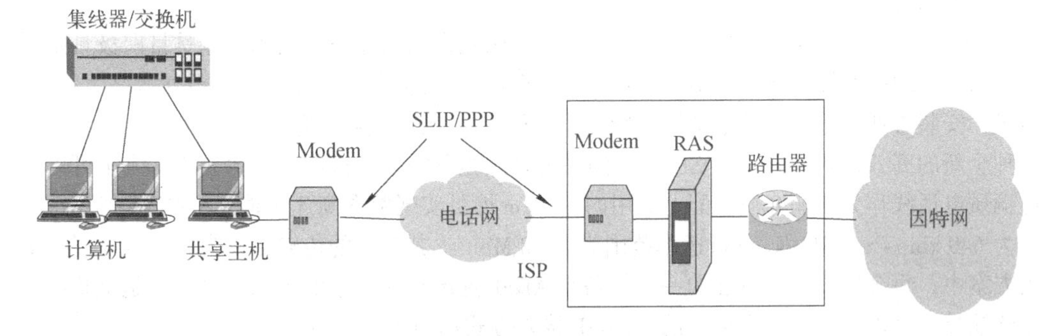


图 1-12　PSTN 方式接入示意图

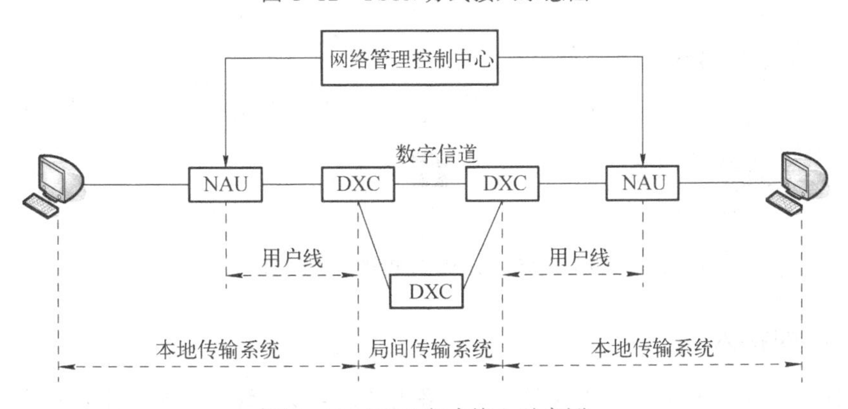


图 1-13　DDN 方式接入示意图

### 3. ISDN 方式接入

ISDN 接入技术俗称“一线通”，它采用数字传输和数字交换技术，将电话、传真、数据、图像等多种业务综合在一个统一的数字网络中进行传输和处理。用户利用一条 ISDN 用户线路，可以在上网的同时拨打电话、收发传真，就像两条电话线一样，如图 1-14 所示。ISDN 基本速率接口有两条 64 kbit/s 的信息通路和一条 16 kbit/s 的信令通路，简称 2B+D，当有电话拨入时，它会自动释放一个 B 信道来进行电话接听。两个信道 128 kbit/s 的速率，快速的连接以及比较可靠的线路，可以满足中小型企业浏览以及收发电子邮件的需求。

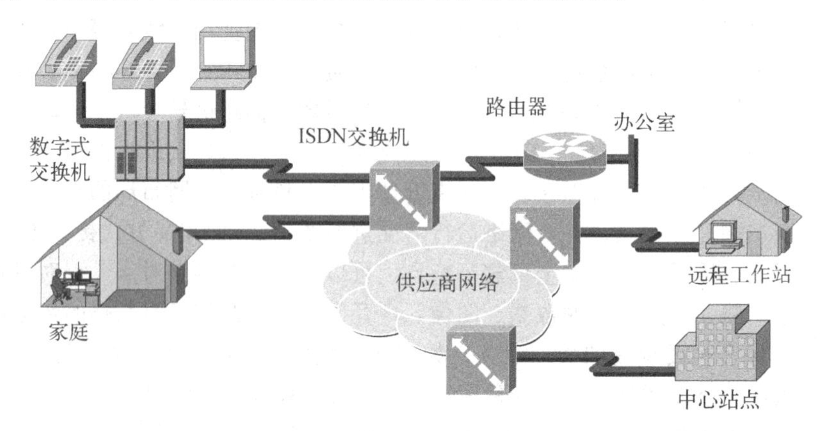


图 1-14　ISDN 方式接入示意图

4. ADSL 方式接入

ADSL 接入技术是一种能够通过普通电话线提供宽带数据业务的技术，也是目前极具发展前景、应用广泛的一种接入技术。ADSL 素有“网络快车”之美誉，由于具有下行速率高、频带宽、性能优、安装方便、不需交纳电话费等特点而深受广大用户喜爱，成为继 ISDN 接入技术之后的又一种全新的高效接入方式。ADSL 方式的最大特点是不需要改造信号传输线路，完全可以利用普通铜质电话线作为传输介质，配上专用的 Modem 即可实现数据高速传输。ADSL 支持上行速率范围为 640 kbit/s～1 Mbit/s，下行速率范围为 1～8 Mbit/s，其有效的传输距离为 3～5 km。在 ADSL 接入方案中，每个用户都有单独的一条线路与 ADSL 局端相连，它的结构可以看作是星状结构，数据传输带宽是由每一个用户独享的。ADSL 接入方式如图 1-15 所示。

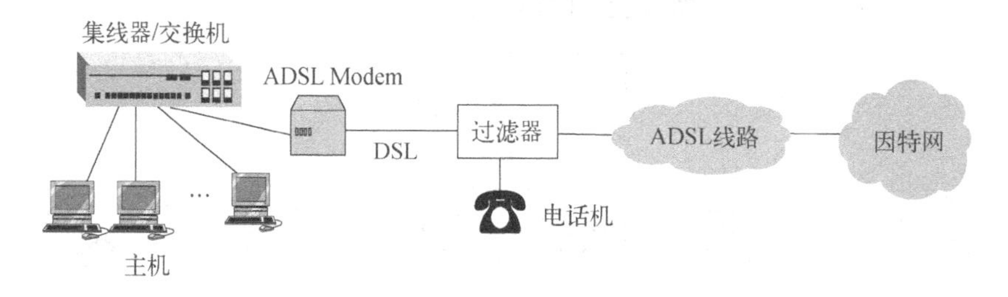


图 1-15　ADSL 方式接入示意图

## 1.6.2　局域网接入

局域网接入方式主要是利用以太网技术，采用光缆 + 双绞线的方式对社区进行综合布线。局域网接入通常被称为小区宽带接入，是因为目前在各接入宽带的小区中，采用此种方式的最多。用户家中的计算机通过五类跳线接入墙上的五类模块就可以实现上网。此外，在某一个单位内的用户，通常是通过单位的局域网接入到互联网中。局域网接入可提供 10 Mbit/s 以上的共享带宽，并可根据用户的需求升级到 100 Mbit/s 以上。局域网接入方式的缺点是专线速率通常很低，制约了局域网接入方式的发展，而用户在同一交换机内的安全问题也值得考虑。局域网接入 Internet 方式见图 1-4。

### 1.6.3　有线电视网接入

有线电视网接入方式是用户利用有线电视网接入互联网，在接入的过程中，要用到 Cable Modem（线缆调制解调器）设备。Cable Modem 是一种超高速 Modem，它利用现成的有线电视网进行数据传输，是比较成熟的一种技术。随着有线电视网的发展壮大和人们生活质量的不断提高，通过 Cable Modem 利用有线电视网访问 Internet 已成为越来越受业界关注的一种高速接入方式。由于有线电视网采用的是模拟传输协议，因此网络需要用 Modem 来协助完成数字数据的转化。Cable Modem 与以往的 Modem 在原理上一样，都是将数据进行调制后在 Cable（电缆）的一个频率范围内传输，接收时进行解调，传输机制与普通 Modem 相同，不同之处在于它是通过有线电视的某个传输频带进行调制解调的。Cable Modem 连接方式可分为两种：即对称速率型和非对称速率型。前者的数据上传速率和数据下载速率相同，都为 500 kbit/s～2 Mbit/s；后者的数据上传速率为 500 kbit/s～10 Mbit/s，数据下载速率为 2～40 Mbit/s。但由于有线电视网采用共享结构，随着用户的增多，个人的接入速率会有所下降，安全保密性也欠佳。最关键的是广电系统没有自己的互联网出口，而且各地的有线网自成一体，没有联网形成整体，都租用各地的电信、网通、联通的互联网出口。有线电视网接入 Internet 方式如图 1-16 所示。

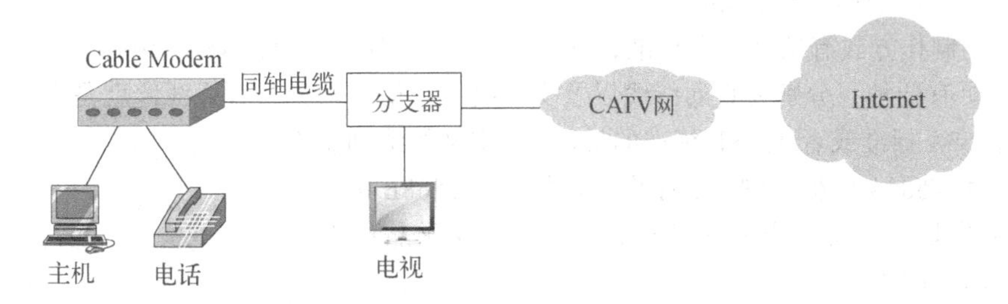


图 1-16　有线电视网方式接入示意图

# 实 训 练 习

## 实训 1　认识实训室网络及设备

**实训目的**

① 认识实训机房的网络设备，学习了解各种设备作用和连接方式。

② 观察实训机房网络布线及架构，了解整个实训机房的网络拓扑结构。

**实训内容**

① 认识各种网络设备及用途。

② 画出实训机房的网络拓扑图，掌握网络的连接情况。

**实训条件**

学校实训机房的网络设备。

**实训步骤**

① 教师可根据班级学生人数情况进行分组，5～8 人为一组。

② 教师可依据实训机房大小安排 1～3 组学生进行学习，包括介绍实训机房的网络布线情

况、网络设备、组网介质以及拓扑结构等。

③ 指导学生用 Visio 或 Word 等工具画出机房的网络拓扑结构图，完成实训练习报告，并思考课后问题。

**问题与思考**

① 实训机房有哪些网络设备？它们的作用是什么？

② 实训机房的网络采用什么传输介质？

③ 实训机房的网络结构是什么样的？有什么特点？

## 实训 2　学习制作双绞线

**实训目的**

① 了解 T568A 和 T568B 排线标准。

② 掌握双绞线连接器压接方法。

③ 掌握双绞线模块的打线方法。

**实训内容**

① 认识双绞线及其接线标准。

双绞线的制作方式有两种国际标准，分别为 EIA/TIA568A 以及 IA/TIA568B。而双绞线的连接方法也主要有两种，分别为直通线缆以及交叉线缆。简单地说，直通线缆就是水晶头两端都同时采用 T568A 标准或者 T568B 标准的接法；而交叉线缆则是水晶头一端采用 T586A 的标准制作，而另一端则采用 T568B 标准制作，即 A 水晶头的 1、2 对应 B 水晶头的 3、6，而 A 水晶头的 3、6 对应 B 水晶头的 1、2。

T568A 标准：绿白、绿、橙白、蓝、蓝白、橙、棕白、棕。

T568B 标准：橙白、橙、绿白、蓝、蓝白、绿、棕白、棕。

T568A/B 网线排列图如图 1-17 所示。

直通线缆、交叉线缆的适用范围如表 1-1 所示。

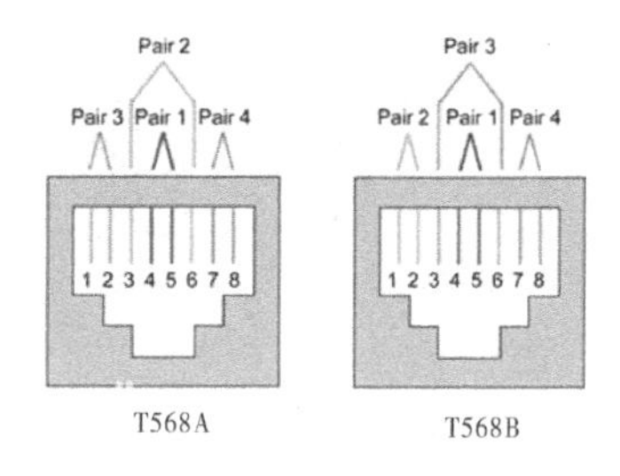


图 1-17　T568A/B 网线排列图

**表 1-1　交叉/直通线缆的适用范围**

| 线　缆 | 适用范围 |
|---|---|
| 交叉线 | PC—PC（机对机） |
| 直通线 | PC—集线器 Hub |
| 交叉线 | Hub—Hub（普通口） |
| 交叉线 | Hub—Hub（级联口—级联口） |
| 直通线 | Hub—Hub（普通口—级联口） |
| 交叉线 | Hub—Switch（交换机） |
| 直通线 | Hub（级联口）—Switch |
| 交叉线 | Switch—Switch |
| 直通线 | Switch—Router（路由器） |
| 交叉线 | Router—Router |

简单来说，同种设备互连用交叉线，异种设备互连用直通线。

② 制作网线。

③ 网络测试。

**实训条件**

网线、RJ-45 水晶头、压线钳、测线仪。

**实训步骤**

① 准备好 5 类 UTP 双绞线、RJ-45 插头和一把专用的压线钳，如图 1-18 所示。

② 用压线钳的剥线刀口将五类双绞线的外保护套管划开（小心不要将里面的双绞线的绝缘层划破），刀口距 5 类双绞线的端头至少 2 cm，如图 1-19 所示。

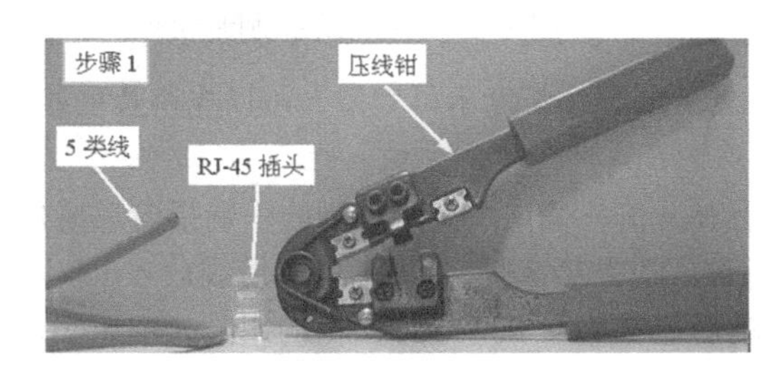


图 1-18　准备材料及工具

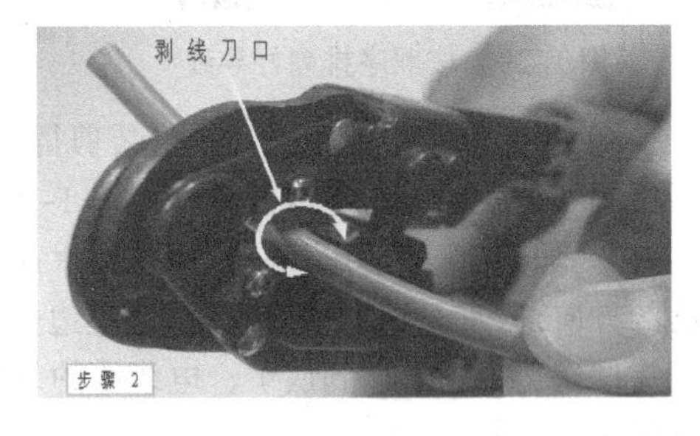


图 1-19　剥线

③ 将划开的外保护套管剥去（旋转、向外抽），如图 1-20 所示。

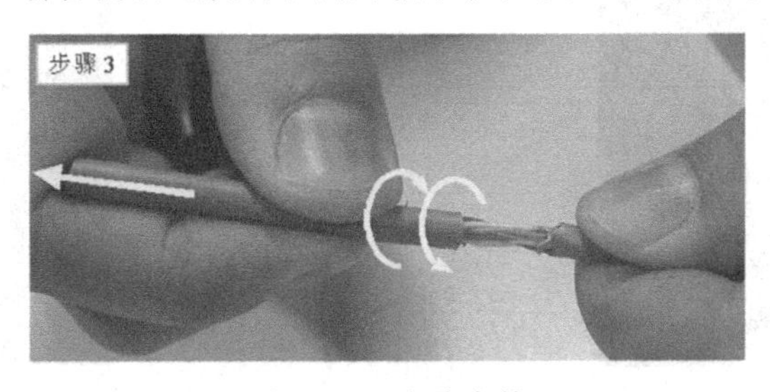


图 1-20　去除套管

④ 如图 1-21 所示，露出 5 类 UTP 中的 4 对双绞线。

⑤ 按照 T568B 标准和导线颜色将导线按规定的序号排好，如图 1-22 所示。

图 1-21　分开导线

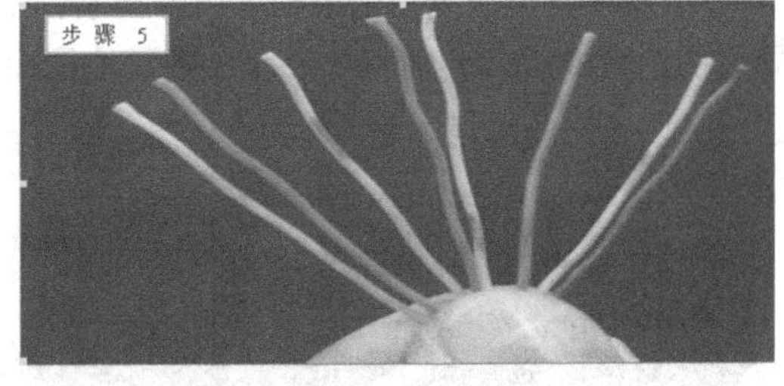


图 1-22　捋顺不同颜色的导线

⑥ 将 8 根导线平坦整齐地平行排列，导线间不留空隙，如图 1-23 所示。

⑦ 按照图 1-24 所示，用压线钳的剪线刀口将 8 根导线剪断。

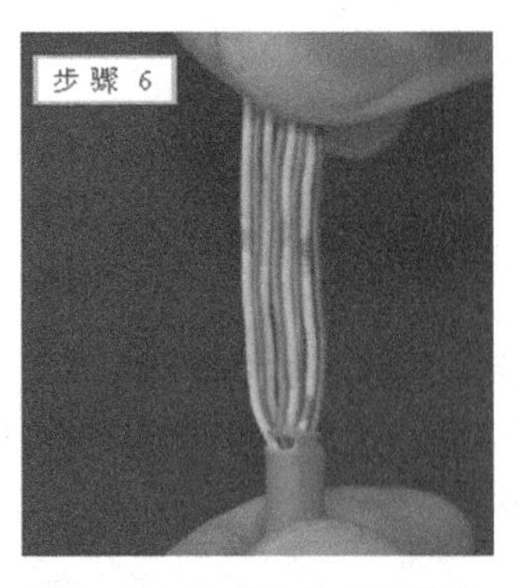


图 1-23　按顺序排列好导线

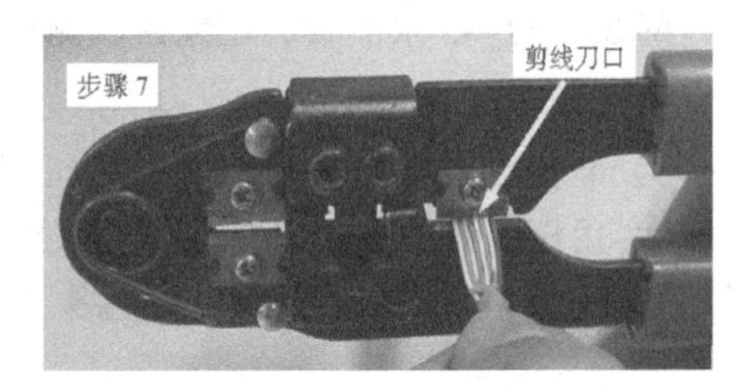


图 1-24　用压线钳剪断导线

⑧ 剪断电缆线。注意：一定要剪得很整齐，剥开的导线长度不可太短，可以先留长一些，不要剥开每根导线的绝缘外层，如图 1-25 所示。

⑨ 如图 1-26 所示，一只手捏住水晶头，将有弹片的一侧向下，有针脚的一端指向远离自己的方向；另一只手捏平双绞线，最左边是第一脚，最右边是第 8 脚。将剪断的电缆线放入 RJ-45 插头试试长短（要插到底），电缆线的外保护层最后应能够在 RJ-45 插头内的凹陷处被压实，反复进行调整。

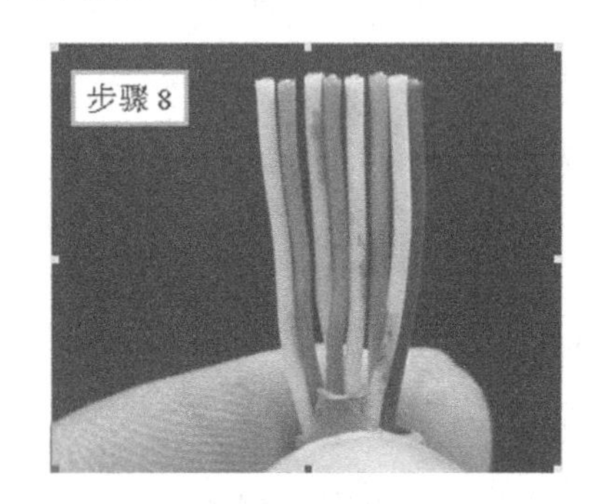


图 1-25　剪平导线

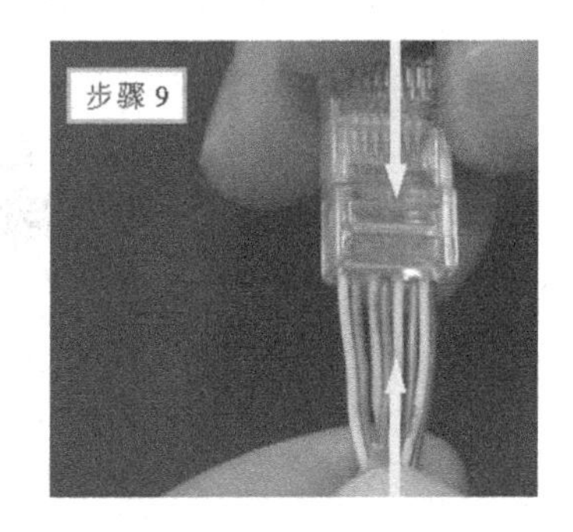


图 1-26　接入水晶头

⑩ 在确认一切都正确后（特别要注意不要将导线的顺序排反），将 RJ-45 插头放入压线钳的压头槽内，准备最后的压实，如图 1-27 所示。

⑪ 双手紧握压线钳的手柄，用力压紧，在这一步骤完成后，插头的 8 个针脚接触点就穿过导线的绝缘外层，分别和 8 根导线紧紧地压接在一起，如图 1-28 所示。

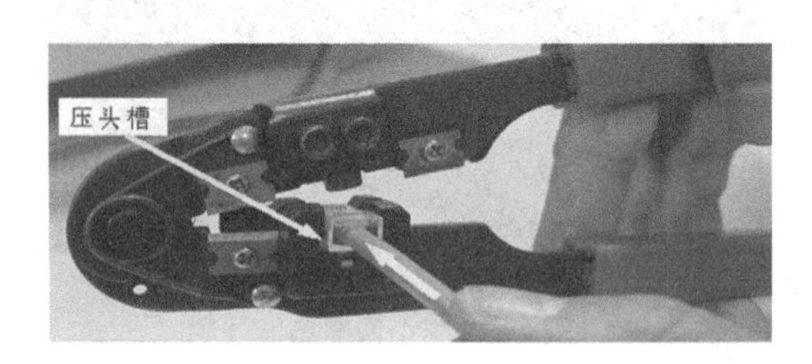


图 1-27　卡入压线钳水晶头位置

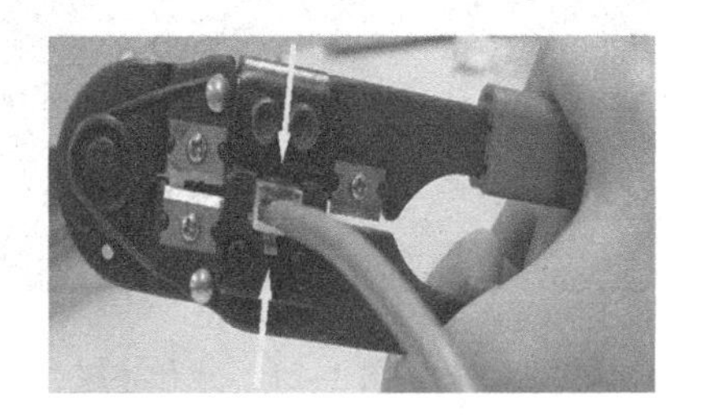

图 1-28　压实水晶头和导线

⑫ 如图 1-29 所示，制作完成。

⑬ 用测线仪测试。

按照图 1-30 所示进行测试，将双绞线两端水晶头分别插入主测试仪和远程测试端的 RJ-45 端口，将开关开至“ON”（S 为慢速挡），主机指示灯从 1 至 8 逐个顺序闪亮。

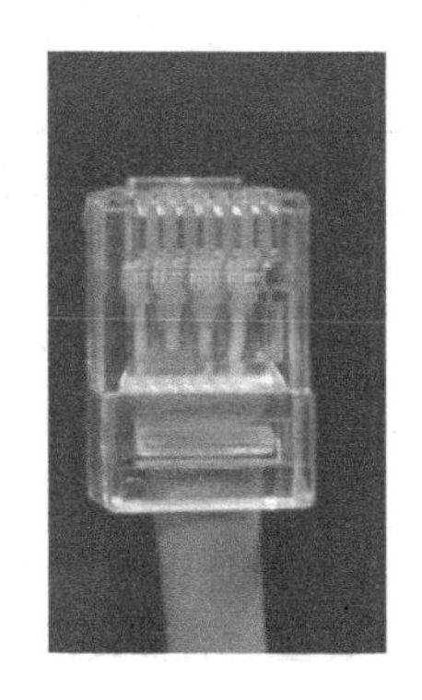

图 1-29 制作好的网线

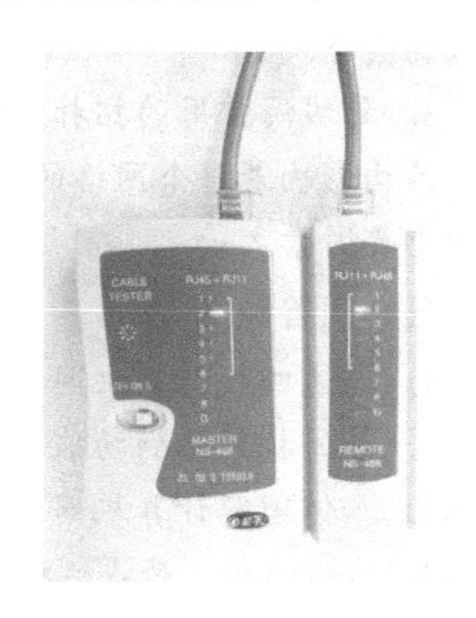

图 1-30 用测线仪测试网线

**问题与思考**

① 网线的排线顺序排错了会有什么影响？

② 如果连接不正常，有什么现象？如何排除问题？

# 小 结

本章主要对四代计算机网络进行了阐述，总结归纳了计算机网络的功能，给出了计算机网络的定义与组成部分，对个域网、局域网、城域网、广域网、因特网五种网络类型进行了简要介绍，对总线结构、星状结构、环状结构、树状结构、网状结构五种常见的网络拓扑结构进行了分析；此外，对比分析了三种网络交换技术；最后，对电信网络、计算机网络和有线电视网络三种流行的网络接入方式进行了介绍。

# 习 题

**一、选择题**

1. Internet 最早起源于（　　）。

   A. ARPANET　　B. 以太网　　C. NSFnet　　D. 环状网

2. 局域网的网络硬件主要包括服务器、工作站、网卡和（　　）。

   A. 传输介质　　B. 连接设备　　C. 网络协议　　D. 网络拓扑结构

3. （　　）由交换设备在两者之间建立一条专用电路，并在整个通话期间由它们独占这条电路，直到通话结束为止的一种交换方式。

   A. 电路交换　　B. 报文交换　　C. 分组交换　　D. 报文分组交换

4. 目前遍布于校园的校园网属于（　　）。

   A. LAN　　B. MAN　　C. WAN　　D. 混合网络

## 二、填空题

1. 从传输范围的角度来划分计算机网络，计算机网络可以分为________、________和________。其中，Internet 属于________。

2. 计算机网络最简单的定义可以描述为：一些________、________为目的的、自治的计算机的集合。

3. 局域网常用的拓扑结构有：________、________、________、________、________。拓扑结构影响着整个网络的设计、功能、可靠性和通信费用等许多方面，是决定局域网性能优劣的重要因素之一。

## 三、问答题

1. 简述四代计算机网络及其特点。
2. 计算机网络的功能包括哪几个方面？
3. 如何理解计算机网络的定义？个域网、局域网、城域网、广域网各自的特点是什么？
4. 总线结构、星状结构、环状结构、树状结构、网状结构等不同拓扑类型的特点是什么？
5. 简述电路交换技术、报文交换技术、分组交换技术各自的特点。
6. 简述 Internet 接入方式。

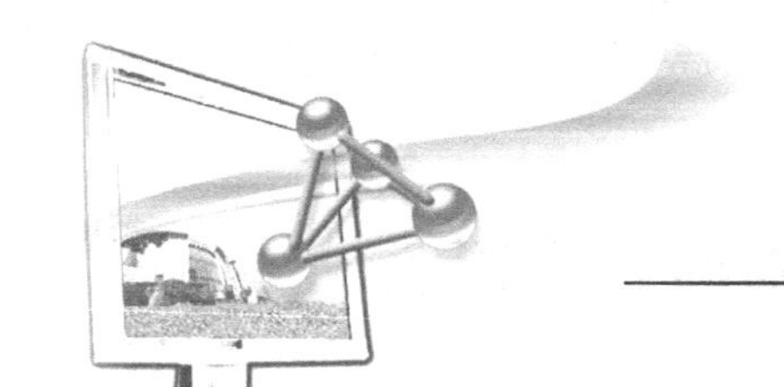

# 第 2 章 网络体系结构与网络协议

【教学提示】

网络协议和网络体系结构是计算机网络技术中的两个最基本的概念。本章从协议、层次和接口的基本概念出发，引出了网络体系结构中的层次化研究方法；继而对 OSI 参考模型与 TCP/IP 参考模型的特点进行了分析和比较，给出了五层协议参考模型；最后对网络协议标准化与制订国际标准的组织进行了系统的讨论，帮助读者掌握处理计算机网络中问题的基本方法。

【教学要求】

掌握协议、层次、接口与网络体系结构的基本概念；理解网络体系结构的层次化研究方法；掌握 OSI 参考模型及各层的基本服务功能以及 TCP/IP 参考模型的层次划分、各层的基本服务功能与主要协议。

## 2.1 网 络 协 议

计算机网络是一个复杂的系统，由多个互连的结点组成，结点之间需要不断地交换数据和控制信息。要做到有条不紊地交换数据，每个结点就必须遵守事先约定好的通信规则。这些规则明确地规定了所交换数据的格式和时序。这些为网络数据交换而制订的通信规则、约定与标准称为网络协议（Network Protocol），简称协议。网络协议主要由以下三个要素组成：

1. 语义

语义用于解释控制信息的每一个部分的含义，包括需要发出何种控制信息，完成何种动作及做出何种反应。

2. 语法

语法是用户数据与控制信息的结构与格式。

3. 时序

时序是对事件发生顺序的详细说明，包括数据应该在何时发送出去，以及数据应该以什么速率发送。

网络协议中三要素类似于语言中的语法、语义和时序。比如要描述一件事，要根据给定的语法格式进行描述，语义是对所描述语句的解释，而时序是把所描述的句子按照一定的顺序进行排列。这三个要素可以形象地描述为：语义表示要做什么，语法表示要怎么做，时序表示做的顺序。

其实协议并非只出现在网络中，在日常生活中随处可见。例如，路上行车时，司机需要遵守交通规则，而这些规则就是协议。路上行车要靠右行走，转弯时要打转向灯，这样其他的司机就知道了此车的意图，从而合理避让。又如，人们在使用邮政系统通信时，需要按照要求对收信人和发信人的信息进行书写。若无事先明确规定，则会产生混乱，交通事故频出，人们不能正确地把信发出，也经常收不到回信。

# 2.2 计算机网络体系结构的基本概念

仔细分析不难发现，邮政系统的结构和运行过程与计算机网络有很多相似之处。本节将首先对实际生活中的邮政通信系统进行分析，有助于读者更好地理解计算机网络的体系结构。

## 2.2.1 邮政通信系统

图 2-1 所示为邮件通信系统中信件的发送和接收过程。例如，如果用户 A 在广州的某高校读书，而用户 A 的父母在北京。当用户 A 想给千里之外的父母用户 B 寄信时，则首先要写一封信，然后装入信封，并在信封的左上方写收信人的地址和邮编，在信封的中间写收信人的姓名，在信封的右下方写发信人的地址和邮编，在信封的右上角贴邮票，最后投入邮箱即可。投入邮箱之后，对于用户 A 来讲，只关心信件何时到达父母手中及收到父母的回信，但具体信件如何到达目的地则不需要关心。

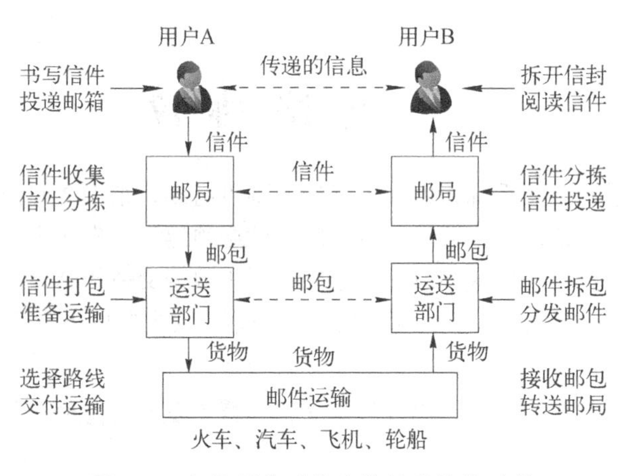


图 2-1　邮件通信系统中信件的收发过程

当信件投入邮箱后，邮局开始处理。首先，邮递员按时从各个邮箱中收集信件，检查邮票粘贴情况，若没有问题则转送地区邮局，地区邮局的工作人员根据信件的目的地址，将发送到相同地区的邮件分拣后打成邮包，提交给运送部门。然后，运送部门的工作人员根据邮包的实际情况选择合适的线路，并在邮包上贴上运输线路、中转站地址。如果广州到北京的信件通过铁路运输，并经过长沙、武汉和郑州中转，那么所有当天从广州到北京的信件都打在一个包里，贴上标签后经铁路运送到长沙，经武汉和郑州中转，到达北京。最后，邮包到达北京后被送到地区邮局，分拣员将会拆包，并按照目的地址分送到各分局，再由邮递员将信件送到收信人邮

箱。这就是信件的发送和接收过程。

由于实际的邮件通信系统已经覆盖全世界，并且所有人了解邮寄信件的规则，遵守相同的协议，并制订了完善的工作流程和接口标准，所以整个系统都能有条不紊地进行。

## 2.2.2　计算机网络体系结构

计算机网络的工作原理和邮政通信系统的工作原理非常相似，两个系统都是建立在协议、层次、接口和体系结构几个重要的概念基础上。

### 1. 协议

协议是指通信双方就如何进行通信的一种约定。无论是邮政通信系统还是计算机网络，如果要正常和有序地进行，就必须制订和执行各种通信规则。

比如，当一位女士被介绍给一位先生时，她可能会伸出她的手，那么根据场合和女士的实际情况，这位男士可以选择握她的手或者亲吻她的手，具体的行为取决于这位女士是一次商务会议中的美国律师还是一场正式舞会上的欧洲公主。

再如信封的书写，国内邮件和国际邮件信封的书写规范是不同的，国内信封是收信人地址和姓名在上方，发信人地址和姓名在下方；而国际信封的书写规则是相反的，即发信人地址和姓名信息在上方，收信人地址和姓名信息在下方。信封的书写规范本身也是一种通信规则，是关于信封书写格式的协议。对于发信人而言，需要根据收信人在国内或是国外来确定信封的书写格式。

### 2. 层次

当我们在处理、设计和讨论一个复杂系统时，总是将复杂系统划分为多个小的、功能相对独立的模块或子系统，即采用“化整为零，分而治之”的方法去解决复杂的问题。

邮政通信系统就是一个分层的系统，而且它与计算机网络有很多相似之处。如图 2-2 所示，可以将邮政系统抽象为用户应用层、信件传递层、邮包运送层、交通运输层和交通工具层五个层次，划分层次后，每个层次完成自己的工作（详细的工作已在前面介绍，此处不再赘述），从而完成邮政系统的复杂工作。

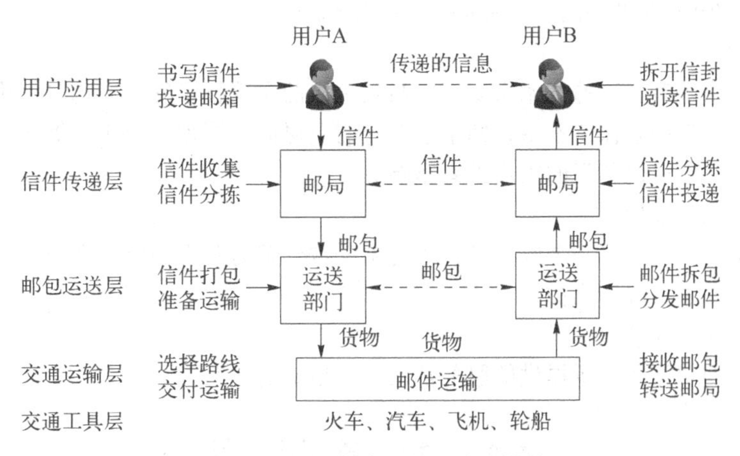


图 2-2　邮件通信系统的分层结构

邮政系统是一个很复杂的系统，但通过层次划分，将整个通信任务划分为五个功能相对独立和简单的子任务，每一层对要完成的任务和实现的过程都有明确的规定，且不同地区的邮政系统具有相同的层次，不同地区邮政系统的同等层具有相同的功能。每一层任务为其上层任务提供服务，并利用下层任务提供的服务来完成本层的功能。

邮政系统层次结构的设计方法体现了人们对复杂问题处理的一种基本思路，使用分层的方法可大大降低复杂问题处理的难度，故计算机网络也采用了层次和层次结构。

**3．接口**

在图 2-2 中，邮政通信系统采用了分层结构，那么层与层之间通过接口提供服务和交换信息。比如用户应用层和信件传递层的接口就是邮箱或邮局，人们要寄信，将写好的信装入写好收信人和发信人姓名与地址信息的信封中，投入邮箱或直接交给邮局即可，这样发信人的动作就完成了。而到了收信方，邮递员将信件投入收信人的邮箱，这样收信人就可以收到信件。可见，邮箱或邮局这个接口为邮政系统带来了很大的便利性，所以在计算机网络中，也引入了接口的概念。

在计算机网络中，同一结点的相邻层之间通过明确规定的接口来交换信息，一般下层通过接口向上层提供服务，只要接口条件不变，下层提供的功能就不变，下层采用什么样的技术实现不会影响整个系统的运行。

**4．网络体系结构**

在计算机网络的术语中，将计算机网络的层次结构模型与各层协议的集合称为计算机网络的体系结构（Network Architecture），也就是说，计算机网络的体系结构就是计算机网络所应完成功能的精确定义。需要强调的是，体系结构是抽象的，而实现网络协议的技术是具体的，是真正在运行的计算机硬件和软件。

按层次结构来设计计算机网络的体系结构有许多优点。

（1）各层之间相互独立

某一层并不需要知道它的下一层是如何实现的，而只需要知道通过与低层的接口就可以获得所需要的服务。比如用户将信件交给邮局后，无须关注信件如何到达目的地，这是邮政系统要完成的。由于每一层只实现相对独立的功能，因此可以将一个难以处理的复杂问题分解为若干个较容易处理的更简单些的问题，从而降低系统复杂度。

（2）灵活性好

各层都可以采用最合适的技术来实现。当某一层的实现技术发生变化时，比如硬件代替了软件，只要层间接口关系保持不变，则不会对它的上层或下层带来影响。例如，火车提速或更改运输方式，对邮包运送部门的工作没有影响。

（3）易于实现和维护

由于采用了层次结构，一个复杂又庞大的系统被分解为若干相对独立的子系统，使得计算机网络系统变得易于实现和维护。

（4）有利于促进标准化

因为每一层的功能及其所提供的服务都已有了精确的说明。

## 2.3 参考模型

计算机网络采用了层次结构模型，分层时应注意使每一层的功能非常明确，若层数太多，

会在描述和综合各层功能的系统工程任务时遇到较多的困难；但若层数太少，会使每一层的协议太复杂。具体应该划分为多少层，不同人有不同的看法。下面主要讨论两个重要的网络体系结构：OSI 参考模型和 TCP/IP 参考模型。

### 2.3.1 OSI 参考模型

1974 年，美国的 IBM 公司宣布了它研制的系统网络体系结构（System Network Architecture，SNA），这是世界上第一个网络体系结构。此后，很多计算机公司纷纷提出了各自的网络体系结构，他们所提出的体系结构的共同点是都采用层次结构模型，但在层次划分、每个层次的功能分配，以及实现技术方面差异很大。采用不同网络体系结构与协议的网络要互连是非常困难的，也给网络大规模的使用和推广带来了很大的阻碍。

为了使不同体系结构的计算机网络都能互联，国际标准化组织（International Organization for Standardization，ISO）于 1977 年成立了专门的机构研究该问题，并提出了一个试图使各种计算机在世界范围内互联成网的标准框架，即著名的开放系统互连参考模型（Open System Interconnection Reference Model，OSI RM），简称 OSI。

在理解 OSI 参考模型的概念时注意，“开放”是指一台联网计算机系统只要遵循 OSI 标准，就可以与位于世界上任何地方，同样遵循同一标准的其他任何一台联网计算机系统进行通信，这也是 OSI 设计的初衷。此外，参考模型定义了开放系统的层次结构、层次之间的相互关系，以及各层所包括的可能的服务，但需要注意的是，OSI 参考模型本身并不是一个网络体系结构，因为它并没有定义每一层所使用的协议，而只是指明了每一层应该做些什么事。

| | |
|---|---|
| 7 | 应用层 |
| 6 | 表示层 |
| 5 | 会话层 |
| 4 | 传输层 |
| 3 | 网络层 |
| 2 | 数据链路层 |
| 1 | 物理层 |

图 2-3 OSI 参考模型

如图 2-3 所示，OSI 参考模型共分为七层，自下而上分别是物理层、数据链路层、网络层、传输层、会话层、表示层和应用层。

**1. 物理层**

物理层（Physical Layer）位于 OSI 参考模型的最底层，该层利用传输介质为通信的主机之间建立、管理和释放物理连接，实现比特流的传输。

物理层和具体传输的内容无关，而只是关心用什么电子信号表示 1 和 0、一个比特持续多少纳秒、传输是否可以在两个方向上同时进行、初始连接如何建立、当双方结束之后如何撤销连接、网络连接器有多少帧以及每一帧的用途是什么等，主要涉及机械、电子和时序接口，以及物理层之下的物理传输介质等。

物理层的数据传输单元是比特（bit），该层的典型代表设备是中继器和集线器，其服务对象是数据链路层。

**2. 数据链路层**

数据链路层（Data Link Layer）的上层是网络层，下层是物理层，其主要任务是在物理层提供比特流传输的基础上，通过建立数据链路连接，采用差错控制和流量控制方法，使有差错的物理线路变成没有差错的数据链路。数据链路层完成这项任务的做法是将真实的错误掩盖起来，使得网络层看不到。

在数据链路层，发送方将输入的数据拆分成数据帧（Data Frame），然后顺序发送这些数据帧，如果服务是可靠的，则接收方必须确认收到的每一帧，即给发送方发回一个确认帧（Acknowledge Frame），从而实现差错控制。此外，为了避免一个快速的发送方发送的数据“淹没”慢速的接收方，往往会采用流量调节机制，让发送方知道接收方何时可以接收更多的数据。

数据链路层的数据传输单元是帧，该层的典型设备是二层交换机，典型协议是停止等待协议，数据链路层和物理层一起为网络层服务。

### 3. 网络层

网络层（Network Layer）的上层是传输层，下层是数据链路层，其主要任务是通过路由选择算法为分组通过通信子网选择适当的传输路径，实现流量控制、拥塞控制和网络互联的功能。

首先，分组从发送方到接收方，所选择的路由可能是静态的，可能是随时自动更新的，也可能是高度动态的，从而避免网络中的故障组件，可根据负载情况选择合适的路由。然后，如果有太多的数据包同时出现在一个子网中，可能会形成传输瓶颈，所以处理拥塞也是网络层的责任，网络层一般和高层协议结合起来共同进行拥塞控制。再者，一个数据包到达目的地的过程中，可能会经过寻址方案和使用协议不同的网络，网络层要保证异构网络相互连接成为互联网络。

网络层的数据传输单元是分组，该层的典型设备是路由器和带有路由功能的三层交换机，网络层和它的下层一起为传输层服务。

### 4. 传输层

传输层（Transport Layer）的上层是会话层，下层是网络层，其主要任务是为分布在不同地理位置的计算机进程提供可靠的端到端（End-to-End）连接和数据传输服务。

传输层接收来自上一层的数据，在必要时把这些数据分割成较小的单元，然后把这些数据单元传递给网络层，并且确保这些数据单元正确地到达另一端。

传输层的数据传输单元是报文，典型的代表协议是 TCP（Transport Control Protocol，传输控制协议）和 UDP（User Datagram Protocol，用户数据报协议）。

### 5. 会话层

会话层（Session Layer）的上层是表示层，下层是传输层，该层主要负责维护两个会话主机之间连接的建立、管理和终止以及数据的交换。

### 6. 表示层

表示层（Presentation Layer）的上层是应用层，下层是会话层，该层主要负责通信系统之间的数据格式变换、数据加密与解密、数据压缩与恢复。

表示层以下的各层最关注的是如何传递数据位，而表示层关注的是所传递信息的语法和语义。

### 7. 应用层

应用层（Application Layer）是参考模型的最高层，该层实现协同工作的应用程序之间的通信过程控制。

应用层中一个得到广泛使用的应用协议是超文本传输协议（Hyper Text Transfer Protocol，HTTP），它是万维网（World Wide Web，WWW）的基础，其他应用层的应用协议可用于文件传输、电子邮件以及网络新闻等。

## 2.3.2　TCP/IP 参考模型

OSI 参考模型的设计初衷是为网络体系结构与协议发展提供一种国际标准，只要遵循该模型的结构，都可以接入计算机网络实现互联。但与此同时，在 OSI 模型标准的制订过程中，TCP/IP 协议却得到了广泛的应用，且对 Internet 的形成起推动作用，而 Internet 的发展进一步扩大了 TCP/IP 的影响。

在 TCP/IP 研发的初期，并没有提出参考模型，1974 年 Kahn 定义了最早的 TCP/IP 参考模型；1985 年 Leiner 等人进行了进一步研究；1988 年 Clark 进一步完善了 TCP/IP 参考模型。TCP/IP 中的 IP 协议共出现过六个版本，版本 4 即 IPv4，版本 6 即 IPv6。

TCP/IP 参考模型共分为四层，分别是应用层、传输层、网际层和网络接口层，和 OSI 参考模型的层次对应关系如图 2-4 所示。

| OSI 参考模型 | TCP/IP 参考模型 |
| --- | --- |
| 应用层 | 应用层 |
| 表示层 | |
| 会话层 | |
| 传输层 | 传输层 |
| 网络层 | 网际层 |
| 数据链路层 | 网络接口层 |
| 物理层 | |

图 2-4　TCP/IP 参考模型与 OSI 参考模型层次对应关系

### 1. 网络接口层

网络接口层（Host-to-Network）位于 TCP/IP 模型的底层，负责发送和接收 IP 分组。该层没有具体的协议和内容，仅仅起到接入的作用，主机可以根据自己所处的网络选择使用广域网、局域网与城域网的各种协议，通过该层和网络实现互联，如以太网链路、令牌环或是令牌总线等都可以通过该层接入网络。因此，该层不是真正意义上的一层，而是主机与传输线路之间的一个接口。

### 2. 网际层

网际层（Internet Layer）大致对应于 OSI 的网络层，该层定义了官方的数据包格式和协议，即因特网协议（Internet Protocol，IP），IP 协议是一种不可靠、无连接的数据报传输服务协议，它提供的是一种“尽力而为”的服务。

互联网络的任务是允许主机将数据包输入到任何网络，并且让数据包独立地到达接收方（接收方可能在不同的网络上），并且数据包的到达顺序可能与它们被发送的顺序不同。网际层的协议数据单元是 IP 分组。

### 3. 传输层

传输层（Transport Layer）负责在会话进程之间建立和维护端-端连接，实现网络环境中分布式进程通信。该层定义两个端到端协议，分别是TCP和UDP协议。

TCP是一种可靠的、面向连接的协议，保证从一台主机发出的字节流准确无误地传送到互联网上的另一台机器，该协议还提供了比较完善的流量控制和拥塞控制功能。UDP是一种不可靠的、无连接的协议，适用于那些不想要TCP的有序性或流量控制功能，而宁可自己提供这些功能的应用程序。

### 4. 应用层

应用层（Application Layer）包括各种标准的网络应用协议，并且总是不断有新的协议加入。最早的高层协议包括远程登录协议（Telnet）、文件传输协议（File Transfer Protocol，FTP）和简单邮件传输协议（Simple Mail Transfer Protocol，SMTP）等，后期又有许多协议被加入到了应用层，其中有将要学习的将主机名字映射到网络地址的域名系统（Domain Name System，DNS）和用于获取万维网页面的超文本传输协议等。TCP/IP 模型中一些重要的协议如图 2-5 所示。

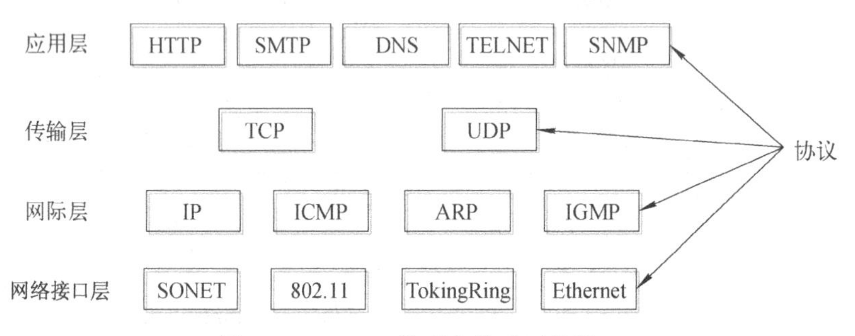


图 2-5　TCP/IP 模型中的重要协议

## 2.3.3　OSI 参考模型和 TCP/IP 参考模型的比较

OSI参考模型与TCP/IP参考模型都采用了层次结构的方法，但在层次划分和协议内容上有很大区别。

### 1. 对 OSI 参考模型的评价

OSI参考模型的设计者初衷是制定一个适用于全世界计算机网络的统一标准，从技术上追求一种理想的状态。但实际上，OSI 却没能在现实中得到应用，究其原因，与其自身的缺陷有关。

① 层次划分不太合理。OSI参考模型将整个通信功能划分为七层，在很大程度上是出于政策的考虑，而非技术因素。模型中的会话层很少用到，表示层几乎是空的，而数据链路层与网络层又包括了太多的内容，不得不又插入了子层。

② OSI参考模型将服务和协议的定义结合起来，使得参考模型变的格外复杂，实现困难。

OSI 参考模型采用了分层的思想，将整个体系结构进行分层，把复杂问题分而治之，层与层之间通过接口实现其所提供的服务，每一层的具体描述用协议实现，每一层实现技术的改变不会影响整体。但是，正是由于分层，且层与层之间划分比较清晰，每层描述详细，导致实现起来比较困难。

③ 寻址、流量与差错控制在 OSI 参考模型的多个层次中重复出现，降低系统运行效率。

④ 数据安全性、加密与网络管理在参考模型的设计初期被忽略。虽然在表示层可以实现格式转换、加密以及压缩等，但主要是从通信管理角度考虑的。

⑤ OSI 参考模型的设计不适应于计算机与软件的工作方式。

参考模型的设计更多是被通信的思想所支配，比如通信的可靠性问题，可以在低层通信上解决，也可以放在高层计算机上解决，但在 OSI 产生初期，计算机的处理能力较低，所以放在低层解决，但随着计算机的发展，放在高层处理变得非常简单。此外，很多“原语”在软件的高级语言中实现起来是容易的，但严格按照层次模型编程的软件运行效率会很低。

总之，OSI 参考模型与协议结构复杂，实现周期长，运行效率低，且缺乏市场与商业的推动力，导致该模型只有理论上的标准，而没有得到应用。

**2. 对 TCP/IP 参考模型的评价**

与 OSI 参考模型不同，TCP/IP 模型是在广域计算机网络的鼻祖 ARPANET 研究时，为了实现网络互联而产生的，是先有了实际的应用再形成了模型，且后来随着 Internet 的普及得到了广泛的应用，但 TCP/IP 模型和协议也有自己的缺点。

① TCP/IP 模型没有明确区分服务、接口和协议的概念。

专业的软件工程师在实际工作中都要求区分规范与实现，这一点 OSI 模型做到了，但是 TCP/IP 模型没有明确区分。

② TCP/IP 模型不通用，不适合于其他非 TCP/IP 协议族。

③ TCP/IP 参考模型的网络接口层本身并不是实际意义上的一层，仅定义了网络层与数据链路层的接口。事实上，物理层和数据链路层的划分是非常必要和合理的，物理层必须考虑光纤、无线通信等传输特征；而数据链路层的任务则是确定帧的开始和结束，并且按照所需的可靠程度把帧从一边发送到另一边。一个好的参考模型应该包括这两个独立的层，而 TCP/IP 模型却没有。

虽然 TCP/IP 参考模型有不足之处，但却很快得到了广泛的应用，且成为事实上的标准，与其自身的特点及背景有关。

（1）TCP/IP 协议簇是自由发展的协议，且是自由开放的，谁都可以参与，于是很快得到了广泛应用。

（2）模型的开放性和兼容性使得很多大的公司都支持它，如 IBM 公司、DEC 以及微软等计算机公司都支持 TCP/IP。

（3）很多网络 OS 都支持它，如 NetWare，NT 等，特别是早期的 UNIX 操作系统，直接把 TCP/IP 作为其协议，也在一定程度上推动了 TCP/IP 的发展。

### 2.3.4　本书使用的模型

通过前面的介绍可以看出，OSI 的七层协议体系结构既复杂又不实用，但其概念清楚，体系结构理论较完整。TCP/IP 协议得到了广泛的应用，但它起初并没有一个明确的体系结构。TCP/IP 虽然是一个四层的体系结构，不过实际上只有三层，因为最底层的网络接口层并没有具体的内容。因此在学习计算机网络的原理时，为了保证计算机网络教学的科学性与系统性，本书将结合两种模型的优点，采纳 Andrew S.Tanenbaum 建议的一种层次参考模型，如图 2-6 所示。该参考模型比 OSI 参考模型少了表示层和会话层，并用数据链路层与物理层代替了 TCP/IP 参考模型的网络接口层。

在该体系结构中，同样是下层通过接口为上层服务，图 2-7 所示为应用进程的数据在各层之间的传递过程中所经历的变化，这里假定两台主机通过两台路由器连接起来，且中间可能经历了不同网络。

| | |
|---|---|
| 5 | 应用层 |
| 4 | 传输层 |
| 3 | 网络层 |
| 2 | 数据链路层 |
| 1 | 物理层 |

图 2-6 五层协议的体系结构

如图 2-7 所示，假定主机 1 的应用进程 AP1 向主机 2 的应用进程 AP2 传送数据。AP1 先将其数据交给本机的第五层，即应用层，则第五层加上应用层的首部 H5 变成该层的数据传送单元并交给下层。第四层，即传输层接收上层交付的数据单元后，加上本层的控制信息 H4 构成本层的数据传送单元，再交付给下层，即第三层网络层。网络层加上自己的控制信息作为该层的数据传送单元再交付给第二层数据链路层，需要注意的是，数据库链路层的控制信息分为两部分，分别是首部 H2 和尾部 T2，加了帧头和帧尾的数据链路层帧交付给下层物理层，物理层传送的是比特流，并从首部开始传送。

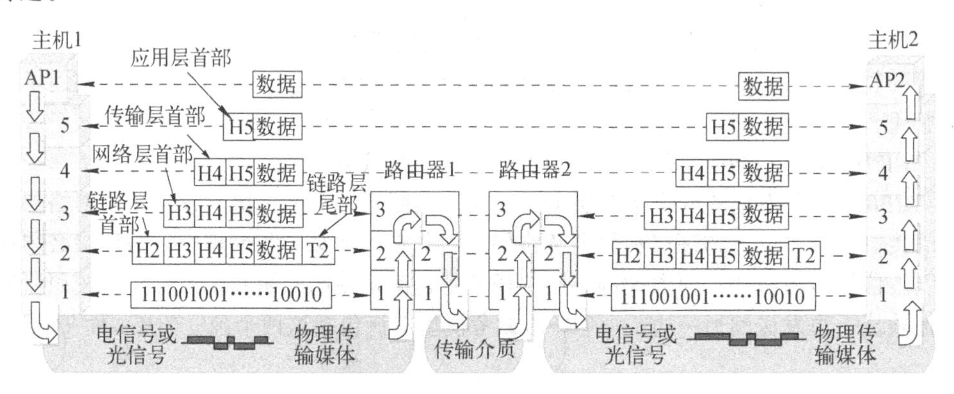


图 2-7 数据在各层之间的传递过程

当这一串的比特流离开主机 1 经网络的物理传输媒体到达路由器时，首先到达路由器 1 的物理层，物理层交付给上层数据链路层，则数据链路层去掉帧头和帧尾，将数据部分交付给网络层，网络层再根据路由器 1 与路由器 2 之间的网络类型加上相应的首部再交付给数据链路层，以此类推，比特流经过物理传输媒体到达路由器 2，再到达主机 2，从主机 2 的物理层开始，去掉首部后依次交付给上层，最终，把应用进程 AP1 发送的数据交给目的地址的应用进程 AP2。

虽然数据到达目的结点，经过了比较复杂的过程，但该过程对用户来说却是透明的，应用进程 AP1 感觉好像是把数据直接交给了 AP2。对于任何两个同样的层次，都好像如同图 2-7 中的虚线所示，将加了首部的数据通过水平虚线直接传递给对方，这就是所谓的“对等层”之间的通信，OSI 参考模型把对等层之间传送的数据称为协议数据单元（Protocol Data Unit，PDU）。

### 2.3.5 面向连接服务与无连接服务

从通信的角度看，各层所提供的服务可分为两大类：面向连接的（Connection- oriented）服务与无连接的（Connectionless）服务。

1. 面向连接服务

所谓连接，就是两个对等实体为进行数据通信而进行的一种结合。

面向连接的服务就是通信双方在通信时，要事先建立一条通信线路，其过程有建立连接、使用连接和释放连接三个过程。TCP 协议就是一种面向连接服务的协议，电话系统是一个面向连接的模式。

在面向连接模式下，数据传输过程中，各分组不需要携带目的结点的地址，面向连接服务的传输连接类似于一个通信管道，发送者在一端放入数据，接收者从另一端取出数据。面向连接数据传输的收发数据顺序不变，因此传输的可靠性好，但需要有连接的建立和释放的开销，协议复杂，通信效率不高。所以面向连接服务比较适合于在一定周期内向同一目的地发送许多报文的情况。对于发送很短的零星报文，面向连接服务的开销就显得过大。

2. 面向无连接服务

在无连接服务的情况下，两个实体之间的通信不需要先建好连接，数据一旦发出，则不需要进行任何备份和处理。面向无连接服务，是基于邮政系统模型的，不要求发送方和接收方之间的会话连接，发送方只是简单地开始向目的地发送数据分组（称为数据报）。

无连接服务的特点是不需要接收端做任何响应，因为是一种不可靠的服务，常被描述为“尽力而为”。其优点是通信比较迅速，使用灵活方便，连接开销小，但可靠性低，不能防止报文的丢失、重复或失序，适用于传送少量零星的报文。

# 2.4　网络标准化

世界上有许多网络生产商和供应商，其都有自己的思维模式和行为方式，如果不加以协调，事情就会变得混乱不堪，用户也将无所适从。摆脱这种局面的唯一办法是大家都遵守一定的网络标准。好的标准不仅使不同的计算机可以相互通信，而且还能扩大遵循相应标准的产品市场。

在世界范围内组建大型的网络系统，通信协议与接口的标准化非常重要，很多标准化组织致力于网络和通信标准的制订、审查和推广工作。

## 2.4.1　电信领域有影响力的组织

电话公司的法律地位在不同国家之间有很大差异，导致产生了很多的服务供应商，所以有必要提供全球范围内的兼容性以确保一个国家的用户或计算机可以呼叫另一个国家的用户或计算机。1985 年，欧洲许多政府代表聚集在一起，形成了一个标准化组织，即国际电信联盟（International Telecommunications Union，ITU）的前身，它的任务是对国际电信进行标准化。ITU 标准主要用于国与国之间的互联，而在各个国家内部可以有自己的标准。例如，美国接入国际电话网采用 ITU 标准，而美国国内则采用 ANSI 标准。

ITU 有三个主要的部门：ITU-T、ITU-R 和 ITU-D。ITU-T 是电信标准化部门，主要关注电话和数据通信系统，1993 年以前称为 CCITT。ITU-R 是无线电通信部门，主要协调全球无线电频率利益集团之间的竞争使用。ITU-D 是发展部门，其主要任务是促进信息和通信技术的发展，以便缩小有效获取信息技术的国家和访问受到限制的国家之间的“数字鸿沟”。

自 20 世纪 80 年代开始，电信业开始从整个国家性质转变为全球性的行业，随着这种转变的完成，标准变得越来越重要；而且，越来越多的组织希望参与到标准制定工作中来。

### 2.4.2 国际标准领域有影响力的组织

国际标准是由国际标准化组织制定和发布的。ISO 采纳国际标准的程序是经过精心设计的，目的是尽可能获得广泛的一致同意。当某个国家标准化组织需要某个领域的国际标准时，就启动标准化程序。首先组成一个工作组，由工作组提出一个委员会草案，然后该草案被传送给所有的成员审核，他们有 6 个月的时间来评价这份草案。如果绝大多数成员都同意该草案，则再生成一份修订文档，称为国际标准草案（Draft International Standards，DIS）；然后该标准草案被发给成员传阅征求意见，并进行投票表决。根据这一轮的结果，形成国际标准（International Standards，IS）的最后文本，然后获得认可之后公开发布。在有较大争议的领域，委员会草案或者国际标准草案可能需要经过几次修订，才能获得足够的投票通过票数，整个过程可能要持续几年。

在标准化组织中还有一个相应比较的组织是电气和电子工程师协会（Institute of Electrical and Electronics Engineers，IEEE），它是世界上最大的专业组织。IEEE 每年均会发表多种杂志、学报、书籍，亦举办至少 300 次的专业会议。IEEE 制定了全世界电子和电气还有计算机科学领域 30%的文献，另外它还制定了超过 900 个现行工业标准。IEEE 在工业界所定义的标准有着极大的影响。

### 2.4.3 Internet 标准领域有影响力的组织

在计算机网络发展初期，建立 ARPANET 时，美国国防部成立一个非正式委员会来监督它的运行。1983 年，该委员会更名为 Internet 活动委员会（Internet Activities Board，IAB），并且被赋予了更多的使命。缩写词 IAB 后来改为 Internet 体系结构委员会（Internet Architecture Board）的首字母缩写。当需要一个新标准时，IAB 成员就会研究制订对应的新标准，然后宣布新标准带来的变化，然后，那些作为软件领域中坚力量的研究生就开始实现该标准。其交流过程是通过一系列技术报告进行，这些报告统称为请求注释（Request For Comments，RFC）。RFC 发布在网络，任何感兴趣的人都可以从 www.ietf.org/frc 上下载。

1989 年，随着 Internet 的普及以及 TCP/IP 产品逐渐面世，IAB 被重新改组。研究人员被重组到 Internet 研究任务组（Internet Research Task Force，IRTF）中，Internet 研究任务组和 Internet 工程任务组（Internet Engineering Task Force，IETF）一起成为 IAB 附属机构。

IAB 在发展初期，成员的工作年限是两年，且新成员必须由老成员指定。后来，建立了 Internet 协会（Internet Society），理事会可以指定 IAB 成员。

对于 Web 标准，还有一个重要的组织即万维网联盟（World Wide Web Consortium，W3C），该组织负责开发协议和提出促进 Web 长期增长的指导意见。

## 实 训 练 习

### 实训 1 学习 ipconfig/ping 命令的功能及作用

#### 实训目的

① 掌握如何在 Windows 下如何察看网卡的型号、MAC 地址、IP 地址等参数。

② 熟练掌握 ping 命令的格式以及参数，能使用 ping 命令判断简单的网络故障。

③ 通过使用 ipconfig 命令，加强对 TCP/IP 体系结构的理解，要求熟练掌握 ipconfig 的格式及其参数的使用。

**实训内容**

运行常用网络测试命令，学习网络故障排除的方法，对运行结果进行分析，加深对网络层协议的理解。

① 利用 Windows 下 ipconfig 命令查看网卡的基本参数。

② 利用 ping 命令来测试计算机网络的通顺。

**实训条件**

① 装有 Windows 7、Windows 2003 Server 或 Windows XP 等操作系统计算机。

② 这些计算能通过网线、集线器、交换机进行连接。

**实训步骤**

① ipconfig 命令。ipconfig 是调试计算机网络的常用命令，通常大家使用它显示网络适配器的物理地址、IP 地址、子网掩码以及默认网关，还可以查看主机的相关信息，如主机名、DNS 服务器、DHCP 服务器等。执行“开始”→“所有程序”→“附件”→“命令提示符”命令，即可进入黑白屏幕的 DOS 界面（又称命令提示符），如图 2-8 所示。

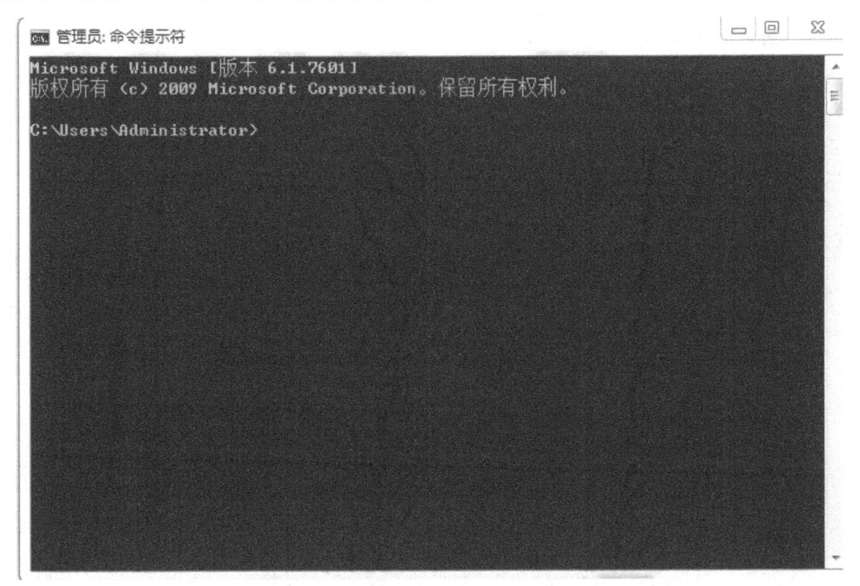


图 2-8　DOS 界面

a. 在命令提示符下输入 ipconfig/all，可以显示网络适配器完整的 TCP/IP 配置信息，当前该网卡 MAC 地址为 B4-B5-2F-C6-06-E4，IP 地址为 192.168.199.166，DNS 服务器地址为 10.0.254.246，如图 2-9 所示。

b. 如图 2-10 所示，在命令提示符下输入 ipconfig/release，去除网卡（适配器 1）的动态 IP 地址。

```
管理员: 命令提示符
Microsoft Windows [版本 6.1.7601]
版权所有 (c) 2009 Microsoft Corporation。保留所有权利。

C:\Users\Administrator>ipconfig/all

Windows IP 配置

   主机名  . . . . . . . . . . . . . : USER-20151022XB
   主 DNS 后缀 . . . . . . . . . . . :
   节点类型  . . . . . . . . . . . . : 混合
   IP 路由已启用 . . . . . . . . . . : 否
   WINS 代理已启用 . . . . . . . . . : 否
   DNS 后缀搜索列表  . . . . . . . . : lan

以太网适配器 本地连接:

   连接特定的 DNS 后缀 . . . . . . . : lan
   描述. . . . . . . . . . . . . . . : Intel(R) 82579LM Gigabit Network Connecti
on
   物理地址. . . . . . . . . . . . . : B4-B5-2F-C6-06-E4
   DHCP 已启用 . . . . . . . . . . . : 是
   自动配置已启用. . . . . . . . . . : 是
   本地链接 IPv6 地址. . . . . . . . : fe80::4c40:2fa1:1ae6:8a62%12(首选)
   IPv4 地址 . . . . . . . . . . . . : 192.168.199.166(首选)
   子网掩码  . . . . . . . . . . . . : 255.255.255.0
   获得租约的时间  . . . . . . . . . : 2017年6月29日 7:57:32
   租约过期的时间  . . . . . . . . . : 2017年6月29日 19:57:32
   默认网关. . . . . . . . . . . . . : 192.168.199.1
   DHCP 服务器 . . . . . . . . . . . : 192.168.199.1
   DHCPv6 IAID . . . . . . . . . . . : 263501103
   DHCPv6 客户端 DUID  . . . . . . . : 00-01-00-01-1D-BA-51-AD-B4-B5-2F-C6-06-E4

   DNS 服务器  . . . . . . . . . . . : 10.0.254.246
                                       202.96.128.86
   TCPIP 上的 NetBIOS  . . . . . . . : 已启用
```

图 2-9　执行 ipconfig/all 命令

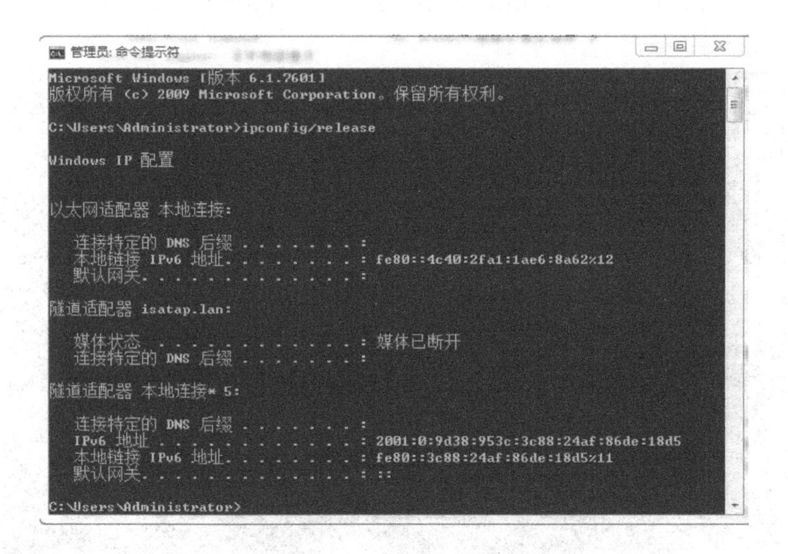


图 2-10　执行 ipconfig/release 命令

c. 在命令提示符下输入 ipconfig/renew，为网卡重新动态分配 IP 地址，如图 2-11 所示。

② ping 命令。利用 ping 命令 测试网络连通性。

a. 在命令提示符下输入 ping 192.168.199.164，用来测试一帧数据从一台主机传输到另一台主机所需的时间，从而判断主响应时间。总共返回了四个测试数据包，其中 bytes=32 表示测试中发送的数据包大小是 32 B；time<1ms 表示往返时间小于 1 ms；TTL=64 表示数据包的生存时间，其中系统默认值为 64，如图 2-12 所示。

```
管理员: 命令提示符
C:\Users\Administrator>ipconfig/renew

Windows IP 配置

以太网适配器 本地连接:

   连接特定的 DNS 后缀 . . . . . . . : lan
   本地链接 IPv6 地址. . . . . . . . : fe80::4c40:2fa1:1ae6:8a62%12
   IPv4 地址 . . . . . . . . . . . . : 192.168.199.166
   子网掩码  . . . . . . . . . . . . : 255.255.255.0
   默认网关. . . . . . . . . . . . . : 192.168.199.1

隧道适配器 isatap.{AAEDF9ED-EB53-44D5-B344-1E7F73310278}:

   媒体状态  . . . . . . . . . . . . : 媒体已断开
   连接特定的 DNS 后缀 . . . . . . . :

隧道适配器 本地连接* 5:

   连接特定的 DNS 后缀 . . . . . . . :
   IPv6 地址 . . . . . . . . . . . . : 2001:0:9d38:953c:3c88:24af:86de:18d5
   本地链接 IPv6 地址. . . . . . . . : fe80::3c88:24af:86de:18d5%11
   默认网关. . . . . . . . . . . . . : ::

C:\Users\Administrator>
```

图 2-11　执行 ipconfig/renew 命令

```
管理员: 命令提示符
Microsoft Windows [版本 6.1.7601]
版权所有 (c) 2009 Microsoft Corporation。保留所有权利。

C:\Users\Administrator>ping 192.168.199.164

正在 Ping 192.168.199.164 具有 32 字节的数据:
来自 192.168.199.164 的回复: 字节=32 时间=1ms TTL=64
来自 192.168.199.164 的回复: 字节=32 时间<1ms TTL=64
来自 192.168.199.164 的回复: 字节=32 时间<1ms TTL=64
来自 192.168.199.164 的回复: 字节=32 时间<1ms TTL=64

192.168.199.164 的 Ping 统计信息:
    数据包: 已发送 = 4，已接收 = 4，丢失 = 0 (0% 丢失)，
往返行程的估计时间(以毫秒为单位):
    最短 = 0ms，最长 = 1ms，平均 = 0ms

C:\Users\Administrator>
```

图 2-12　执行 ping 命令

b. 对于路由器或其他网络设备，ping 命令测试会返回不同的标志符，它们代表着不同的含义，如表 2-1 所示。

**表 2-1　对路由器的 ping 命令标志含义**

| 返回信息 | 信息含义 |
| --- | --- |
| !（叹号） | 收到一个响应 |
| .（点） | 在等待时，网络服务器超时 |
| U | 目标无法到达，受到错误的 PDU |
| Q | 源消失（目标设备太忙） |
| M | 数据无法分割 |
| ?（问号） | 包类型未知 |
| & | 报的有效期过了 |
| bad ip address | 表示可能没有连接到 DNS 服务器，所以无法解析这个 IP 地址，也可能是 IP 地址不存在 |
| unknown host | 表示该远程主机的名字不能被域名服务器（DNS）转换成 IP 地址。故障原因可能是域名服务器有故障，或者其名字不正确，或者网络管理员的系统与远程主机之间的通信线路有故障 |

c. 完整的 ping 命令形式为“ping [选项] 目的 IP 地址”，具体使用方法可以通过输入“ping /?”进行查看。其参数含义如表 2-2 所示。

**表 2-2 ping 命令参数含义**

| 选　　项 | 选项含义 |
|---|---|
| -t | 连续对 IP 地址执行 ping 命令，直到被用户以 Ctrl+C 中断 |
| -a | 解析计算机 netbios 名 |
| -n count | 发送 count 指定的 echo 数据包数 |
| -l size | 定义 echo 数据包大小 |
| -f | 在数据包中发送不要分段标志 |
| -i TTL | 指定 TTL 值在对方的系统里停留的时间 |
| -w timeout | 指定超时间隔，单位为毫秒 |

**问题与思考**

① 如何使用 ping 命令诊断本地 TCP/IP 协议是否安装正常？

② 如何测试计算机能否访问某个网站？

## 实训 2　学习使用 tracert 命令

**实训目的**

① 熟练掌握 tracert 命令的格式以及参数的使用。

② 使用 tracert 命令来检测到达的目标 IP 地址的路径并记录结果。

**实训内容**

利用 tracert 命令显示出由执行程序的主机到达特定主机之前历经多少路由器，确定数据包为到达目的地所必须经过的有关路径，并指明哪个路由器在浪费时间。

**实训条件**

① 装有 Windows 7、Windows 2003 Server 或 Windows XP 等操作系统计算机。

② 这些计算能通过网线、集线器、交换机进行连接。

**实训步骤**

① 在命令提示符下输入“tracert 目标主机地址”，即 tracert -d 172.16.2.65，也就是它发送一份（实际是连发三份，以确保对方收到）TTL 字段值为 1 的 IP 数据报给目的主机。处理这份数据报的第一个路由器将 TTL 值减为 0 时，丢弃该数据报，并发回一份超时 ICMP 报文。这样就得到了该路径中的第一个路由器的地址。然后 tracert 程序发送一份 TTL 值为 2 的数据报，这样就可以得到第二个路由器地址，继续这个过程直至该数据报到达目的主机，如图 2-13 所示。

② 输入“tracert”后面接一个网址，DNS 解析会自动将其转换为 IP 地址并探查出途经的路由器信息。如图 2-14 所示，在后面输入了百度经验的 URL 地址，可以发现共查询到 10 条信息，其中带有星号（*）的信息表示该次 ICMP 包返回时间超时。

③ 在“tracert”命令与 IP 地址或 URL 地址中间输入“-h”，并在之后添加一个数字，可以指定本次 tracert 程序搜索的最大跳数。如图 2-15 所示，加入“ -h 5 ”后，搜索只在路由器

间跳转 5 次就无条件结束。

```
管理员: 命令提示符
Microsoft Windows [版本 6.1.7601]
版权所有 (c) 2009 Microsoft Corporation。保留所有权利。

C:\Users\Administrator>tracert -d 172.16.2.65

通过最多 30 个跃点跟踪到 172.16.2.65 的路由

  1    <1 毫秒   <1 毫秒   <1 毫秒 192.168.199.1
  2     2 ms      2 ms      2 ms  172.16.93.254
  3     2 ms      1 ms      1 ms  10.0.0.106
  4     *        <1 毫秒   <1 毫秒 10.0.0.201
  5     2 ms      2 ms      2 ms  10.0.0.202
  6     1 ms     <1 毫秒   <1 毫秒 10.0.0.201
  7     2 ms      3 ms      2 ms  10.0.0.202
  8     1 ms     <1 毫秒   <1 毫秒 10.0.0.201
  9     2 ms      2 ms      2 ms  10.0.0.202
 10     2 ms      1 ms      1 ms  10.0.0.201
 11     2 ms      2 ms      2 ms  10.0.0.202
 12     1 ms      1 ms      1 ms  10.0.0.201
 13     2 ms      3 ms      3 ms  10.0.0.202
 14     1 ms      1 ms      1 ms  10.0.0.201
 15     2 ms      2 ms      2 ms  10.0.0.202
 16     1 ms      1 ms      1 ms  10.0.0.201
 17     2 ms      2 ms      2 ms  10.0.0.202
 18     1 ms      1 ms      1 ms  10.0.0.201
 19     3 ms      3 ms      2 ms  10.0.0.202
 20     1 ms      1 ms      2 ms  10.0.0.201
 21     3 ms      2 ms      4 ms  10.0.0.202
 22     1 ms      1 ms      1 ms  10.0.0.201
 23     *         *         *     请求超时。
 24     *         *         *     请求超时。
 25     *         *         *     请求超时。
 26     *         *         *     请求超时。
 27     *         4 ms      3 ms  10.0.0.202
 28     2 ms      2 ms      2 ms  10.0.0.201
 29     4 ms      3 ms      3 ms  10.0.0.202
 30     2 ms      2 ms      2 ms  10.0.0.201

跟踪完成。
```

图 2-13　目标主机跟踪

```
C:\Users\zxl>tracert www.baidu.com

通过最多 30 个跃点跟踪
到 www.a.shifen.com [183.232.231.172] 的路由:

  1    <1 毫秒   <1 毫秒   <1 毫秒 192.168.1.1
  2     *         *         *     请求超时。
  3  1216 ms    628 ms    579 ms  172.30.0.1
  4     6 ms      3 ms      3 ms  120.197.51.161
  5     *         *         *     请求超时。
  6     7 ms      7 ms      7 ms  120.197.29.6
  7     8 ms      7 ms      8 ms  120.241.49.42
  8     *         *         *     请求超时。
  9     *         *         *     请求超时。
 10     5 ms      5 ms      5 ms  183.232.231.172

跟踪完成。
```

图 2-14　网址跟踪

```
C:\Users\zxl>tracert -h 5 www.baidu.com

通过最多 5 个跃点跟踪
到 www.a.shifen.com [183.232.231.173] 的路由:

  1    <1 毫秒   <1 毫秒   <1 毫秒 192.168.1.1
  2     *         *         *     请求超时。
  3   678 ms    651 ms    671 ms  172.30.0.1
  4    39 ms     39 ms     40 ms  120.197.51.161
  5     *         *         *     请求超时。

跟踪完成。
```

图 2-15　限定跟踪跳跃点

④ 另外，tracert 中还有如“-j”“-r”“-s”“-4”“-6”等命令，其用法都可以在命令行中输入命令“tracert”直接查到，如图 2-16 所示。

```
C:\Users\zxl>tracert

用法: tracert [-d] [-h maximum_hops] [-j host-list] [-w timeout]
               [-R] [-S srcaddr] [-4] [-6] target_name

选项:
    -d                 不将地址解析成主机名。
    -h maximum_hops    搜索目标的最大跃点数。
    -j host-list       与主机列表一起的松散源路由(仅适用于 IPv4)。
    -w timeout         等待每个回复的超时时间(以毫秒为单位)。
    -R                 跟踪往返行程路径(仅适用于 IPv6)。
    -S srcaddr         要使用的源地址(仅适用于 IPv6)。
    -4                 强制使用 IPv4。
    -6                 强制使用 IPv6。
```

图 2-16　tracert 命令参数

问题与思考

① 在 DOS 中输入 tracert URL（如 tracert www.sina.com.cn），查看经过哪些路由？

② Tracert 如何定位网络故障的位置？

# 小　　结

要做到有条不紊地交换数据，每个结点都必须遵守事先约定好的通信规则。这些为网络数据交换而制定的通信规则、约定与标准被称为网络协议。功能完备的网络需要制定一系列的协议。

计算机网络的层次结构模型与各层协议的集合称为计算机网络的体系结构，层次、协议和接口是体系结构中的三个重要概念。

OSI 参考模型将计算机网络分为七层：应用层、会话层、表示层、传输层、网络层、数据链路层和物理层。TCP/IP 参考模型分为四层：应用层、传输层、网际层和网络接口层。

OSI 参考模型定义了开放系统的层次结构、层次之间的关系以及各层可能包括的服务，对推动网络协议标准化的研究起到了重要的作用；而 TCP/IP 参考模型与协议利用正确的策略，抓住了有利时机，伴随着 Internet 的广泛应用成为事实上的标准。

提出了本书所遵循的五层协议模型。

# 习　　题

## 一、选择题

1. 下面对 OSI 参考模型的数据链路层的功能描述中，错误的是（　　）。

   A. 通过交换与路由，找到数据通过网络最有效的路径

   B. 数据链路层的主要任务是提供一种可靠的通过物理介质传输数据的方法

   C. 将数据分解成帧，并按顺序传输帧，并处理接收端发回的确认帧

   D. Ethernet 的数据链路层分为 LLC 和 MAC 子层，并在 MAC 子层使用 CSMA/CD 协议争用信道

2. OSI 参考模型中，网络层、数据链路层和物理层传输的数据单元分别是（　　）。

   A. 报文、帧、比特　　B. 分组、报文、比特

   C. 分组、帧、比特　　D. 数据报、帧、比特

3. 传输层提供的服务使得高层的用户可以完全不考虑信息在物理层、（　　）通信的细节，方便用户使用。

   A. 数据链路层　　B. 数据链路层、网络层以及应用层

   C. 数据链路层和网络层　　D. 网络层

4. 在 OSI 参考模型的七层结构中，实现帧同步功能的是（　　）。

   A. 传输层　　B. 网络层　　C. 物理层　　D. 数据链路层

5. OSI 参考模型将整个网络的功能分成七个层次来实现，（　　）。

   A. 层与层之间的联系通过接口进行

   B. 层与层之间的联系通过协议进行

C. 不同结点的同等层的功能并不相同

D. 除物理层外，各对等层之间均存在直接的通信关系

6. 在 TCP/IP 参考模型中，传输层的主要作用是在互联网络的源主机与目的主机对等实体之间建立用于会话的（　　）。

A. 点到点连接　　B. 操作连接　　C. 端到端连接　　D. 控制连接

7. OSI 参考模型中，能实现路由选择、拥塞控制与互联功能的层是（　　）。

A. 传输层　　B. 应用层　　C. 数据链路层　　D. 网络层

8. 下面属于 TCP/IP 协议族中互联网络层协议的是（　　）。

A. IGMP、UDP、IP　　B. IP、DNS、ICMP

C. ICMP、ARP、IGMP　　D. RIP、IGMP、SMTP

9. OSI 参考模型的数据链路层的功能包括（　　）。

A. 控制报文通过网络的路由选择

B. 提供用户与网络系统之间的接口

C. 处理信号通过物理介质的传输

D. 保证数据的正确顺序、无差错和完整性

10. 下列说法错误的是（　　）。

A. 网络中通信的对等实体具有相同的层次

B. 不同系统的对等层具有相同的功能

C. 高层使用低层提供的服务

D. 高层需要指定低层服务的具体实现方法

11. 以下关于 TCP/IP 参考模型层次结构特点的描述中，错误的是（　　）。

A. TCP/IP 参考模型的应用层与 OSI 参考模型的应用层相对应

B. TCP/IP 参考模型的传输层和 OSI 参考模型的传输层相对应

C. TCP/IP 参考模型的互联层和 OSI 参考模型的网络层相对应

D. TCP/IP 参考模型的网络接口层和 OSI 参考模型的数据链路层、物理层相对应

12. 下列关于 OSI 参考模型的描述中，说法不正确的是（　　）。

A. 物理层利用传输介质实现比特流的传输

B. 数据链路层使得物理线路传输无差错

C. 网络层实现路由选择、分组转发、流量与拥塞控制等功能

D. 传输层提供可靠的“端-端”通信服务

13. 在 OSI 参考模型中，第 $N$ 层与它之上的第 $N$+1 层的关系是（　　）。

A. 第 $N$+1 层将从第 $N$ 层接收的报文添加一个报头

B. 第 $N$ 层与第 $N$+1 层没有影响

C. 第 $N$ 层使用第 $N$+1 层提供的服务

D. 第 $N$ 层为第 $N$+1 层提供服务

14. 下列不属于数据链路层功能的是（　　）。

A. 帧同步功能　　B. 电路管理功能

C. 差错控制功能　　D. 流量控制功能

15. 集线器和路由器分别运行于 OSI 参考模型的（　　）。

A. 数据链路层和物理层　　B. 物理层和网络层
C. 传输层和数据链路层　　D. 网络层和传输层

16. 下列不属于网络协议三要素的是（　　）。
A. 语音　　B. 语法　　C. 语义　　D. 时序

17. 在 OSI 参考模型中，自下而上第一个提供端到端服务的层是（　　）。
A. 数据链路层　　B. 会话层　　C. 传输层　　D. 应用层

18. 在数据链路层，（　　）用于描述数据单位作为该层的数据传输单元。
A. 数据报　　B. 报文　　C. 帧　　D. 分组

19. 当数据由端系统 A 传至端系统 B 时，不参与数据封装工作的是（　　）。
A. 物理层　　B. 数据链路层　　C. 网络层　　D. 表示层

20. 以下关于网络协议与协议要素的描述中错误的是（　　）。
A. 时序表示做的顺序　　B. 语义表示要做什么
C. 语法表示要怎么做　　D. 协议表示网络功能是什么

21. 以下关于数据链路层基本概念的描述中错误的是（　　）。
A. 相邻高层是网络层
B. 可以在释放物理连接之后建立数据链路
C. 采用差错控制与流量控制方法使有差错的物理线路变成无差错的数据链路
D. 数据链路层的数据传输单元是帧

## 二、填空题

1. 在计算机网络中，__________和__________的集合称为网络体系结构。

2. 在 TCP/IP 参考模型中，传输层位于__________层之上，负责向__________层提供服务。

3. 网络协议是计算机网络互相通信的对等实体间交换信息时必须遵守的规则或约定的集合。在网络协议的三个基本要素中，__________是数据和控制信息的结构或格式；__________是用于协调和进行差错处理的控制信息；时序是对事件实现顺序的详细说明。

4. 网络协议的三个基本要素为__________、__________和__________。

5. 数据链路层的数据单元是__________。

## 三、问答题

1. 比较面向连接服务与无连接服务的异同点。
2. OSI 参考模型的层次划分原则是什么？分为哪几层？
3. 简述层次网络体系结构有何优缺点。
4. 协议与服务有何区别？有何关系？
5. 试比较 OSI 参考模型与 TCP/IP 参考模型的异同点。
6. 试述具有五层协议的网络体系结构的要点，包括各层的主要功能。
7. 试述在五层协议数据模型中，数据在各层之间的传递过程。

# 第3章 典型企业网络架构

【教学提示】

企业网络是 Internet 的重要组成部分，随着企业业务需求而不断地变化。为了了解企业网络如何满足企业业务需求，必须了解典型的企业网络架构以及网络的各种组成设备和传输线路。

【教学要求】

了解典型的企业网络拓扑结构、各个组成设备及功能；了解常见的网络传输媒介，包括引导性和非引导性两大类传输媒体；了解常见的网络设备，说明其特点与功能作用。

## 3.1 常见企业网络架构

企业的业务总是在不断地发展，对网络的需求也是在不断地变化，这就要求企业网络应该具备适应这种需求不断变化的能力。因此，了解企业网络的架构如何适应业务的需求将变得十分必要。

企业网络广泛应用于各行业（政府、教育、金融、医疗机构等），实现内部员工的资源共享以及外部客户的访问。其典型架构如图 3-1 所示。

大型企业的网络往往跨越了多个物理区域，所以需要使用远程互联技术来连接企业总部和分支机构，从而使得出差的员工能随时随地接入企业网络实现移动办公，企业的合作伙伴和客户也能够及时、高效地访问到企业的相应资源及工具。在实现远程互连的同时，企业还会基于对数据的私密性和安全性的考虑对远程互连技术进行选择。

企业网络架构很大程度上取决于企业或机构的业务需求。小型企业通常只有一个办公地点，一般采用扁平网络架构进行组网。这种扁平网络能够满足用户对资源访问的需求，并具有较强的灵活性，同时又能大大减少部署和维护成本。小型企业网络通常缺少冗余机制，可靠性不高，容易发生业务中断。

大型企业网络对业务的连续性要求很高，所以通常会通过网络冗余备份来保证网络的可用性和稳定性，从而保障企业的日常业务运营。大型企业网络也会对业务资源的访问进行控制，所以通常会采用多层网络架构来优化流量分布，并应用各种策略进行流量管理和资源访问控制。多层网络设计也可以使网络易于扩展。大型企业网络采用模块化设计，能够有效实现网络隔离并简化网络维护，避免某一区域产生的故障影响到整个网络。

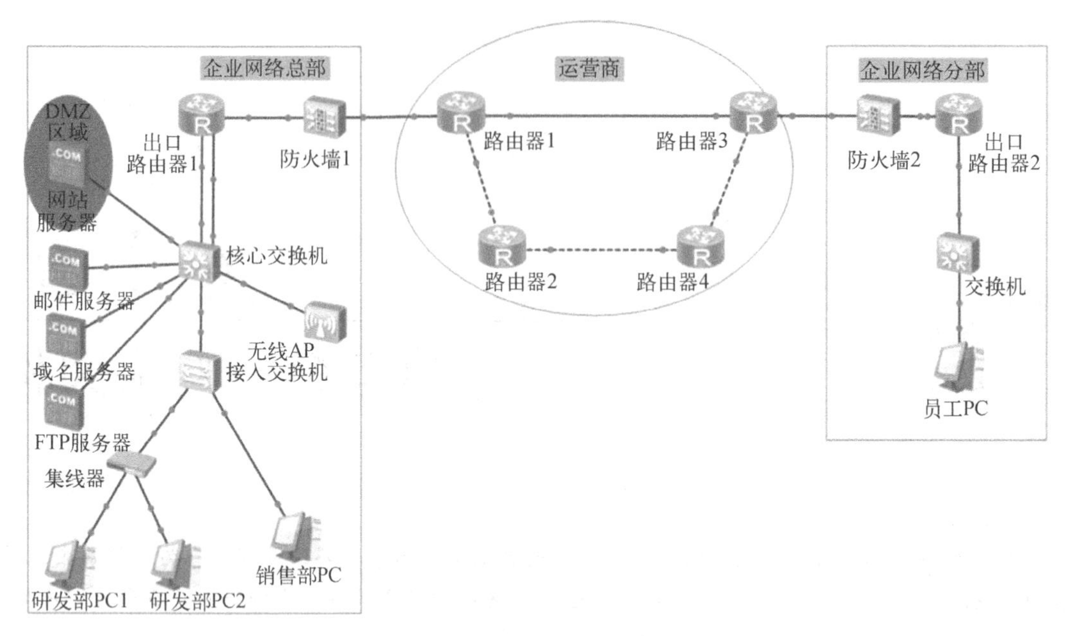


图 3-1　典型企业网络架构

在企业网络内部，各部门的员工主机通过网线连接到接入设备（集线器或交换机，一般为接入交换机），部门内部的信息交换通常在这里就可以完成。部门之间或者外网的信息则通过核心交换机进行交换。核心交换机主要完成部门之间信息交换，以及连接企业各种数据服务器（如网站服务器、邮件服务器、域名服务器、FTP 服务器等）。

企业与 Internet 之间的数据交换则需要通过企业的出口路由器进行。同时为了企业数据安全，在出口路由器与 Internet 之间通常需要设置防火墙，防范黑客对企业数据的入侵。但在设置了防火墙之后，企业客户在 Internet 中是无法直接访问公司网站服务器的，所以在企业网络中要设置专门的隔离区（Demilitarized Zone，DMZ），作为必须公开的小网络区域。

由于现在企业内部有很多设备都是无线终端设备（iPad、PDA、手机等），所以在这些情况下需要设置相应的无线接入点（Access Point，AP）作为有线交换机的替代。

在企业分部，由于部门和员工较少，所以交换机可以不用区分接入交换机和核心交换机，结构扁平化可以使管理更加简单。

## 3.2 传输媒介

传输媒介又称传输介质，它就是数据传输系统中在发送器和接收器之间的物理通路。物理媒介的传输特性各不相同，体现在带宽、延迟、成本以及安装和维护难易程度上，它们适用于各种不同的工作环境。传输媒介可按照其物理特性分为导引型传输媒介和非导引型传输媒介两大类。导引型传输媒介中，电磁波被导引沿着固体媒介（铜线或光纤）传播；而非导引型传输媒介就是指自由空间，电磁波在自由空间中传播，常称为无线传输。

### 3.2.1　导引型传输媒介

#### 1. 双绞线

双绞线（Twisted Pair）是最早出现的、最常用的物理传输媒介之一。双绞线由两根铜线组成，铜线直径一般为 1 mm，如图 3-2 所示。

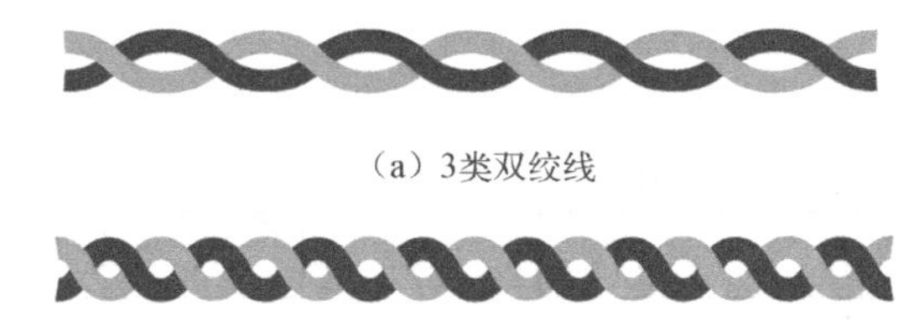

（a）3类双绞线

（b）5类双绞线

图 3-2　双绞线

因为 1 根铜线会形成一根很好的天线，产生电磁波辐射造成损耗。2 根铜线绞合在一起，其产生的辐射波会相互抵消，显著减少能量损耗，增加传输距离，提高质量。传输的信息一般用两根线的电压差来表示，因为噪声对两根线的干扰是相同的，其差值不会改变。

双绞线最常见应用于电话系统，连接用户话机到电话公司端局。另外，绝大部分局域网的用户线路也采用双绞线。双绞线的传输距离可以达到几千米，如果距离更远，信号则会衰减得很严重，需要经过中继器（Repeater）进行信号放大。双绞线的带宽与铜线直径和传输距离有关，在几千米的距离情况下一般可以达到每秒几兆比特的带宽。

由于双绞线成本较低，性能足够满足一般情况下的需求，所以应用非常广泛。

双绞线的标准早期使用 3 类（CAT 3）线，现在大部分情况下使用 5 类（CAT 5）线。5 类线比 3 类线扭合得更加紧密，如图 3-2 所示。扭合越紧辐射损耗越小，传输质量越好。更新的标准则有 6 类线和 7 类线等。

#### 2. 同轴电缆

另一种常见的传输介质是同轴电缆（Coaxial Cable）。它主要由中心铜轴和绝缘材料组成，外边再辅以一层网状屏蔽层导体和保护塑料外套，如图 3-3 所示。由于网状屏蔽层的存在，同轴电缆比双绞线有更好的屏蔽性和带宽，能以很高的速率传输很远的距离。同轴电缆可以达到 1 GHz 的带宽，同时拥有很好的抗噪性。

由于性能的优势，同轴电缆在有线电视和计算机城域网中得到广泛的应用。但成本较高，所以大部分局域网仍以双绞线为主。

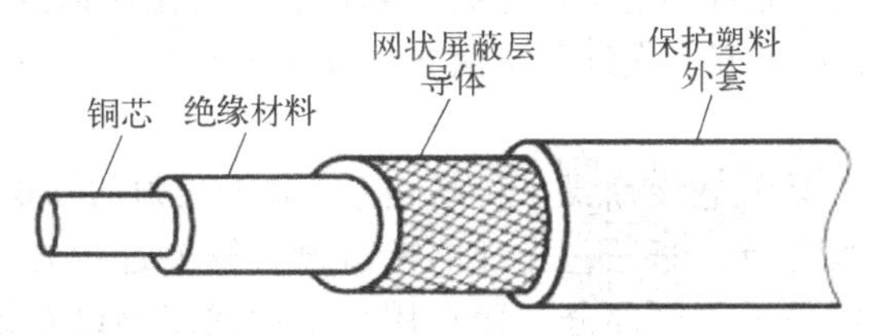


图 3-3　同轴电缆示意图

#### 3. 光纤

由于计算机网络的发展，广域网数据通信链路从 45 Mbit/s 发展到 100 Gbit/s，这个速度使用双绞线和同轴电缆是很难获得的。所以，在广域网中常用光纤作为物理传输介质。光纤技术带宽可以超过 50 000 Gbit/s，但现在远未达到这个极限。当前实际带宽只达到大约 100 Gbit/s，大量带宽仍未得到利用，其瓶颈在于光电信号的转换速度。

光纤传播原理在于光的全反射现象：当光从高折射率媒介到低折射率媒介时，如果入射角大于某个阈值，则光的折射消失，只有光的反射，此时光只在高折射率的介质内传递，如图 3-4 所示。

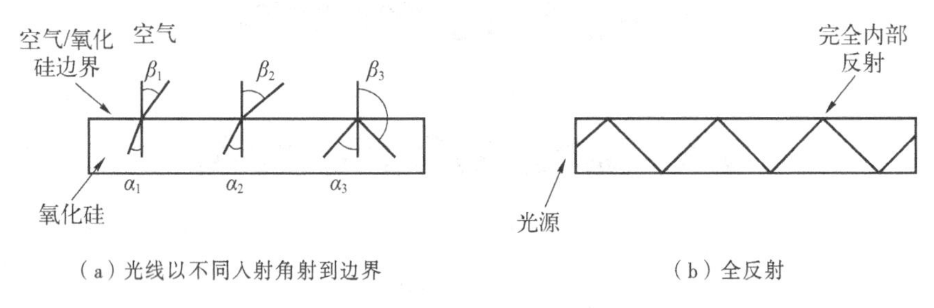


（a）光线以不同入射角射到边界　　（b）全反射

图 3-4　光纤传播

光纤由玻璃制造，玻璃的原料为沙子，所以成本非常低。光通过玻璃的衰减取决于光的波长，所以在光纤通信中，常用三个波段：0.85 μm、1.30 μm 和 1.55 μm。在这三个波段，光的衰减是最低的，每个波段都具有 25 000～30 000 GHz 的宽度，如图 3-5 所示。

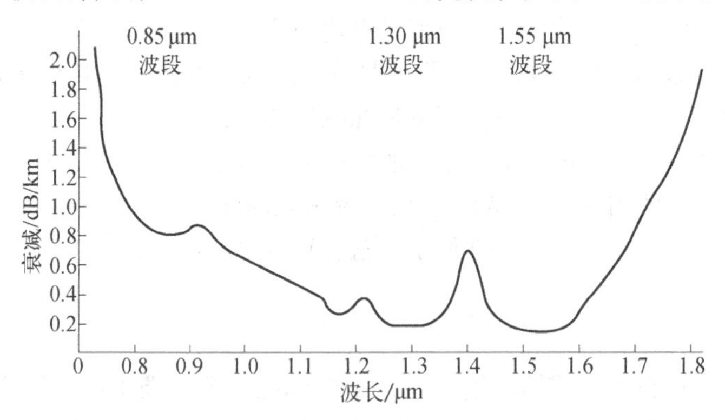


图 3-5　红外区域的光通过光线的衰减情况

光纤的结构与同轴电缆非常相似，只是少了网状屏蔽层导体，其结构如图 3-6 所示。与铜线相比较，光纤具有很多优点：第一，光纤的带宽远高于铜线的带宽；第二，光纤的衰减比铜线小得多，可以传输更远的距离，在不使用中继器的情况下，光纤可以传输 50 km，而铜线只能传输 5 km；第三，光纤不受电磁干扰；第四，光纤细小而且重量很轻，其支撑系统成本低而且容易维护保养；第五，光纤不会漏光，外部很难接入，不易造成信息泄露，安全性更高。

当然，光纤也有缺点：首先它使用光来传输信息，对工程师的知识结构提出了新的要求；其次，光纤过度弯曲会被折断；第三，光纤的接口设备需要进行光电转换，成本更高。所以，光纤广泛用于广域网的主干网部分，而在用户本地回路仍以双绞线和同轴电缆等铜线媒介为主。

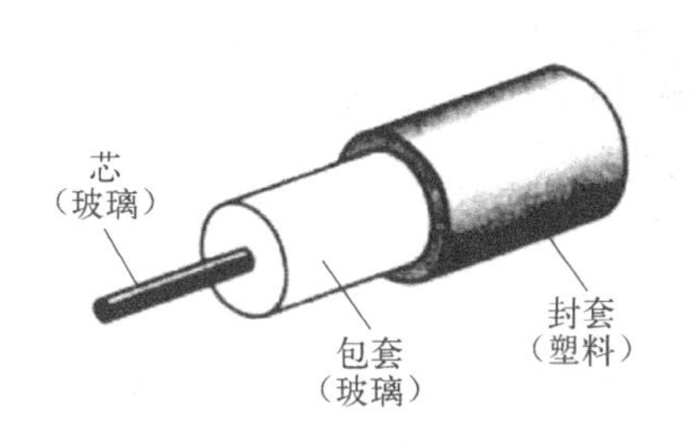

（a）单根光纤侧面

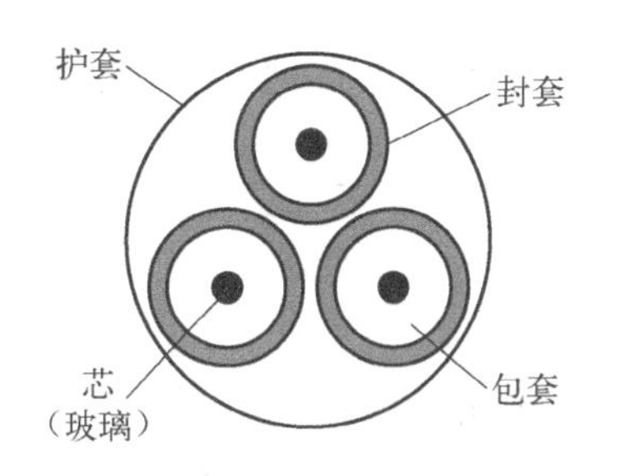


（b）三根光线的横截面

图 3-6　光纤的结构

### 3.2.2　非导引型传输媒介

前面介绍了三种有线传输介质，这些有线传输介质在高山、岛屿、沙漠等地理环境中很难铺设线路，在城市已有建筑下重新铺设线路也是非常困难的。而利用无线电磁波在自由空间中的传播就相对容易得多，可以快速地实现通信网络的布设，但其容易被干扰，保密性差。

尤其在现在的移动通信时代，社会节奏变快，人们不仅要求在运动中进行语音通话，还要求在运动中进行数据通信。因此，无线传输技术成为现在网络通信传输媒介的重要组成部分。

无线传输的实现是依靠交变电场和交变磁场产生的电磁波的传播。英国数学学家马克斯韦尔在 1865 年就预言了这种波的存在，但直到 1887 年才第一次被德国物理学家赫兹观测到。电磁波每秒振动的次数称为频率，通常用 $f$ 表示，以赫兹（Hz）为单位。两个相同的波峰之间的距离称为波长，通常用 $\lambda$ 表示。

在真空中，电磁波的传播速度是光速，通常用 $c$ 表示。近似等于 $3\times10^8$ m/s，与电磁波的频率无关。在铜线或者光纤中，电磁波的速度会变慢，大约是光速的 2/3，而且与电磁波的频率有关。

电磁波的波长、频率、速度满足以下关系：

$$\lambda f = c \tag{3-1}$$

如果 $c$ 是常数，则波长和频率成反比。

电磁波谱如图 3-7 所示。波谱中的无线电波、微波、红外线和可见光都可以通过调制波的幅度、频率或者相位来传输信息。紫外线、X 射线和γ射线用来传输信息的效果更好，因为它们的频率更高。但是这种波很难产生和调制，其穿透建筑物的效果也不好，而且对生物有害。图 3-7 列出的波段是官方 ITU（国际电信联盟）依据波长给出的命名。例如，LF 波段的波长是从 1 km 到 10 km（对应于 30 kHz 到 300 kHz）。LF、MF 和 HF 分别为低频、中频和高频。更高的频段中 V、U、S 和 E 分别代表 Very、Ultra、Super 和 Extremely，对应的频段分别为甚高频、特高频、超高频和极高频，最高的一个频段 T 是 Tremendously 的缩写，目前尚无标准译名。

由香农定理可知，一个电磁波的信号能携带的信息量取决于接收能量，并且与带宽成正比。从图 3-7 可以清楚看出，光纤波段能提供的带宽非常多，也就意味着光纤能提供非常高的数据传输速度。例如，图 3-5 中 1.3 μm 波段，波段宽度 0.17 μm，利用公式（3-1）可以推导出该波段提供的带宽高达 30 000 GHz，在 10 dB 这样合理的信噪比环境下，数据率高达 300 Tbit/s。

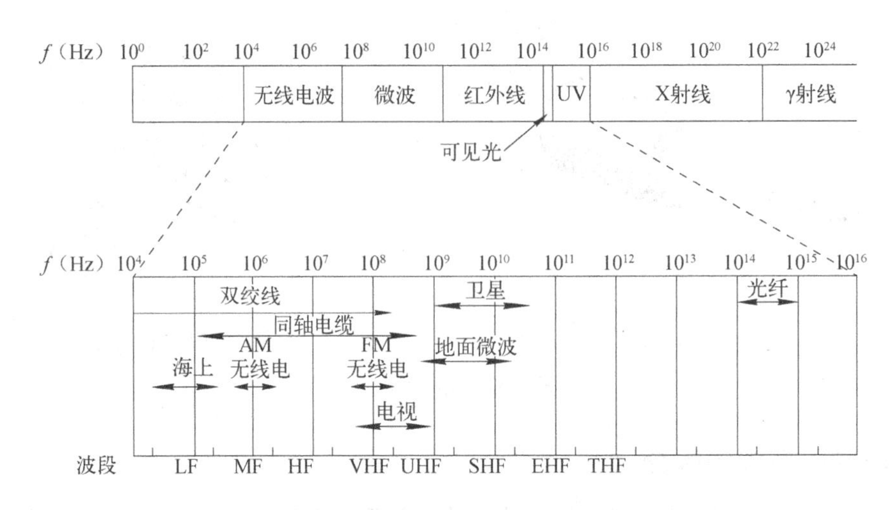


图 3-7 电磁频谱以及在通信中的使用

在 LF 和 HF 波段，无线电沿着地面传播，如图 3-8（a）所示。在较低频率时，这些电波可以传播到几千千米以外；随着频率提高，电磁波传播距离会缩短。在这些波段中，由于波长较长，电磁波很容易穿透建筑物等障碍物，这也是收音机可以在室内使用的原因。这些频段的主要问题在于带宽太低，数据传播速率太低。

短波通信（即高频通信）主要靠电离层的反射，如图 3-8（b）所示。但由于电离层的不稳定所产生的衰落现象和电离层反射所产生的多径效应使得短波信道的通信质量较差。多径效应就是同一个信号经过不同的反射路径到达同一个接收点,但各反射路径的衰减和时延都不相同,使得最后得到的合成信号失真较大。

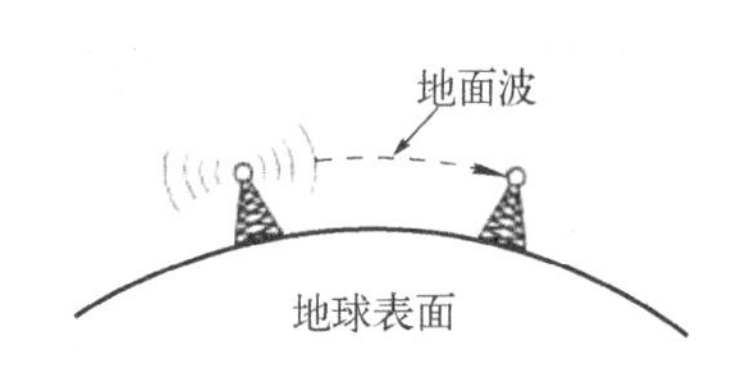


（a）LF 和 MF 波段的无线电波沿地表传播

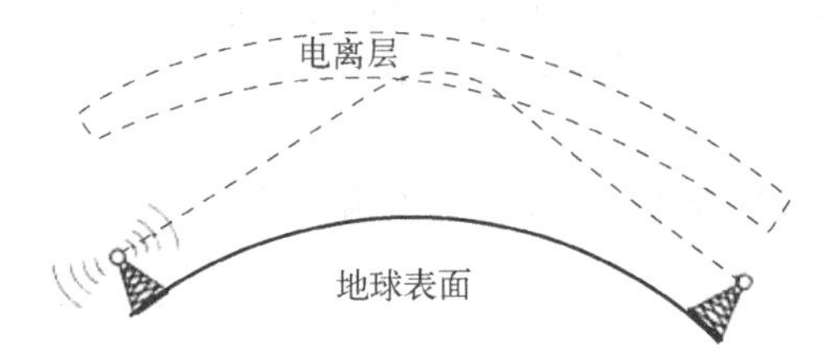


（b）HF 波段的无线电波靠电离层反射

图 3-8 无线电传播

微波通信在数据通信中占据重要地位。微波的频率范围为 300 MHz～300 GHz（波长 10 cm～1 m），但主要使用 2～40 GHz 的频率。微波在空间中主要是直线传播，传播途径中不能有障碍物。由于微波会穿透电离层进入宇宙空间，因此它不能像短波那样经过电离层反射进行传播。传统微波通信主要有两种方式：地面微波接力通信和卫星通信。

可以使用地面微波天线塔作为中继站点。由于微波在空间中是直线传播，而地球表面是个曲面，因此其传播距离受到限制，一般只有 50 km 左右。如果将天线塔高度提高，则可以将传播距离增大。为了实现远距离通信，必须在发送端和接收端之间建立若干个中继站，中继站将前一站送来的信号经过放大后再发送到下一站，故称为“接力”。

除了使用天线塔作为中继站，还可以用卫星作为中继站。卫星作为中继站具有传播覆盖范围广的优点，且通信费用与通信距离无关。同步地球卫星发射出的电磁波辐射到通信覆盖区的

跨度达到 1.8 万千米，面积约占全球的三分之一，所以只需要在地球赤道上空的同步轨道上，等距离放置 3 颗相隔 120° 的卫星，就能基本上实现全球的通信。卫星通信的缺点是具有较大的传播时延。由于卫星与地面的距离较远，从一个地面终端经卫星到另一个地面终端的传播时延均值在 250～300 ms，一般可取 270 ms，所以卫星通信不适合时延要求低的通信。

微波通信的另一个缺点，就是 4 GHz 左右的电磁波很容易被水吸收，所以微波通信常会受到雨雾等天气的影响。

在无线电通信和微波通信中，频谱资源是唯一的，它的使用必须进行统一的约定。所以要使用某一段无线电或者微波频谱进行通信时，通常必须得到本国政府有关无线电频谱管理机构的许可证。但是，也有一些无线电频谱是可以自由使用的（只要不干扰他人在这个频段通信）。图 3-9 为美国的 ISM（Industry-Scientific-Medical，工业、科学与医药）频段。现在的无线局域网（Wi-Fi）就是使用其中的 2.4 GHz 和 5.8 GHz 频段。

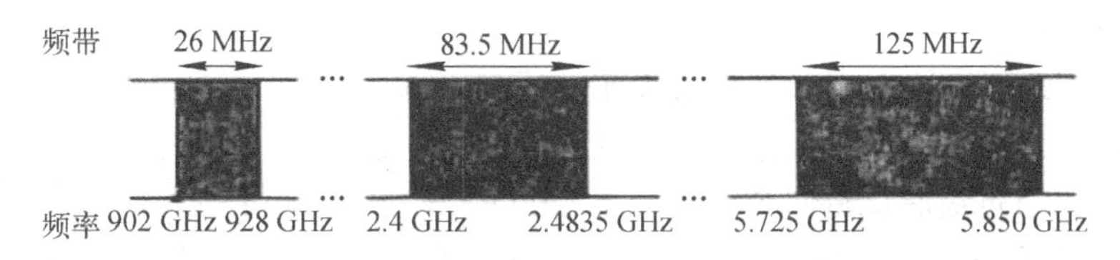


图 3-9 ISM 频段

红外线也常被用于无线通信。因为红外线比微波波长更短，频率更高，所以同样具有直线传播特性，同时还具有不能穿透墙壁的特点。所以，红外线常被用于电视机、空调、DVD 等设备的遥控器通信，这样不同房间中的遥控器就不会相互影响。因此，红外系统的运行不需要政府的许可。而频率比红外线低的电磁波通信系统，除了 ISM 频段外，都必须获取政府许可才能运营。

频率更高的可见光、紫外线等也是无线通信的电磁波范围，但由于其频率太高，产生电磁波太困难，所以应用较少。

## 3.3 网络设备

网络设备是计算机网络的连接结点，具有数据转发、流量控制等功能，用于扩展网络规模。在图 3-1 的典型企业网拓扑中就用了多种网络设备。

### 3.3.1 集线器

集线器主要用来组建星状拓扑网络。在网络中，集线器是一个集中点，通过众多的端口将网络中的计算机连接起来，使不同的计算机能够相互通信。

由于信号在传输过程中会衰减，所以传输距离超过一定数值后必须对信号进行整形放大后再重新发送，否则接收设备无法判别信号。集线器即起到物理层比特的整形放大功能，能扩展网络传输距离。由于集线器只是接收物理层数据位，并对其整形放大，不解析数据帧结构，所以属于物理层网络设备。

通常集线器在一个局域网内连接多台主机，形成星状拓扑结构，将主机结点集中在以它为核心的结点上，如图 3-10 所示。

由于集线器不能识别数据帧中的 MAC 地址，无法精确转发数据，只能采用共享传输媒介进行广播传输。在共享媒介中传输信息时，同一时间只能有一个主机发送数据，如果同时有多个主机发送数据，数据会产生冲突需要重传。所以集线器的带宽会被所连接的所有主机共享，例如，若集线器总带宽为 10 Mbit/s，连接 5 台主机，则每台主机平均带宽只能达到 2 Mbit/s。

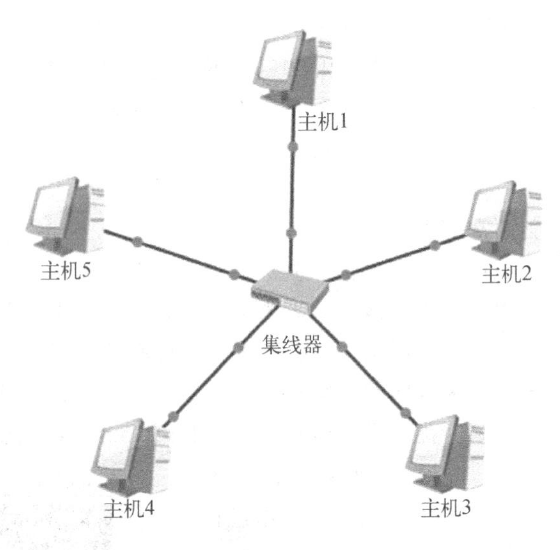


图 3-10　集线器组成星状拓扑

集线器通过其端口实现网络连接。集线器主要有 RJ-45 接口和级联口两种接口。

① RJ-45 接口。集线器的大部分接口属于这种接口，主要用于连接网络中的计算机，从而组建计算机网络。

② 级联口。级联口主要用于连接其他集线器或网络设备。比如在组网时，集线器的端口数量不够，可以通过级联口将两个或多个集线器级联起来，达到拓展端口的目的。级联口一般标有 UPLINK 或 MDI 等标志。在级联时，可以通过直连接线将集线器的级联口与另一台集线器的 RJ-45 接口连接起来，从而组建更大的网络。

## 3.3.2　交换机

交换机是目前使用较广泛的网络设备之一，同样用来组建星状拓扑网络。从外观上看，交换机与集线器几乎一样，其端口与连接方式和集线器几乎也是一样，但是交换机采用的交换技术其性能优于集线器。如图 3-10 所示，在集线器连接组成的局域网中，随着接入主机的增多，每个主机分到的带宽会越来越少。而交换机连接组成局域网，每个主机分享的带宽不会受到接入主机数的影响。甚至，交换机还可以连接集线器进一步扩展网络范围。交换机解决了使用集线器时的冲突问题，极大地提高了网络性能。

由于交换机采用交换技术，使其可以并行通信而不像集线器那样平均分配带宽。如一台 100 Mbit/s 交换机的端口都是 100 Mbit/s，互连的每台计算机均以 100 Mbit/s 的速率通信，而不像集线器那样平均分配带宽，这使交换机能够提供更佳的通信性能。

类似集线器，交换机的接口也分为 RJ-45 接口和级联口，其中 RJ-45 接口用于连接计算机，级联口用于连接其他交换机或集线器。连接方式也与集线器相同。

按交换机所支持的速率和技术类型，可分为以太网交换机、千兆位以太网交换机、ATM 交换机、FDDI 交换机等。按交换机的应用场合，交换机可分为工作组级交换机、部门级交换机和企业级交换机三种类型。

工作组级交换机：最常用的一种交换机，主要用于小型局域网的组建，如办公室局域网、小型机房、家庭局域网等。这类交换机的端口一般为 10/100 Mbit/s 自适应端口。

部门级交换机：常用来作为扩充设备，当工作组级交换机不能满足要求时可考虑使用部门级交换机。这类交换机只有较少的端口，但支持更多的 MAC 地址。端口传输速率一般为 100 Mbit/s。

企业级交换机：用于大型网络，且一般作为网络的骨干交换机。企业级交换机一般具有高速交换能力，并且能实现一些特殊功能。

### 3.3.3　路由器

除了交换机可以实现基于存储转发的分组交换，路由器设备也可以完成分组转发的功能。与工作于数据链路层的交换机利用 MAC 地址转发不一样的是，路由器工作于网络层，利用网络层地址进行数据转发。

路由器的结构如图 3-11 所示，这是一种具有多个输入端口和多个输出端口的设备。从路由器某个输入端口收到的分组，按照分组的目的地（即目的网络），把该分组从路由器的某个合适的输出端口转发给下一跳路由器。下一跳路由器也按照这种方法处理分组，直到该分组到达终点为止。路由器的转发分组正是网络层的主要工作。

路由器的结构可以分为两大部分：路由选择部分和分组转发部分。路由选择部分也称控制部分，其核心构件是路由选择处理机。路由选择处理机的任务是根据所选定的路由选择协议构造出路由表，同时经常或定期和相邻路由器交换路由信息而不断更新和维护路由表。分组转发部分则是根据路由表查找到达目的网络的合适输出端口，再把分组从该端口发送出去。

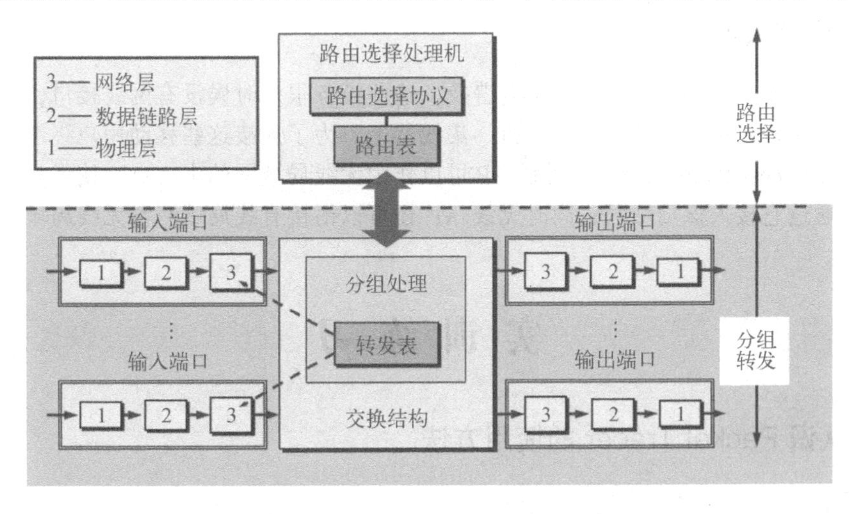


图 3-11　典型路由器的结构

路由器是互联网的主要结点设备，作为不同网络连接的枢纽结点，路由器构成了现在 Internet 的骨架。它的处理速度是网络通信的主要瓶颈之一，它的可靠性则直接影响网络通信的质量。

### 3.3.4　防火墙

恶意用户或软件通过网络对计算机系统的入侵或攻击已成为当今计算机安全最严重的威胁之一。防火墙（Firewall）作为一种访问控制技术，通过严格控制进出网络边界的分组，禁止任何不必要的通信，从而减少潜在入侵的发生，尽可能降低这类安全威胁所带来的安全风险。

防火墙是一种安全隔离技术，利用硬件和软件，在内部网和外部网之间进行数据的隔离和安全验证。防火墙通常不是某一个设备，而是实现一套防护策略的一组硬件和软件的组合。防火墙相当于一个隔离带，对内部网和外部网之间进出两个方向的数据，根据设置的检查条件逐条验证，只有满足所有条件验证的数据才能通过，任何一个条件不满足都会被拒绝访问而丢弃。因为防火墙对通过每一个数据都要进行检查，所以处理速度就成为衡量防火墙质量的重要指标，通常使用吞吐量来表示。

防火墙在互联网络中的位置如图 3-12 所示。

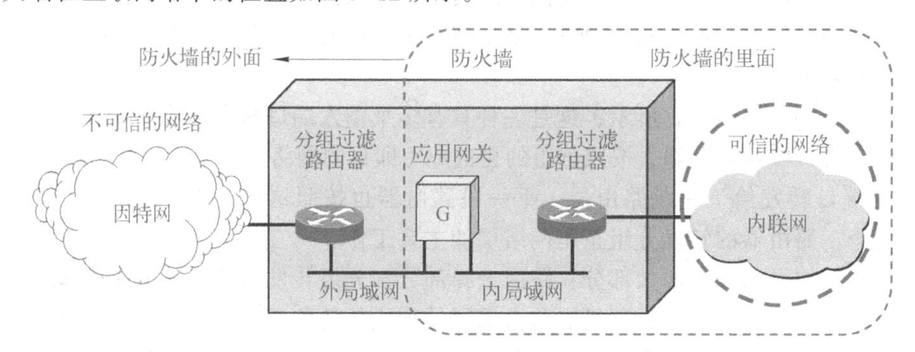


图 3-12 防火墙在网络中的位置

### 3.3.5 无线接入点

随着时代进步，移动通信设备越来越普及，这些设备很多时候没有网线接口，只提供无线 Wi-Fi 接口，所以无法连接到普通交换机、集线器上。为了连接这些移动用户终端，可以使用无线接入点（Access Point，AP）。无线 AP 可以作为无线局域网的中心点，使得具有无线网卡的终端设备通过它接入该局域网；同时无线 AP 还可以衔接有线局域网和无线局域网，延伸网络覆盖范围。

## 实 训 练 习

### 实训 1 认识 Packet Tracer 的使用方法

**实训目的**

① 认识 Cisco Packet Tracer 软件的基本功能。

② 掌握 Cisco Packet Tracer 软件的基本用法。

**实训内容**

认识 Cisco Packet Tracer 软件的基本界面和配置。

**实训条件**

装有 Cisco Packet Tracer 软件的计算机。

**实训步骤**

① 打开 Cisco Packet Tracer 软件，主界面如图 3-13 所示。

② 认识终端设备选择区域，如图 3-14 所示。单击终端设备后就可以在终端设备类型的右方选择对应的设备种类。如果不清楚设备名称，把鼠标指针移动到设备上稍停片刻，即可看到设备的名称。

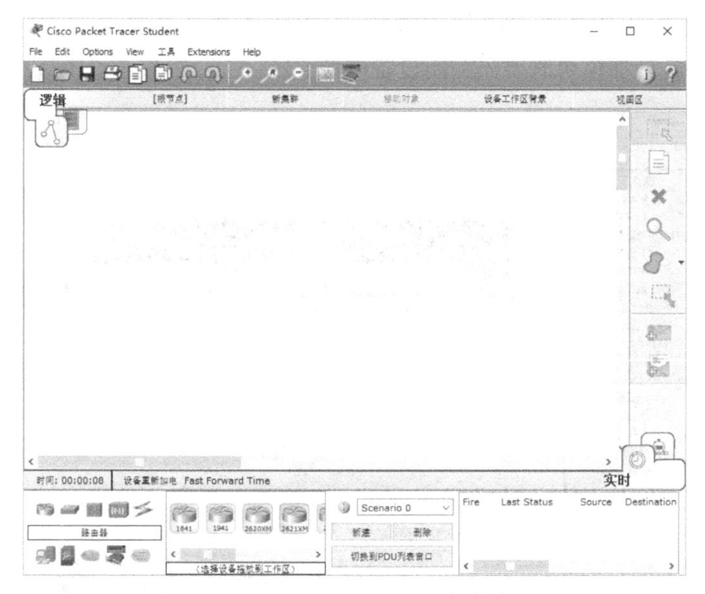

图 3-13　Cisco Packet Tracer 软件主界面

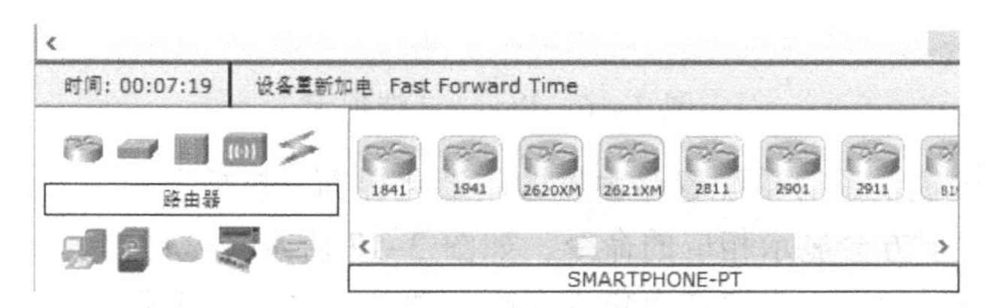

图 3-14　模拟设备模块区

③ 选中交换机设备拖动到逻辑工作区域，如图 3-15 所示。

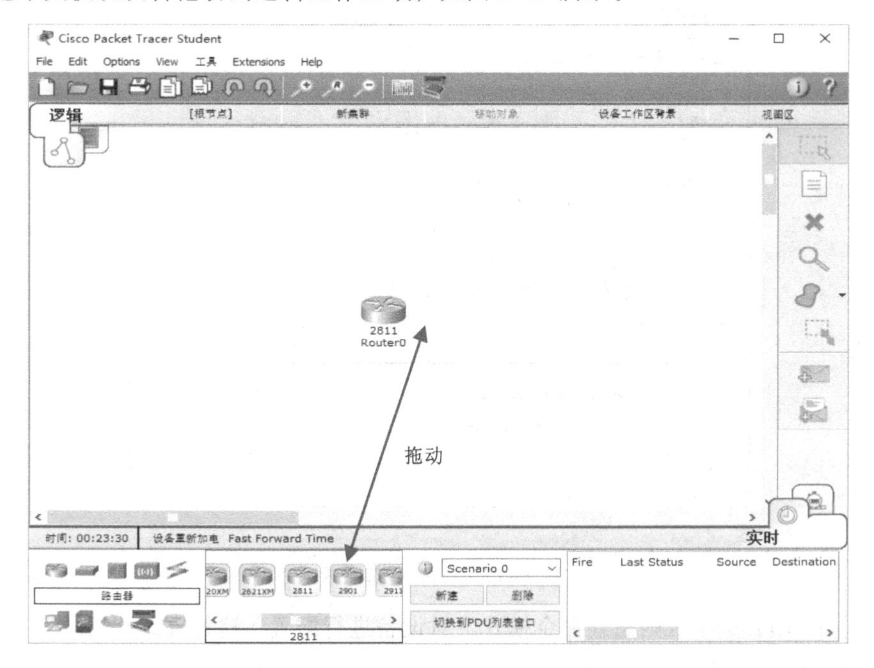


图 3-15　选定设备

④ 双击拓扑中相应的设备，在 Physical 选项卡中为其进行模块功能配置，如图 3-16 所示。要注意的是，为设备增加模块时要先关闭设备电源。

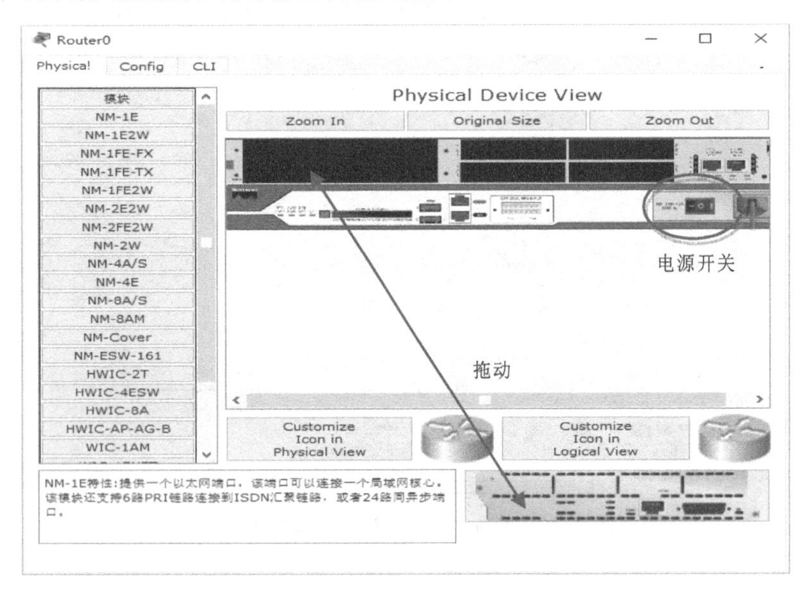


图 3-16　Physical 选项卡

⑤ config 选项卡提供了简单配置路由器的图形化界面，包括全局信息、路由信息和端口信息，进行某项配置时下方会显示相应的命令，如图 3-17 所示。这是 Packer Tracer 中的快速配置方式，主要用于简单配置，将注意力集中在配置项和参数上，实际设备中没有这样的方式。

图 3-17　Config 选项卡

⑥ 对应的 CLI 选项卡则是在命令模式下对设备进行配置，这种模式和实际设备的配置环境相似，如图 3-18 所示。

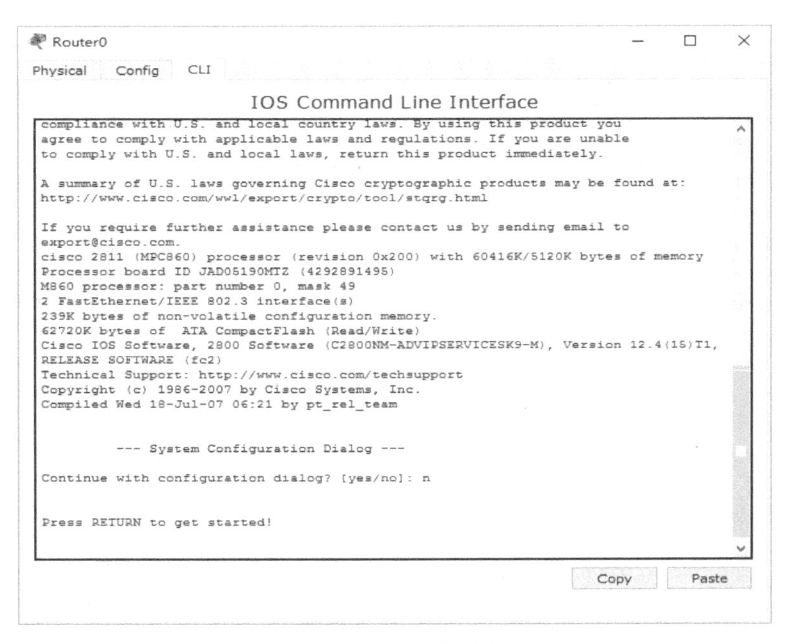


图 3-18　CLI 选项卡

**问题与思考**

① 如何在逻辑工作区中创建一个交换机？

② 如何删除逻辑工作区中的一个设备？

## 实训 2　实现交换机局域网构建

**实训目的**

掌握通过 Packer Tracer 软件建立一个简单以太网的模型。

**实训内容**

使用 Packer Tracer 软件创建四个主机和一个交换机，并建立一个简单以太网的模型。

**实训条件**

Packer Tracer 软件。

**实训步骤**

① 打开 Packer Tracer 软件，在逻辑工作区中创建四台 PC 工作站和一台交换机，如图 3-19 所示。

② 用直通线把逻辑工作区中的四台 PC 工作站和交换机连接起来，如图 3-20 所示。其中：

a. PC0 工作站的以太网接口（Fastethernet0）与交换机的以太网接口 1（Fastethernet0/1）相连。

b. PC1 工作站的以太网接口（Fastethernet0）与交换机的以太网接口 2（Fastethernet0/2）相连。

c. PC2 工作站的以太网接口（Fastethernet0）与交换机的以太网接口 3（Fastethernet0/3）相连。

d. PC3 工作站的以太网接口（Fastethernet0）与交换机的以太网接口 4（Fastethernet0/4）

相连。

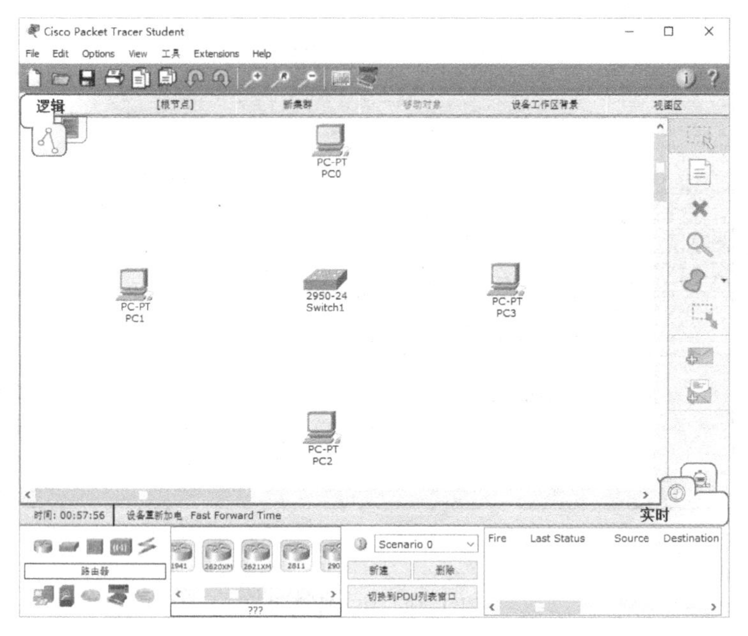


图 3-19　创建设备

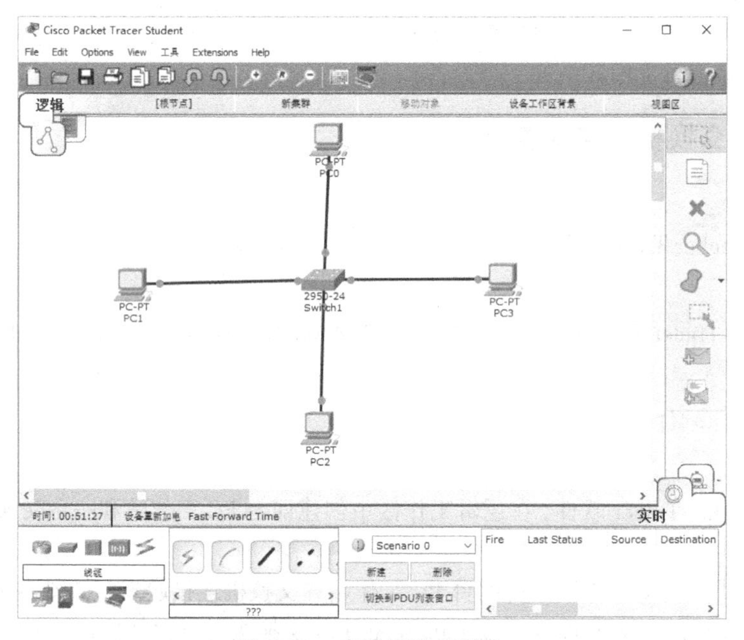


图 3-20　直通线连接设备

③ 分别单击各工作站 PC，进入其配置窗口，选择 Desktop 选项卡，选择运行 IP 地址配置（IP Configuration），如图 3-21 所示，设置 IP 地址和子网掩码分别为 PC0:192.168.6.1,255.255.255.0、PC1:192.168.6.2,255.255.255.0、PC2:192.168.6.3,255.255.255.0、PC3:192.168.6.4,255.255.255.0。

图 3-21　配置工作站 IP 地址

④ 单击 PC1 进入配置窗口，选择 Desktop 选项卡，选择运行命令提示符 Command Prompt，输入 ping192.168.6.3 命令，测试连接情况，如图 3-22 所示。

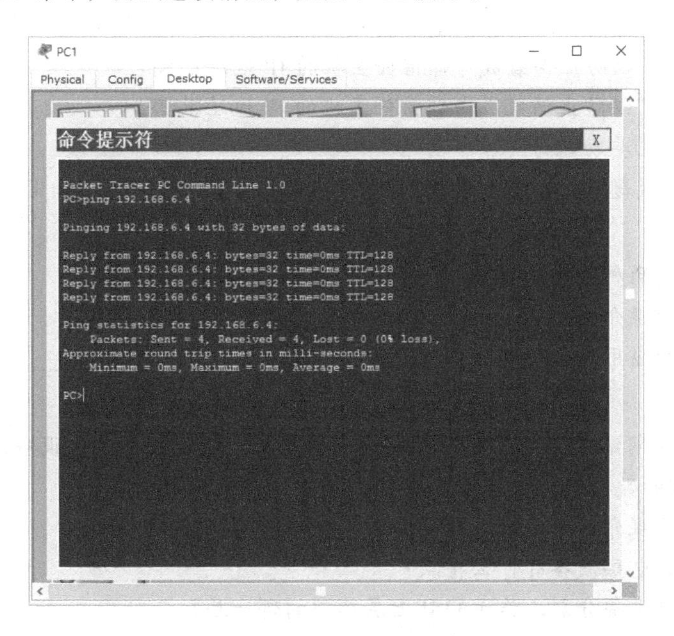


图 3-22　ping 命令测试

### 问题与思考

使用 Packer Tracer 软件创建环状拓扑、树状拓扑的以太网模型。

# 小　结

本章给出了一个典型企业网络的拓扑结构，包括企业的总部、分部的分布以及中间提供互联的运营商。在这个拓扑结构中，介绍了常用的引导性传输媒介，包括双绞线、同轴电缆和光纤，以及非引导性传输媒介即无线传输的电磁波谱。还介绍了在这个拓扑结构中的网络设备，包括集线器、交换机、无线 AP、路由器、防火墙。通过本章的学习，读者可以了解典型企业网络，为后续网络技术的学习奠定基础。

# 习　题

## 一、选择题

1. 在 OSI 模型或者因特网模型中，传输介质位于（　　）。

A. 应用层　　B. 物理层　　C. 传输层　　D. 表达层

2. 下面（　　）设备可以看作一种多端口的网桥设备。

A. 中继器　　B. 交换机　　C. 路由器　　D. 集线器

3. 关于防火墙的描述不正确的是（　　）。

A. 防火墙不能防止内部攻击

B. 如果一个公司信息安全制度不明确，拥有再好的防火墙也没有用

C. 防火墙可以防止伪装成外部信任主机的 IP 地址欺骗

D. 防火墙可以防止伪装成内部信任主机的 IP 地址欺骗

4. 无线 AP 的主要功能为（　　）。

A. 提供无线覆盖　　B. 鉴权　　C. 计费　　D. 收费

## 二、填空题

1. 传输媒介的两种主要类型是________和________。

2. 引导型传输媒介主要有________、________和________。

3. 按交换机的应用场合，交换机可分为________、________和________。

## 三、问答题

1. 典型的企业网络中，用什么设备直接连接员工主机？又用什么设备连接运营商网络？用什么设备对通过的数据进行过滤保证安全性？

2. 引导型传输媒介有哪些常见的种类？各自有什么特点？

3. 不同波段的电磁波各有什么特点？

4. 常见的网络设备分别工作于 OSI 七层模型的哪一层？

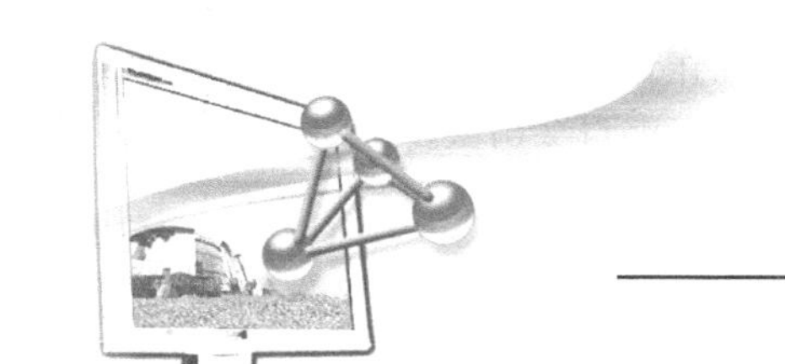

# 第 4 章 IP 网络基础

【教学提示】

本章是本书最重要的一章，对理解计算机网络的工作原理至关重要。本章首先介绍了应用最广泛的局域网——以太网的帧结构，之后重点介绍了 IP 编址；对计算机网络中的 NAT 技术、ARP 协议、传输层协议 UDP 和 TCP 以及广域网协议 HDLC 和 PPP 协议都做了重点讲解；此外，对下一代网际协议 IPv6 做了简要介绍。

【教学要求】

理解分层模型中数据传输过程和以太网帧结构；掌握 IP 编址方法、NAT 技术、ARP 协议、HDLC 协议；了解下一代网际协议 IPv6 和 PPP 协议。

## 4.1 以太网的帧结构

### 4.1.1 分层模型中数据传输过程

考虑图 4-1 中主机 1 和主机 2 之间的数据传输过程。从直观上来看，主机 1 发送数据给主机 2，中间先经过了路由器 1 和路由器 2，最后到达主机 2。事实上，整个数据的传送要经过封装和拆封两个过程。从层次上来看，数据流动的过程参见第 2 章的图 2-7。

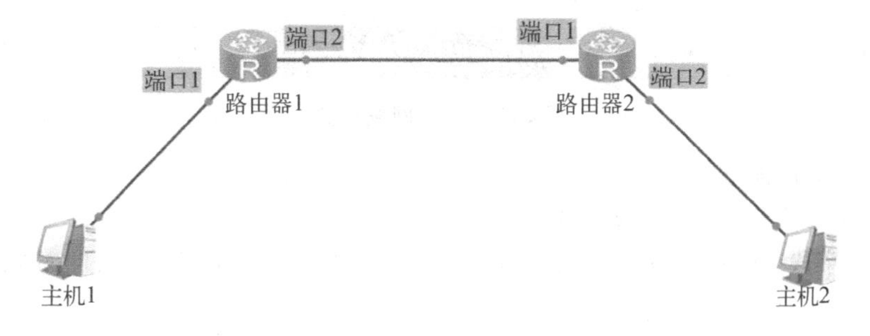


图 4-1 简单网络拓扑

在发送方（也称为源）主机 1，当应用程序使用 TCP 或 UDP 传送用户数据时，将用户数据送入 TCP/IP 协议栈，然后自上而下地逐个通过每一层，直到被当作一串比特流送入网络。每一层对收到的数据都需要增加一些首部信息，在数据链路层还需要增加尾部信息。这些操作过程称为封装。

在接收方（也称为目的）主机 2，当应用程序使用 TCP 或 UDP 传送用户数据时，将用户数据送入 TCP/IP 协议栈，然后自下而上地逐个通过每一层。每一层对收到的数据都需要去掉本层所添加的首部，在数据链路层还需要去掉尾部信息。这些操作过程称为拆封。

在中间的路由器 1 和路由器 2 处，数据从其端口 1 进入，端口 2 出去，中间也需要经过拆封和封装过程。

### 4.1.2 以太网帧结构

数据包在以太网物理介质上传播之前必须封装头部和尾部信息。封装后的数据包称为数据帧，数据帧中封装的信息决定了数据如何传输，如图 4-2 所示。

图 4-2　终端之间的通信示意图

TCP/IP 支持多种不同的数据链路层协议，这取决于网络所使用的硬件，如以太网（Ethernet）、令牌环网、FDDI（Fiber Distributed Data Interface，光纤分布式数据接口）等。基于不同硬件的网络使用不同形式的帧结构，以太网是当今应用最广泛的局域网技术。以太网上传输的数据帧有两种格式，选择哪种格式由 TCP/IP 协议簇中的网络层决定。第一种是 20 世纪 80 年代初提出的 DIX v2 格式，即 Ethernet II 帧格式，Ethernet II 后来被 IEEE 802 标准接纳，并写进了 IEEE 802.3x-1997 的 3.2.6 节；第二种是 1983 年提出的 IEEE 802.3 格式。这两种格式的主要区别在于：Ethernet II 格式中包含一个类型（Type）字段，标识以太帧处理完成之后将被发送到哪个上层协议进行处理；而 IEEE 802.3 格式中，同样的位置是长度（Length）字段。不同的 Type 字段值可以用来区别这两种帧的类型，当 Type 字段值小于等于 1500（或者十六进制的 0x05DC）时，帧使用的是 IEEE 802.3 格式；当 Type 字段值大于等于 1536（或者十六进制的 0x0600）时，帧使用的是 Ethernet-II 格式，如图 4-3 所示。以太网中大多数的数据帧使用的是 Ethernet-II 格式。

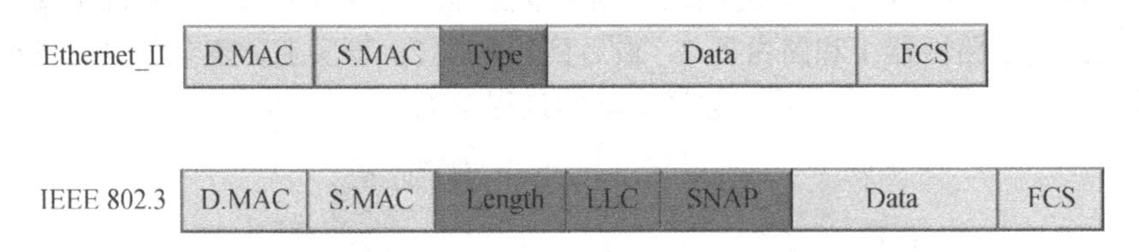


图 4-3　以太网帧格式

（1）Ethernet_II 帧格式

Ethernet_II 的帧中各字段说明如下：

① DMAC 字段。DMAC（Destination MAC）字段长度为 6 个字节，是目的 MAC 地址，标识帧的接收者。

② SMAC 字段。SMAC 字段长度为 6 个字节，是源 MAC 地址，标识帧的发送者。

③ 类型（Type）字段。该字段长度为 2 个字节，用于标识数据字段中包含的高层协议。字段类型取值为 0x0800 的帧代表 IP 协议帧；类型字段取值为 0x0806 的帧代表 ARP 协议帧。

④ 数据（Data）字段。该字段是网络层数据，最小长度必须为 46 字节，以保证帧长至少为 64 字节，数据字段的最大长度为 1500 字节。

⑤ 循环冗余校验（FCS）字段。该字段长度为 4 个字节，提供了一种错误检测机制。

（2）IEEE 802.3 帧格式

IEEE 802.3 帧格式类似于 Ethernet_II 帧，只是 Ethernet_II 帧的 Type 域被 IEEE 802.3 帧的 Length 域取代，并且占用了数据字段的 8 个字节作为 LLC 和 SNAP 字段。Length 字段定义了 Data 字段包含的字节数。逻辑链路控制（Logical Link Control，LLC）由目的服务访问点（Destination Service Access Point，DSAP）、源服务访问点（Source Service Access Point，SSAP）和 Control 字段组成。SNAP（Sub-network Access Protocol，子网接入协议）由机构代码（Org Code）和类型（Type）字段组成，如图 4-4 所示。Org code 三个字节都为 0。Type 字段的含义与 Ethernet_II 帧中的 Type 字段相同。IEEE 802.3 帧根据 DSAP 和 SSAP 字段的取值又可分为以下几类。

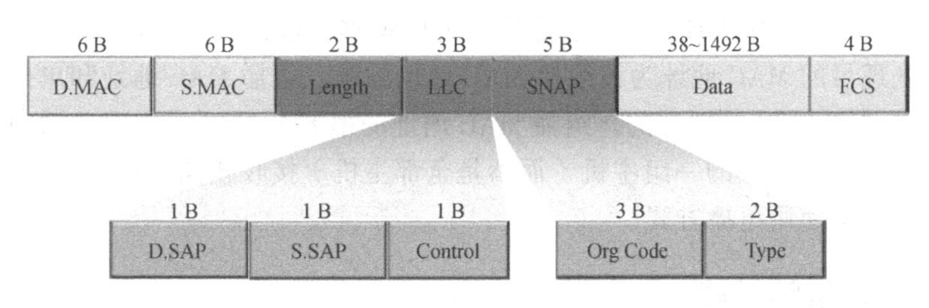


图 4-4　IEEE 802.3 帧格式

① 当 DSAP 和 SSAP 都取特定值 0xff 时，802.3 帧就变成了 Netware- ETHERNET 帧，用来承载 Netware 类型的数据。

② 当 DSAP 和 SSAP 都取特定值 0xaa 时，802.3 帧就变成了 ETHERNET_SNAP 帧。ETHERNET_SNAP 帧可以用于传输多种协议。

③ DSAP 和 SSAP 其他的取值均为纯 IEEE 802.3 帧。

以太网在数据链路层通过 MAC 地址来唯一标识网络设备，并且实现局域网上网络设备之间的通信。MAC 地址又称物理地址、硬件地址，大多数网卡厂商把 MAC 地址烧入了网卡的 ROM 中，网络设备的 MAC 地址是全球唯一的。发送端使用接收端的 MAC 地址作为目的地址，以太帧封装完成后会通过物理层转换成比特流在物理介质上传输。MAC 地址长度为 48 bit，通常用十六进制表示。如图 4-5 所示，MAC 地址包含两部分：前 24 bit 是组织唯一标识符（Organizationally Unique Identifier，OUI），由 IEEE 统一分配给设备制造商。例如，华为网络产品的 MAC 地址前 24 bit 是 0x00e0fc；后 24 位序列号是厂商分配给每个产品的唯一数值，由各个厂商自行分配（这里所说的产品可以是网卡或者其他需要 MAC 地址的设备）。

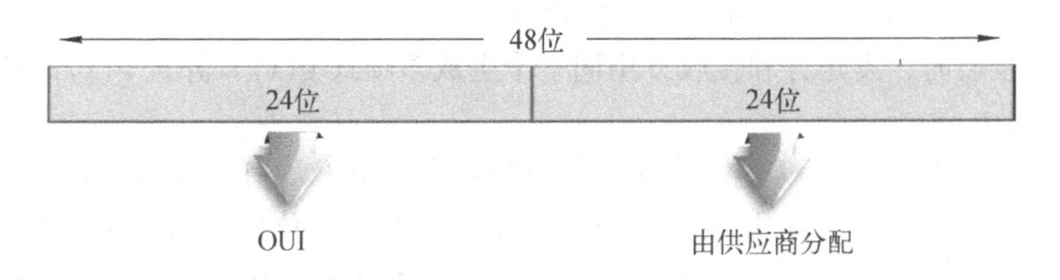


图 4-5　以太网 MAC 地址结构

（3）帧的传送方式

局域网上的帧可以通过以下三种方式发送：

① 单播。单播指从单一的源端发送到单一的目的端。每个主机接口由一个 MAC 地址唯一标识，MAC 地址的 OUI 中，第一字节第 8 个 bit 表示地址类型。对于主机 MAC 地址，这个比特固定为 0，表示目的 MAC 地址为此 MAC 地址的帧都是发送到某个唯一的目的端。在冲突域（注：多个主机发生冲突的区域）中，所有主机都能收到源主机发送的单播帧，但是其他主机发现目的地址与本地 MAC 地址不一致后会丢弃收到的帧，只有真正的目的主机才会接收并处理收到的帧。

② 广播。广播是指帧从单一的源发送到共享以太网上的所有主机。广播帧的目的 MAC 地址为十六进制的 FF:FF:FF:FF:FF:FF，所有收到该广播帧的主机都要接收并处理这个帧。广播方式会产生大量流量，导致带宽利用率降低，进而影响整个网络性能。当需要网络中所有主机都能接收到相同信息并进行处理的情况下，通常会使用广播方式。

③ 组播。组播比广播更加高效。组播转发可以理解为选择性的广播，主机监听特定组播地址，接收并处理目的 MAC 地址为该组播 MAC 地址的帧。组播 MAC 地址和单播 MAC 地址是通过第一字节中的第 8 个 bit 区分的。组播 MAC 地址的第 8 个 bit 为 1，而单播 MAC 地址的第 8 个 bit 为 0。当需要网络上的一组主机（而不是全部主机）接收相同信息，并且其他主机不受影响的情况下通常会使用组播方式。

### 4.1.3 数据链路层帧校验

计算机网络中的数据经过传输介质传输的过程中，通常会有差错产生，特别是对于无线传输介质，更容易受到随机噪声或者人为的主动干扰，导致数据在传输过程中出错。数据链路层的一个重要功能就是差错控制，把有差错的物理线路变成逻辑上无差错的数据链路，向网络层屏蔽物理线路的差别，提供更高质量的服务。为了检测出错误，在数据链路层传输的数据单元——帧中，通常会有帧校验字段（FCS），如图 4-3 所示。循环冗余码校验（Cyclical Redundancy Check，CRC）是数据通信领域中最常用的一种差错校验码，其特征是信息字段和校验字段的长度可以任意选定。

CRC 校验的基本思想是利用线性编码理论，在发送端根据要传送的 $k$ 位二进制码序列，以一定的规则产生一个校验用的监督码（即 CRC 码）$r$ 位，并附在信息后，构成一个新的二进制码序列数共 $k+r$ 位，最后发送出去。在接收端，则根据信息码和 CRC 码之间所遵循的规则进行检验，以确定传送中是否出错。

由数据通信的知识可知，任意一个由二进制位串组成的码序列都可以和一个系数仅为“0”和“1”取值的多项式一一对应。例如：代码 1010111 对应的多项式为 $x^6+x^4+x^2+x+1$，而多项式为 $x^5+x^3+x^2+x+1$ 对应的代码是 101111。

采用 CRC 校验时，发送方和接收方用同一个生成多项式 $g(x)$，并且 $g(x)$ 的首位和最后一位的系数必须为 1。

CRC 校验的处理方法是：$k$ 位要发送的信息码对应一个（$k-1$）次多项式 $k(x)$，$r$ 位冗余校验码对应一个（$r-1$）次多项式 $r(x)$，由 $k$ 位信息码后加上 $r$ 位校验码组成发送端的 $n=k+r$ 位码序列，即 $T(x)=x^r k(x)+r(x)$，其中 $r(x)$ 是 $x^r k(x)$ 除以生成多项式 $g(x)$ 得到的余式。接收端收到发送端的码多项式 $T(x)$ 后，用生成多项式 $g(x)$ 除以该式，如果余数不为 0，则传输过程

中有差错。但如果余数为 0，并不代表传输过程中没有差错产生，这种错误称为 CRC 校验不可检测的错误（本书中不考虑这种情况）。

目前常用的几种标准中，CRC 校验有 CRC-12、CRC-16、CRC-CCITT 以及 CRC-32 等。

# 4.2 IP 编 址

IP 协议是为计算机网络相互连接、相互通信而设计的协议。在 Internet 中，IP 协议是能使连接到互联网的所有计算机网络实现相互通信的一套规则，规定了计算机在 Internet 上进行通信时应当遵守的规则。任何厂家生产的计算机系统，只要遵守 IP 协议就可以与 Internet 互连互通。正是因为有了 IP 协议，Internet 才得以迅速发展成为世界上最大的、开放的计算机通信网络。因此，IP 协议也可以称为“互联网协议”。

在电话通讯中，电话用户是靠电话号码来识别的。同样，在互联网上，为了区别不同的主机，也需要给每个主机指定一个号码，这个号码就是 IP 地址。但是，一个 IP 地址标识一台主机的说法并不准确。严格地讲，IP 地址指定的不是一台计算机，而是计算机到一个网络的连接。因此，具有多个网络连接的互联网设备就应具有多个 IP 地址。例如，当路由器分别与两个不同的网络连接时，它应该具有两个不同的 IP 地址。装有多块网卡的多宿主主机，由于每一块网卡都可以提供一条物理连接，因此它也应该具有多个 IP 地址。在实际应用中，还可以将多个 IP 地址绑定到一条物理连接上，使一条物理连接具有多个 IP 地址。

## 4.2.1 IP 地址的分类

### 1. IP 地址的分类

一个 IP 地址用 32 位二进制位来表示，可以被分为 4 个字节，每个字节用十进制来表示，则可以写成点分十进制记法。

一个 IP 地址由两部分组成：网络位和主机位。网络位靠左，主机位靠右，两者相互连续，互不交叉。网络位又称网络部分或网络标识；主机位又称主机部分或主机标识。两级 IP 地址结构如图 4-6 所示。

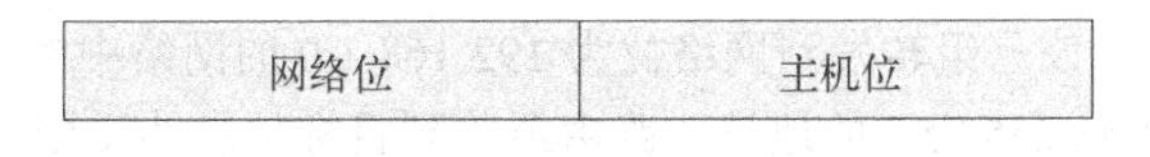


图 4-6　两级 IP 地址结构

Internet 最初定义地址类别是为了系统地给不同大小的网络分配地址前缀。地址类别定义了用于网络位和主机位的位数，确定了网络的数量和每个网络中的主机数量。IPv4 地址共分为五类，在五个地址类别中，A 类、B 类和 C 类地址是为 IPv4 单播地址保留的。D 类地址是为 IPv4 组播地址保留的，而 E 类地址是为试验性用途而保留的，具体如图 4-7 所示。常用的为 A、B 和 C 三类。

（1）A 类：以第一字节的 0 开始，7 位表示网络位（0～126），后 24 位表示主机位。

（2）B 类：以第一字节的 10 开始，14 位表示网络位（128～191），后 16 位表示主机位。

（3）C 类：以第一字节的 110 开始，21 位表示网络位（192～223），后 8 位表示主机位。

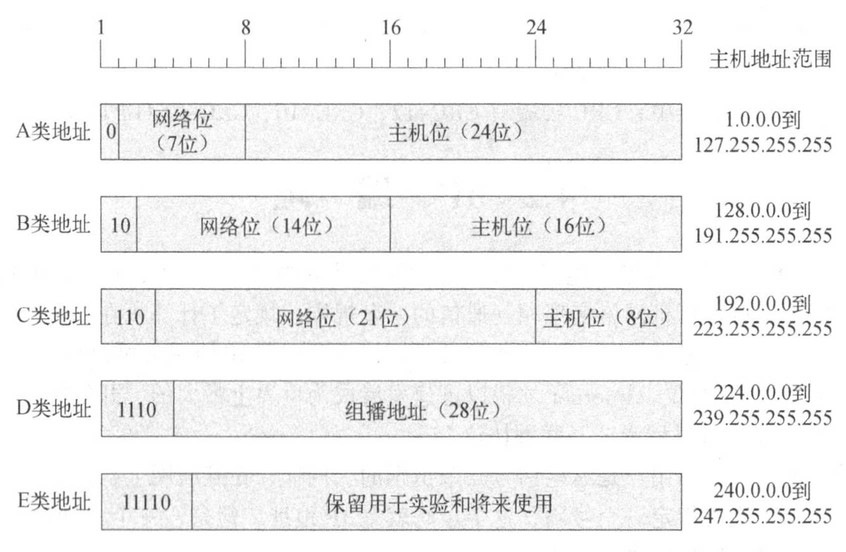


图 4-7　IP 地址分类示意图

（4）D 类：以第一字节的 1110 开始，用于因特网组播。

（5）E 类：以第一字节的 11110 开始，保留为今后扩展使用。

**2. 单播地址、组播地址、广播地址**

当 A 类、B 类和 C 类的地址被用于某一台主机的 IP 配置时，所用的 IP 地址即为单播地址。

IPv4 使用组播地址可将数据包从一个源传送到多个目标。在启用了组播的网络中，路由器将目的地址为某个 IPv4 组播地址的分组转发到那个其中的主机在侦听发送到该 IPv4 组播地址的通信量的子网。IPv4 组播能够高效地将多种类型的通信从一个源传送到多个目标。IPv4 组播地址是由 D 类地址定义的。如图 4-7 所示，IPv4 组播地址的范围是 224.0.0.0 至 239.255.255.255。

当 IP 地址中主机位全为“0”时，即为网络地址，表示一个网络范围；当 IP 地址中主机位全为“1”时，表明是一个广播地址，代表某特定网络上的所有主机，只能用作目的地址。广播地址可以分为直接广播地址和受限广播地址。直接广播地址是指网络位不全为 1（包含一个有效的网络位），主机位全为 1 的地址，例如，C 类 IP 地址 192.168.1.255。路由器收到目的地址为该地址的分组后，会将该分组转发到网络位为 192.168.1.0 的网络中的所有主机；受限广播地址是指 IP 地址为 255.255.255.255 的地址，路由器收到目标地址为受限广播地址的分组后，不会进行转发。如果采用标准的 IP 编址，那么受限广播将被限制在本网络之中；如果采用子网编址，那么受限广播将被限制在本子网之中。

**3. 私有 IP 地址与公有 IP 地址**

私有 IP 地址（专用 IP 地址）是指在某一局域网内部使用的 IP 地址，该地址不能在互联网上进行路由。配置有私有 IP 地址的主机如果想访问互联网，必须进行网络地址转换。A 类、B 类和 C 类网络中均有私有 IP 地址段。

公有 IP 地址是指接入因特网的主机或设备接口必须具有一个唯一的 IP 地址，该地址可在因特网上进行路由。配置有公有 IP 地址的主机不需要进行网络地址转换，可以直接访问互联网。

**4. 特殊地址**

① 0.X.X.X。该系列地址仅用来表示本主机，不能用作地址标识。

② 127.X.X.X。该系列地址是环回测试地址，用于网络软件测试以及本地机器进程间通信。最常见的表示形式为 127.0.0.1。在每个主机上对应于 IP 地址 127.0.0.1 有个接口，称为回送接口（Loopback Interface）。IP 协议规定，无论什么程序，一旦使用回送地址作为目的地址时，协议软件不会把该数据包向网络上发送，而是把数据包直接返回给本机。

③ 169.254.X.X。该系列地址是链路本地地址，是由操作系统所分配，路由器不转发。

④ 特定网络内的主机地址。例如，C 类网络 192.168.3.0 上的某台主机要发送数据包给本网络的 IP 地址为 192.168.3.9 的主机，则它可以将数据包的目标地址置为 0.0.0.9。

### 4.2.2　子网地址与子网掩码

在 IPv4 网络中，主要使用了 A 类、B 类和 C 类 IP 地址。经过网络位和主机位的层次划分，三类 IP 地址能够适应于不同的网络规模。例如，使用 A 类 IP 地址的网络可以容纳 1 600 多万台主机，而使用 C 类 IP 地址的网络仅仅可以容纳 254 台主机。但是，由于三类地址划分的固定性，在某些情况下，使用三类地址中的任何一种都存在很大的浪费现象。例如，随着计算机的发展和网络技术的不断进步，个人计算机应用迅速普及，小型网络（特别是小型局域网络）越来越多。这些网络多则拥有几十台主机，少则拥有两三台主机。对于这样一些小规模网络即使采用一个 C 类地址仍然是一种浪费，因而在实际应用中，人们开始寻找新的解决方案以避免 IP 地址的浪费现象，子网编址就是其中的方案之一。

#### 1. 子网地址

如前所述，IP 地址具有层次结构，标准的 IP 地址分为网络位和主机位两层。为了避免 IP 地址的浪费，从 1985 年起，在 IP 地址中又增加了“子网位”字段，使两级的 IP 地址成为三级的 IP 地址。子网是原有的网络划分为一些子网段。方法是采用借位的方式，从主机位最高位开始借位变为新的子网位，所剩余的部分则仍为主机位。此时，IP 地址的主机位部分被分成子网部分和主机部分，这使得 IP 地址的结构被分为三个部分：网络位、子网位和主机位，如图 4-8 所示。

图 4-8　三级 IP 地址结构

子网划分的规则如下：

① 在利用主机位划分子网时，主机位全部为“0”的地址表示该子网网络，主机位全部为“1”的地址表示子网广播，其余的地址可以分配给子网中的主机。

② 全“0”或全“1”的子网位不能分配给实际的子网。全“0”子网会给早期的路由选择协议带来问题，全“l”子网与所有子网的直接广播地址冲突。

虽然 Internet 的 RFC 文档规定了子网划分的原则，但在实际中，很多供应商的产品也都支持全为“0”和全为“1”的子网；当用户要使用全为“0”和全为“1”的子网时，首先要证实网络中的主机或路由器是否提供相关支持。若支持，全为“0”和全为“1”的子网也都可以使用，但不建议使用。

为了创建一个子网地址，需要从标准 IP 地址的主机位部分借位，并把它们指定为子网位部分。其中，B 类网络的主机位部分只有两个字节，故而最多只能借用 14 位去创建子网。而在 C

类网络中，由于主机位部分只有一个字节，故最多只能借用 6 位去创建子网。

根据子网划分的规则，在借用主机位作为子网位时必须给主机位部分剩余 2 位；在借用时至少要借用 2 位。

例如，130.66.0.0 是一个 B 类网络，它的主机位部分有两个字节。当借用此网络的第三个字节高两位分配子网时，其可用的子网地址分别为 130.66.2.0 和 130.66.3.0。其中，130.66.2.216 的网络地址为 130.66.0.0，子网位为 2，主机位为 216。

如果从 IP 地址的主机位部分借用来创建子网，相应子网中的主机数目就会减少。例如，一个 C 类网络，它用一个字节表示主机位，可以容纳的主机数为 254 台。当利用这个 C 类网络创建子网时，如果借用 2 位作为子网位，那么可以用剩下的 6 位表示各子网中的主机，每个子网可以容纳的主机数为 62 台；如果借用 3 位作为子网位，那么仅可以使用剩下的 5 位来表示子网中的主机，每个子网可以容纳的主机数也就减少到 30 台。

**2. 子网掩码**

对于标准分类的 IP 地址而言，网络的类别可以通过它的前几位进行判定。标准的 A 类、B 类、C 类的子网掩码如图 4-9 所示。

| | | | | |
|---|---|---|---|---|
| A类 | 255 | .0 | .0 | .0 |
| B类 | 255 | . 255 | .0 | .0 |
| C类 | 255 | . 255 | . 255 | .0 |

图 4-9　标准分类的 IP 地址子网掩码

而对于子网编址来说，网络设备如何知道 IP 地址中哪些位表示网络、子网和主机部分呢？为了解决这个问题，子网编址使用了子网掩码（或称为子网屏蔽码）。子网掩码也采用了 32 位二进制数值，分别对应 IP 地址的 32 位二进制数值。

IP 协议规定，在子网掩码中，与 IP 地址的网络位和子网位部分相对应的位用“1”来表示，与 IP 地址的主机位部分相对应的位用“0”表示。将一台主机的 IP 地址和它的子网掩码按位进行逻辑“与”运算，就可以判断出 IP 地址中哪些位表示网络和子网，哪些位表示主机。

例如，一个经过子网编址的 C 类 IP 地址 202.222.254.198，不能确定在子网划分时到底借用了几位主机位来表示子网，但如果给出它的子网掩码 255.255.255.192 后，就可以根据与子网掩码中“1”相对应的位表示网络位的规定，得到该子网划分借用了 2 位主机位来表示子网，并且该 IP 地址所处的子网位为 2。

### 4.2.3　超网与 CIDR

子网划分是将一个大的网络划分成几个小的网络；超网是将几个小的网络合并成一个大的网络。在合并后的超网中，网络位将充当主机位，因此网络位数减少，主机位数增加；网络的数量减少，单一网络内可用 IP 数量增加。在超网的概念中，将取消 IP 地址分类的概念，采用分块的方式更加灵活地分配 IP 地址。通过子网掩码可以将若干网段重新划归为一个大的网络，使每个网络所容纳的计算机数量成倍增加，这就是超网。

CIDR（Classless Inter-Domain Routing，无类别域间路由）是构成超网的一种方法。CIDR

建立于超网的基础之上，超网是子网划分的派生词，可看作子网划分的逆过程。子网划分时，从地址主机部分借位，将其合并进网络部分；而在超网中，则是将网络部分的某些位合并进主机部分。这种无类别超网技术通过将一组较小的无类别网络汇聚为一个较大的单一路由表项，减少了 Internet 路由域中路由表条目的数量。

CIDR 地址中包含标准的 32 位 IP 地址和有关网络前缀位数的信息。CIDR 消除了传统的 A 类、B 类和 C 类地址以及划分子网的概念，因而可以更加有效地分配 IPv4 的地址空间。CIDR 使用各种长度的网络前缀（Network-prefix）来代替分类地址中的网络位和子网位。IP 地址从三级编址（使用子网掩码）又回到了两级编址。无分类的两级编址的记法是 IP 地址::= {<网络前缀>，<主机位>}；CIDR 还使用“斜线记法”（Slash Notation），又称 CIDR 记法，即在 IP 地址后面加上一个斜线“/”，然后写上网络前缀所占的位数（这个数值对应于三级编址中子网掩码中“1”的个数）。CIDR 把网络前缀都相同的连续的 IP 地址组成 CIDR 地址块。

例如，128.14.32.0/20 表示的地址块共有 $2^{12}$ 个地址（因为斜线后面的 20 是网络前缀的位数，所以这个地址的主机位是 12 位）。这个地址块的起始地址是 128.14.32.0。在不需要指出地址块的起始地址时，也可将这样的地址块简称为“/20 地址块”。128.14.32.0/20 地址块的最小地址是 128.14.32.0；其最大地址是 128.14.47.255；全“0”和全“1”的主机位地址一般不使用。

CIDR 记法还有其他一些形式。例如，10.0.0.0/10 可简写为 10/10，也就是将点分十进制中低位连续的“0”省略。10.0.0.0/10 相当于指出 IP 地址 10.0.0.0 的掩码是 255.192.0.0，即二进制 11111111 11000000 00000000 00000000。此外，还有网络前缀的后面加一个星号“*”的表示方法。例如 00001010 00*，在星号“*”之前是网络前缀，而星号“*”表示 IP 地址中的主机位，可以是任意值。

要形成超网必须满足以下前提条件：

① 地址块数必须是 $2^N$ 的整数倍（$N$ 为正整数）。

② 这些地址块必须是连续的。

③ 第一个地址块中各地址块不同的十进制段能被块数整除。

构成超网的步骤如下：

① 判断是否达到合并成超网的前提条件。

② 将各地址块的不同的十进制段转换成二进制。

③ 保留各地址块相同的网络部分，即保留相同的高位为网络位，其他位为主机位，标记为 0 即可。

④ 转换成十进制，即为超网的网络地址，并写出相应的子网掩码。

### 4.2.4　IP 报文结构与首部格式

IP 协议是 TCP/IP 协议族中最为核心的协议。它提供不可靠、无连接的服务，依靠其他层的协议进行差错控制。在局域网环境，IP 协议往往被封装在以太网帧中传送，而所有的 TCP、UDP、ICMP（Internet Control Message Protocol，Internet 控制报文协议）、IGMP（Internet Group Management Protocol，Internet 组管理协议）数据都被封装在 IP 数据报中传送。IP 协议报文的首部格式如图 4-10 所示。

<table>
<tr><td colspan="4">0</td><td>15 16</td><td>31</td></tr>
<tr><td>版本<br>（4位）</td><td>头部长度<br>（4位）</td><td colspan="2">服务类型<br>（8位）</td><td colspan="2">总长度<br>（16位）</td></tr>
<tr><td colspan="4">标识（16位）</td><td>标志（3位）</td><td>片偏移（13位）</td></tr>
<tr><td colspan="2">生存时间（8位）</td><td colspan="2">协议（8位）</td><td colspan="2">头部校验（16位）</td></tr>
<tr><td colspan="6">源地址（32位）</td></tr>
<tr><td colspan="6">目的地址（32位）</td></tr>
<tr><td colspan="4">可选项</td><td colspan="2">填充项</td></tr>
<tr><td colspan="6">数据部分</td></tr>
</table>

图 4-10 IP 协议报文首部

**1. 版本（Version）字段**

版本字段占 4 个比特，用来表明 IP 协议实现的版本号，当前一般为 IPv4，即 0100。这个字段确保可能运行不同 IP 版本设备之间的兼容性。

**2. 头部长度（Internet Header Length，IHL）字段**

头部长度字段占 4 个比特，它表示 IP 报头的长度。设计报头长度字段的原因是报文的可选项字段大小会发生变化。IP 报头最大的长度（即 4 个 bit 都为 1 时）为 15 个长度单位，每个长度单位为 4 字节，所以 IP 协议报文头的最大长度为 60 字节。

**3. 服务类型（Type of Service，ToS）字段**

服务类型字段占 8 个比特，表示用于携带提供服务质量特征信息的字段，服务类型字段声明了数据报被网络系统传输时可被处理的方式。其中前 3 个比特为优先权子字段（Precedence）。第 4 至第 7 比特分别代表延迟、吞吐量、可靠性和代价，当它们取值为 1 时分别代表要求最小时延、最大吞吐量、最高可靠性和最小代价。这 4 个比特的服务类型中只能置其中 1 个比特为 1，但可以全为 0，若全为 0 则表示一般服务。第 8 个比特保留未用。该字段并没有初始定义被广泛使用，大部分主机会忽略这个字段，但一些动态路由协议如 OSPF（Open Shortest Path First Protocol）、IS-IS（Intermediate System to Intermediate System Protocol）可以根据这些字段的值进行路由决策。

**4. 总长度（Total Length）字段**

总长度字段占 16 个比特，表明整个数据报的长度，按字节来计算。最大长度为 65 535 字节。

**5. 标识（Identification）字段**

标识字段占 16 个比特，用来唯一地标识主机发送的每一份数据报，通常与标志字段和分片偏移字段一起用于 IP 报文的分片。IP 软件在存储器中维持一个计数器，每产生一个数据段，计数器就加 1，并将此值赋给标识字段。但这个标识并不是序号，因为 IP 是无连接服务，数据报不存在按序接收的问题。当数据报由于长度超过网络的最大传输单元（Maximum Transmission Unit，MTU）而必须分片时，这个标识字段的值就被复制到所有的数据报的标识字段中。相同的标识字段的值使分片后各数据报片最后能正确的重装成为原来的数据报。

**6. 标志（Flag）字段**

标志字段占 3 个比特，但目前只有 2 位有意义。标志字段中的最低位记为 MF（More Fragment）。MF=1 即表示“后面还有分片”的数据报。MF=0 表示这已是若干数据报中的最后一个。标志字段中间的一位记为 DF（Don't Fragment），意思是不能分片。只有当 DF=0 时才允

许分片。

**7．片偏移（Fragment Offset）字段**

片偏移字段指出较长的分组在分片后，某片在原分组的相对位置。也就是说相对用户字段的起点，该片从何处开始。片偏移以 8 个字节为偏移单位，每个分片的长度一定是 8 字节（64 位）的整数倍。

**注意**

如果一个分片在传输中丢失，那么必须在网络中同一点对整个报文重新分片并重新发送。因此，容易发生故障的数据链路会造成时延不成比例。另外，如果由于网络拥塞而造成分片丢失，那么重传整组分片会进一步加重网络拥塞。

**8．生存时间（Time to Live，TTL）字段**

生存时间字段占 8 个比特，用来设置数据报最多可以经过的路由器数。由发送数据的源主机设置，通常为 32、64、128 等。每经过一个路由器，其值减 1，直到 0 时该数据报被丢弃。当 TTL 值减为 0 时，路由器将会丢弃该报文并向源点发送错误信息。这个方法可以防止报文在互联网上无休止地被传送。

**9．协议（Protocol）字段**

协议字段占 8 个比特，指明 IP 层所封装的上层协议类型。例如，当字段值为 1 时，表明封装的上层协议为 ICMP；当字段值为 2 时，表明封装的上层协议为 IGMP；当字段值为 6 时，表明封装的上层协议为 TCP；当字段值为 17 时，表明封装的上层协议为 UDP 等。当前已分配了 100 多个不同的协议号。

**10．头部校验和（Header Checksum）字段**

头部校验和字段占 16 个比特，其值是根据 IP 头部计算得到的校验和码。计算方法是：对头部中每个 16 比特进行二进制反码求和。和 ICMP、IGMP、TCP、UDP 不同，IP 不对头部后的数据进行校验。

**11．源地址（Source Address）和目的地址（Destination Address）字段**

源 IP 地址是数据报发起者的 32 bit IP 地址。注意：即使中间设备如路由器可能处理该数据报，它们通常不把它们的 IP 地址放入该字段，这个地址总是最初发送该数据报设备的 IP 地址。

目的 IP 地址字段是数据报的期望接收方的 32 bit IP 地址。同样，即使路由器等设备可能是数据报的中间目标，该字段总是用于定义最终目的 IP 地址。

**12．可选项（Option）和填充项（Padding）字段**

可选项字段占 32 个比特，用来定义一些任选项：如记录路径、时间戳等。这些选项很少使用，同时并不是所有主机和路由器都支持这些选项。可选项字段的长度必须是 32 比特的整数倍；如果不足，必须填充 0 以达到此长度要求，这个功能由填充项字段来实现。

## 4.3　NAT 技术

随着 Internet 的发展和网络应用的增多，IPv4 地址枯竭已成为制约网络发展的瓶颈。尽管 IPv6 可以从根本上解决 IPv4 地址空间不足问题，但目前众多网络设备和网络应用是基于 IPv4

的，因此在 IPv6 广泛应用之前，一些过渡技术（如 CIDR、私有地址等）的使用是解决这个问题最主要的手段。其中，私有地址之所以能够节省 IPv4 地址，主要是利用了这样一个事实：一个局域网中在一定时间内只有很少的主机需访问外部网络，而 80%左右的流量只局限于局域网内部。由于局域网内部的互访可通过私有地址实现，且私有地址在不同局域网内可被重复利用，因此私有地址的使用有效缓解了 IPv4 地址不足的问题。当局域网内的主机要访问外部网络时，只需通过 NAT（Network Address Translation，网络地址转换）技术将其私有地址转换为公网地址即可，这样既可保证网络互通，又节省了公网地址。NAT 不仅完美地解决了 IP 地址不足的问题，而且还能够有效地避免来自网络外部的攻击，隐藏内部网络的结构，并保护网络内部的计算机。虽然 NAT 可以借助于某些代理服务器来实现，但考虑到运算成本和网络性能，很多时候都是在路由器上来实现的。

### 4.3.1 NAT 术语

NAT 技术的实现过程中涉及以下专业术语：

**1. 内部本地网络**

内部本地网络指连接到属于私有 LAN 的路由器接口的网络。对于内部网络中的主机发送到外部目的地的分组，必须对其中的私有 IP 地址进行转换。

**2. 外部全局网络**

外部全局网络指与 LAN 外部的路由器相连的网络，它们不能识别 LAN 中主机的私有 IP 地址。

**3. 内部本地地址**

内部本地地址指内部网络主机配置的私有 IP 地址。使用此类地址的分组离开内部本地网络前，必须对其地址进行转换。

**4. 内部全局地址**

内部全局地址指外部网络看到的内部主机的 IP 地址，这是转换后的 IP 地址。

**5. 外部本地地址**

外部本地地址指本地网络发送分组时使用的目标地址，它通常与外部全局地址相同。

**6. 外部全局地址**

外部全局地址指外部主机实际使用的公有 IP 地址，这种地址是从全局可路由地址空间分配的。

根据 RFC1918，私有 IP 地址包括如下三个大小不同的地址空间，可供不同规模的企业网或专用网使用。

① 10.0.0.0～10.255.255.255。1 个 A 类网络地址，共约 1 677 万个 IP 地址。

② 172.16.0.0～172.31.255.255。16 个 B 类网络地址，共约 104 万个 IP 地址。

③ 192.168.0.0～191.168.255.255。256 个 C 类网络地址，共约 65 536 个 IP 地址。

当内部主机使用以上私有 IP 地址访问 Internet 或者与外部网络主机进行通信时，将涉及 IP 地址转换的问题。NAT 设备通过把内部网络主机的私有 IP 地址转换为外部公有 IP 地址，达到内部网络访问 Internet 和外部网络主机的目的。同理，通过配置内部网络的应用服务器，外部网络主机也可以访问并获得内部服务器提供的服务。NAT 转换的原理框图如图 4-11 所示。

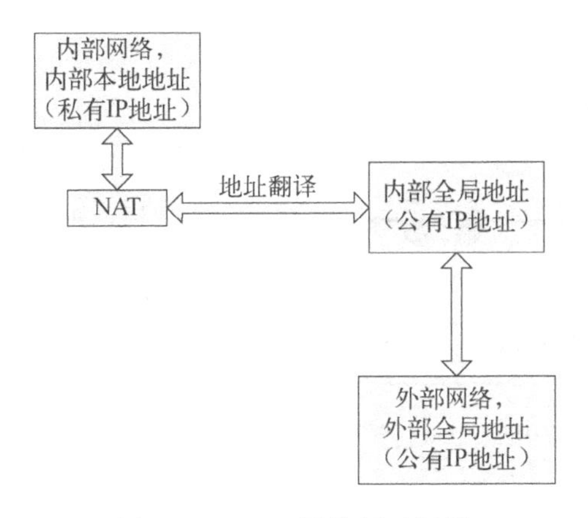


图 4-11 NAT 转换原理框图

## 4.3.2 NAT 实现方式

NAT 的实现方式有三种：静态转换（静态 NAT）、动态转换（动态 NAT）和端口多路复用（Network Address Port Translation，NAPT）。

静态转换是指将内部网络的私有 IP 地址转换为公有 IP 地址，IP 地址对是一对一的，是一成不变的，某个私有 IP 地址只能转换为某个固定的公有 IP 地址。

动态转换是指将内部网络的私有 IP 地址转换为公有 IP 地址时，IP 地址对是不确定的、随机的，所有被授权访问 Internet 的私有 IP 地址可随机转换为任何指定的、合法的公有 IP 地址。也就是说，只要指定哪些内部地址可以进行转换，以及用哪些合法地址作为外部地址时，就可以进行动态转换。

端口多路复用是指改变外出数据包的源端口并进行端口转换，即端口地址转换（Port Address Translation，PAT）。采用端口多路复用方式，内部网络的所有主机均可共享一个合法外部 IP 地址，实现对 Internet 的访问，从而最大限度地节约 IP 地址资源。同时，又可隐藏网络内部的所有主机，避免来自 Internet 的攻击。因此，网络中应用最多的是端口多路复用方式。NAT 设备通过维护 NAT 映射表的方式实现双向的地址转换并得以在两个方向上隐藏地址，可以最大限度地保护网络内部计算机不受外部入侵，其功能通常被集成到路由器、防火墙等硬件设备中。

## 4.3.3 NAT 实例分析

### 1. 静态 NAT

静态 NAT 实现了私有地址和公有地址的一对一映射，并且一个公网 IP 只会分配给唯一且固定的内网主机。如图 4-12 所示，当私有 IP 地址为 192.168.1.1 的主机希望访问 Internet 上 IP 地址为 200.1.1.1 的公网服务器时，它会产生一个源地址 S 为 192.168.1.1，目的地址 D 为 200.1.1.1 的分组 1，在图中标记为“S：192.168.1.1 D：200.1.1.1”。当分组 1 到达具有 NAT 转换功能的路由器 AR1 时，需要将该分组中的源地址从内部私有 IP 地址转换为可以在外部 Internet 上路由的全局 IP 地址。本例中，源地址为 192.168.1.1 的内部私有 IP 地址转换为全局 IP 地址 100.1.1.1。从 IP 地址为 200.1.1.1 的公网服务器返回的分组 2（图中标记为“S：200.1.1.1 D：100.1.1.1”）到达 NAT 路由器 AR1 时，同样需要进行地址转换，转换后的分组在图中标记为“S：200.1.1.1 D：

192.168.1.1”。

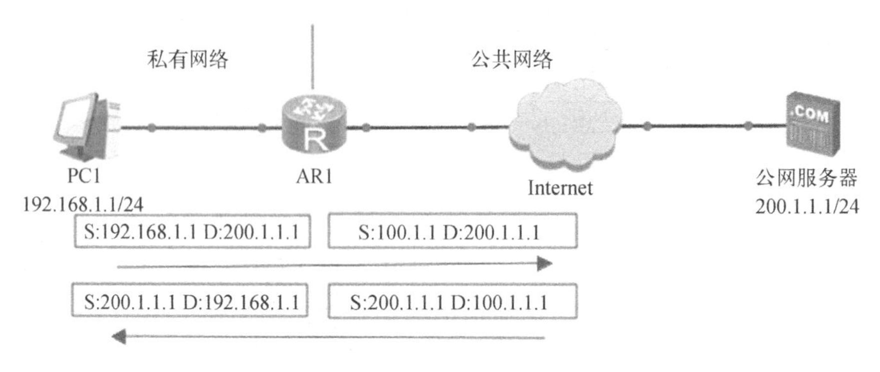


图 4-12　静态 NAT 转换实例

2．动态 NAT

动态 NAT 应用实例如图 4-13 所示。

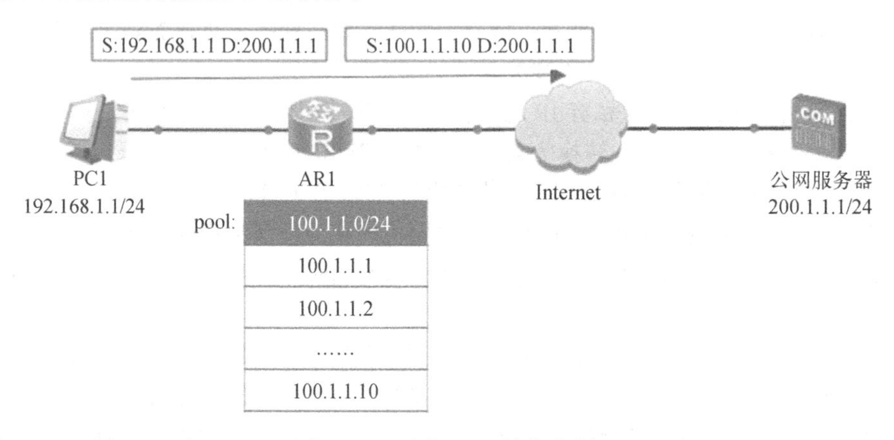


图 4-13　动态 NAT 转换实例

动态 NAT 是基于地址池来实现私有 IP 地址和公有 IP 地址的转换。图 4-13 中，定义了一个地址池，包含了 100.1.1.0/24 的 10 个公网 IP 地址，则主机 PC1 需要访问公网服务器时，经过路由器 AR1 就会把数据包的源地址转换为该地址池中的任意一个公网 IP 地址。图 4-13 中，主机 1 发送的分组 1（图中标记为“S：192.168.1.1 D：200.1.1.1”）到达具有 NAT 转换功能的路由器 AR1 时，该分组中的源地址 192.168.1.1 转换为 100.1.1.1 的内部公有 IP 地址，从而变为了分组 2（图中标记为“S：100.1.1.1 D：200.1.1.1”）由路由器 AR1 发送至 Internet。

3．网络地址端口转换（NAPT）

网络地址端口转换应用实例如图 4-14 所示。

NAPT 允许多个内部私有地址映射到同一个公有 IP 地址的不同端口。在本例中，具有 NAT 转换功能的路由器 AR1 收到一个具有内部私有 IP 地址的主机发送的分组 1，其源 IP 地址是 192.168.1.1，源端口号是 2356，目的 IP 地址是 200.1.1.1，目的端口是 80（在图 4-14 中标记为“S：192.168.1.1:2356 D：200.1.1.1:80”）。路由器 AR1 会从配置的公有地址池中选择一个空闲的公有 IP 地址和端口号，并建立相应的 NAPT 表项。这些 NAPT 表项指定了分组的私有 IP 地址和端口号与公有 IP 地址和端口号的映射关系。路由器 AR1 将分组 1 中的源 IP 地址和端口号

转换成公网地址 100.1.1.1 和端口号 2843，构成分组 2（在图 4-14 中标记为“S：100.1.1.1:2843 D：200.1.1.1:80”）并将分组 2 转发到 Internet。同理，当路由器 AR1 收到回复分组 3 后，会根据之前的映射表再次进行转换之后转发到主机 PC1。

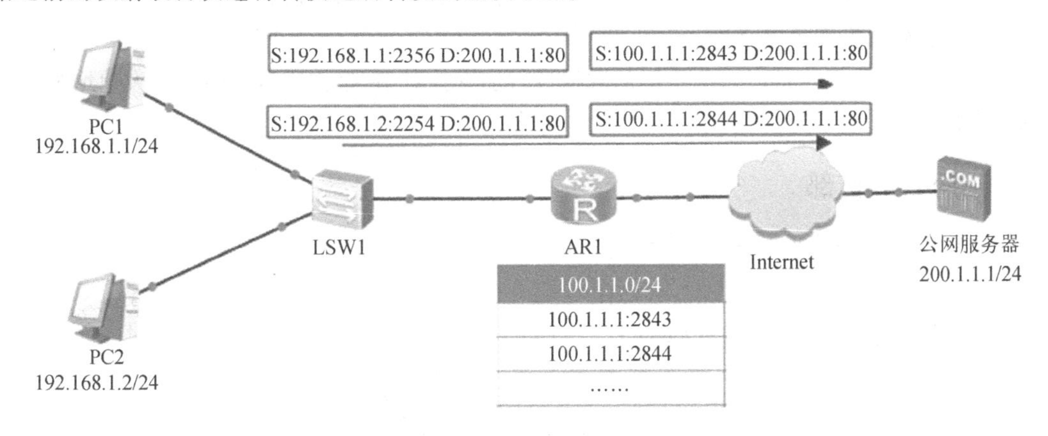


图 4-14　网络地址端口转换实例

## 4.4　下一代网际协议 IPv6

IP 技术已经广泛应用了多年，互联网的影响已经渗透到社会的各个方面，IPv4 为 Internet 提供了基本的通信机制。Internet 的发展成为国家信息化和现代化建设的重要组成部分，产生了重大的经济效益和社会效益。随着 Internet 的指数增长，互联网的体系结构早已由早期的 NSFNET 核心网络演变为 ISP 运营的分散的体系结构。当前互联网面临的一个严峻问题是地址消耗严重，没有足够的地址来满足全球的需要。IPv4 的问题逐渐显露出来，例如，32 位的 IP 地址空间枯竭、路由表急剧膨胀、路由选择效率不高、对网络安全和多媒体应用的支持不够、配置复杂、对移动性支持不好、很难开展端到端的业务等，这些问题已经成为制约互联网发展的重要障碍。尽管采用了如 CIDR 和 NAT 等机制，全球因特网路由选择表仍然巨大而且在持续增长，IPv4 地址空间将耗尽。在这种情况下，促使因特网工程工作组达成一个共识，设计实现一个新的 IP 协议来替代 IPv4，IPv6 被视为一种解决 IPv4 地址空间耗尽的潜在方案，能够彻底、有效地解决目前 IPv4 所存在的问题。

与 IPv4 相比，IPv6 具有以下几个优势：

### 1. IPv6 具有更大的地址空间

IPv6 的地址长度为 128 位，共有 $3.4\times10^{38}$ 个地址。IPv6 使得几乎每种设备都有一个全球的、可达的地址，例如，计算机、IP 电话、IP 传真、TV 机顶盒、照相机、传呼机、无线 PDA、802.11 设备、蜂窝电话、家庭网络和汽车等。

### 2. IPv6 使用更小的路由表

IPv6 的地址分配一开始就遵循聚类的原则，使得路由器能在路由表中用一条记录表示多个子网，大大减小了路由器中路由表的长度，提高了路由器转发数据包的速度。

### 3. IPv6 增加了增强的组播支持以及流支持

这使得网络上的多媒体应用有了长足发展的机会，为服务质量（Quality of Service，QoS）

控制提供了良好的网络平台。

4. IPv6 加入了对自动配置的支持

这是对 DHCP 协议的改进和扩展，使得网络（尤其是局域网）的管理更加方便和快捷。

5. IPv6 具有更高的安全性

使用 IPv6 网络用户可以对网络层的数据进行加密并对 IP 报文进行校验，极大地增强了网络的安全性。

## 4.4.1 IPv6 的首部

IPv6 报文首部格式如图 4-15 所示。

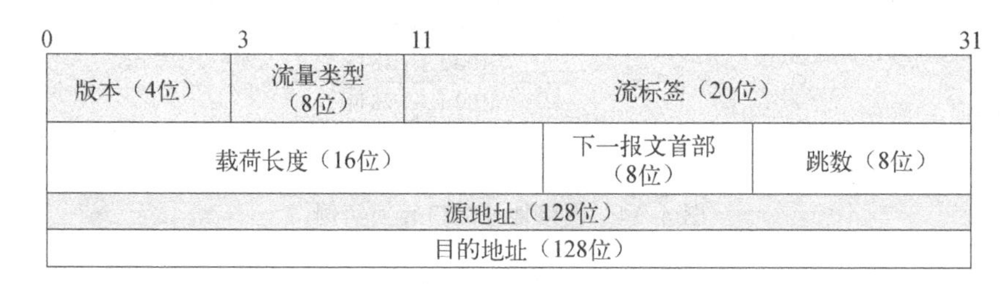


图 4-15　IPv6 报文首部格式

1. 版本（Version）字段

版本字段占 4 个比特，用来表明 IP 协议实现的版本号，对于 IPv6 协议，该字段的值为 6。

2. 流量类型（Traffic Class）字段

流量类型字段占 8 个比特，相当于 IPv4 中的服务类型字段，规定使用的服务类。

3. 流标签（Flow Label）字段

流标签字段占 20 个比特，用于标识同一业务流的数据。中间转发路由器对于同一源和目的的一个业务流数据采用相同的转发行为来提高转发效率。

4. 载荷长度（Payload Length）字段

载荷长度字段占 16 个比特，其中包括载荷的字节长度，同时也包含了各个 IPv6 扩展选项的长度。

5. 下一报文首部（Next Header）字段

下一报文首部字段占 8 个比特，本字段指出了 IPv6 报头后所跟的头字段中的协议类型。与 IPv4 协议字段类似，下一个头字段可以用来指出高层是 TCP 还是 UDP，它也可以用来指明 IPv6 扩展头的存在。

6. 跳数（Hop Limit）字段

跳数字段占 8 个比特，每当设备对数据包进行一次转发之后，本字段值减 1，如果该字段达到 0，数据包就将被丢弃。跳数字段相当于 IPv4 中的 TTL 字段。

7. 源地址（Source Address）字段

源地址字段占 128 个比特，表示 IPv6 数据包的发送方地址。

8. 目的地址（Destination Address）字段

目的地址字段占 128 个比特，表示 IPv6 数据包的接收方地址。

## 4.4.2 IPv6 寻址

如前所述，IPv6 地址的长度是 128 位。地址空间如此大的一个原因是将可用地址细分为反映 Internet 拓扑路由域的层次结构，另一个原因是映射将设备连接到网络的网络适配器（或接口）的地址。IPv6 提供了内在的功能，可以在其最低层（在网络接口层）解析地址，并且还具有自动配置功能。

IPv6 地址由 8 个十六进制字段构成，4 个十六进制数一组，中间用“：”隔开。IPv6 地址的基本表达方式是 X : X : X : X : X : X : X : X，其中 X 是一个 4 位十六进制整数（16 位）。每一个数字包含 4 个比特，每个整数包含 4 个十六进制数字，每个地址包括 8 个整数，一共 128 位。下面是一些合法的 IPv6 地址：

① 2001:ACDE:1234:5678:3005:4096:1200:2100。

② 600:0:0:0:0:0:0:1。

③ 2080:0:0:0:800:800:2D0C:4B7A。

以上这些整数是十六进制整数，其中 A～F 表示的是十进制“10”～“15”。地址中的每个整数都必须标识出来，但起始的“0”可以不必表示。某些 IPv6 地址中可能包含一长串的“0”（就像上面的第二和第三个例子一样）。当出现这种情况时，允许用“::”来表示这一长串的“0”。即地址 600 : 0 : 0 : 0 : 0 : 0 : 0 : 1 可以被表示为：600 :: 1。这两个冒号表示该地址可以扩展到一个完整的 128 位地址。在这种方法中，只有当 16 位组全部为 0 时才能被两个冒号取代，且两个冒号在地址中只能出现一次。

在 IPv4 和 IPv6 的混合网络环境中还有一种混合的地址表示方法。在该环境中，IPv6 地址中的最低 32 位可以用于表示 IPv4 地址，该地址可以按照一种混合方式表达，即 X:X:X:X:X:X:d.d.d.d，其中 X 表示一个 16 位整数，而 d 表示一个 8 位的十进制整数。例如，地址 0:0:0:0:0:0:192.168.20.1 就是一个合法的 IPv6 地址。使用简写的表达方式后，该地址也可以表示为：::192.168.20.1。

由于 IPv6 地址被分成两个部分：子网前缀和接口标识符，因此也可以按照类似 CIDR 地址的方式被表示为一个带额外数值的地址，其中该数值指出了地址中有多少位是代表网络部分（网络前缀），即 IPv6 结点地址中指出了前缀长度，该长度与 IPv6 地址间以斜“/”区分，例如：12AB::CD30:0:0:0:0/60，表示这个地址中用于选路的前缀长度为 60 位。

IPv6 定义了以下地址类型。

### 1. 单播地址

单播地址用于单个接口的标识符，发送到此地址的数据包被传递给标识的接口。通过高序位八位字节的值将单播地址与多路广播地址区分开来。多路广播地址的高序列八位字节具有十六进制值 FF。此八位字节的任何其他值都标识单播地址。以下是不同类型的单播地址。

（1）链路-本地地址

此类地址用于单个链路并且具有以下形式：FE80::InterfaceID。链路-本地地址用于链路上的各结点之间，用于自动地址配置、邻居发现或未提供路由器的情况。链路-本地地址主要用于启动时以及系统尚未获取较大范围的地址时。

（2）站点-本地地址

此类地址用于单个站点并具有以下格式：FEC0::SubnetID:InterfaceID。站点-本地地址用于不需要全局前缀的站点内寻址。

（3）可聚合的全局单播地址

由格式前缀（FP）001 标识的可聚合全局单播地址，类似于公有 IPv4 地址。在使用 IPv6 的互联网中，它们是全局可路由和可达的。可聚合的全局单播地址又称全局地址。例如：2000::1:2345:6789:ABCD。

**2．任播地址**

任播地址表示一组接口的标识符（通常属于不同的结点），发送到此类地址的数据包被传递给该地址标识的所有接口。任播地址类型代替 IPv4 广播地址。

**3．组播地址**

IPv6 中的组播在功能上与 IPv4 中的组播类似。组播分组前 8 比特设置为 FF，接下来的 4 比特是地址生存期：0 是永久的，而 1 是临时的，接下来的 4 比特说明了组播地址范围：1 为结点，2 为链路，5 为站点，8 为组织，而 E 是全局（整个因特网）。

## 4.4.3 IPv4 到 IPv6 的过渡技术

由于 Internet 的规模以及目前网络中数量庞大的 IPv4 用户和设备，IPv4 到 IPv6 的过渡不可能一次性实现。而且，目前许多企业和用户的日常工作越来越依赖于 Internet，无法容忍在协议过渡过程中出现问题。因此，IPv4 到 IPv6 的过渡必须是一个循序渐进的过程，在体验 IPv6 带来好处的同时仍能与网络中其余的 IPv4 用户通信。能否顺利地实现从 IPv4 到 IPv6 的过渡也是 IPv6 能否取得成功的一个重要因素。

实际上，IPv6 在设计的过程中就已经考虑到了 IPv4 到 IPv6 的过渡问题，并提供了一些特性使过渡过程简化。例如，IPv6 地址可以使用 IPv4 兼容地址，自动由 IPv4 地址产生；也可以在 IPv4 的网络上构建隧道，连接 IPv6 孤岛。目前针对 IPv4 到 IPv6 过渡的问题已经提出了许多机制，它们的实现原理和应用环境各有侧重。

在 IPv4 到 IPv6 过渡的过程中，必须遵循如下原则和目标：

① 保证 IPv4 和 IPv6 主机之间的互通。

② 在更新过程中避免设备之间的依赖性（即某个设备的更新不依赖于其他设备的更新）。

③ 对于网络管理者和终端用户来说，过渡过程易于理解和实现。

④ 过渡可以逐个进行。

⑤ 用户、运营商可以自己决定何时过渡以及如何过渡。

在 IPv4 到 IPv6 过渡阶段的初期，IPv4 网络仍然是主要的网络，IPv6 网络类似孤立于 IPv4 网络中的小岛。过渡的问题可以分成两大类：

① IPv6 的网络与 IPv4 网络之间通信的问题。

② 被孤立的 IPv6 网络之间透过 IPv4 网络互相通信的问题。

对于 IPv4 向 IPv6 技术的演进策略，业界提出了许多解决方案。特别是 IETF 组织专门成立了一个研究此演变的研究小组——NGTRANS（下一代网络演进）工作组，已提交了各种演进策略草案，并力图使之成为标准。纵观各种演进策略，主流技术主要是双栈策略和隧道技术。

1. 双栈策略

实现 IPv6 结点与 IPv4 结点互通最直接的方式是在 IPv6 结点中加入 IPv4 协议栈。具有双协议栈的结点称为 IPv6/v4 结点，此类结点既可以收发 IPv4 分组，也可以收发 IPv6 分组。它们可以使用 IPv4 与 IPv4 结点互通，也可以直接使用 IPv6 与 IPv6 结点互通。双栈技术不需要构造隧道，但下文介绍的隧道技术中要用到双栈策略。IPv6/v4 结点可以只支持手工配置隧道，也可以既支持手工配置又支持自动隧道。

2. 隧道技术

在 IPv6 发展初期，必然存在许多局部的全 IPv6 网络，这些 IPv6 网络被 IPv4 主干网络隔离开来。为了使这些孤立的“IPv6 孤岛”互通，可以采取隧道技术的方式来解决。IPv6 隧道是将 IPv6 报文封装在 IPv4 报文中，这样 IPv6 协议包就可以穿越 IPv4 网络进行通信。因此被孤立的 IPv6 网络之间可以通过 IPv6 的隧道技术利用现有的 IPv4 网络互相通信而无需对现有的 IPv4 网络做任何修改和升级。IPv6 隧道两端的结点都必须既支持 IPv4 协议栈又支持 IPv6 协议栈。

# 4.5 ARP 协 议

在计算机网络中，网络层使用的是 IP 地址，但仅有 IP 地址是不够的，因为 IP 数据报文必须封装成帧才能通过数据链路进行发送，而数据帧中必须包含目的 MAC 地址。通过目的 IP 地址获取目的 MAC 地址的过程是由地址解析协议（Address Resolution Protocol，ARP）来完成的。

## 4.5.1 ARP 数据包格式

图 4-16 为 ARP 数据包的格式，在 TCP/IP 的标准中，各种数据格式通常以 32 位（即 4 字节）为单位来描述。

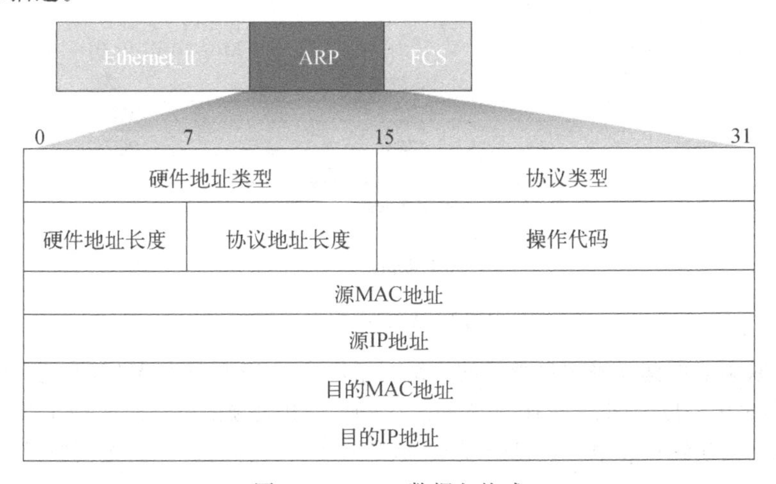


图 4-16　ARP 数据包格式

下面介绍 ARP 报文中各字段的含义：

1. 硬件地址类型

硬件地址类型指明硬件的类型，一般是以太网，值为 1。

**2. 协议类型**

协议类型指明发送者映射到数据链路标识的网络层协议类型，一般为 IP 协议，对应值为 0x0800。

**3. 硬件地址长度**

硬件地址长度也就是 MAC 地址的长度，单位是字节。

**4. 协议地址长度**

网络层地址即 IP 地址的长度，单位是字节。

**5. 操作代码**

操作代码指定了 ARP 报文的类型，包括 ARP Request 和 ARP Reply。

**6. 源 MAC 地址和源 IP 地址**

源 MAC 地址和源 IP 地址指的是发送 ARP 报文设备的 MAC 地址和 IP 地址。

**7. 目的 MAC 地址和目的 IP 地址**

目的 MAC 地址指的是接收者 MAC 地址，在 ARP Request 报文中，该字段值为 0；目的 IP 地址指的是指接收者的 IP 地址。

## 4.5.2 ARP 工作过程

ARP 协议的工作过程，如图 4-17 所示。主机 PC1 发送一个数据包给主机 PC2 之前，首先要获取主机 PC2 的 MAC 地址。通过 ARP 协议，网络设备可以建立目标 IP 地址和 MAC 地址之间的映射，并且这里也采用了高速缓存的概念，本地主机或网络设备都会有自己的 ARP 缓存（ARP Cache），用来存储部分 IP 地址与 MAC 地址的映射关系。PC1 在发送数据给 PC2 之前，会先查找 ARP 缓存表。如果缓存表中存在 PC2 的 MAC 地址，则直接采用该 MAC 地址封装成帧，然后将帧发送出去；如果查找不到，则需要进行地址解析。

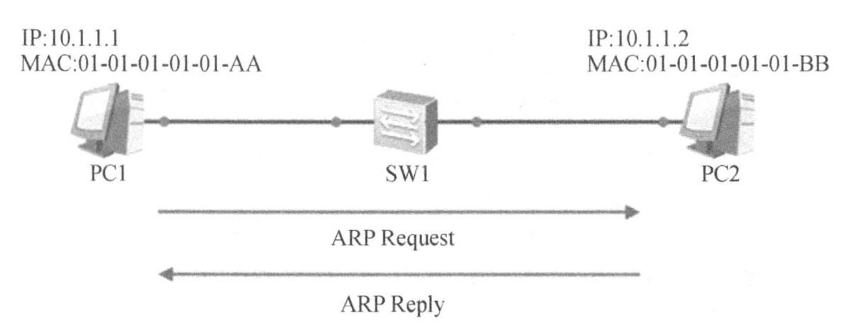


图 4-17 ARP 的工作过程

ARP 缓存映射表的建立采用自学习的方法，学习到的 IP 地址和 MAC 地址的映射关系会被放入 ARP 缓存表中一段时间，如 10～20 min，一般 ARP 表项的默认时间是 1 200 s。在有效期内，设备可以直接从缓存表中查找目的 MAC 地址来进行数据封装，而无须进行 ARP 查询，过了有效期，ARP 表项会被自动删除。

下面来看一下地址解析的过程，图 4-18 中，如果 PC1 的 ARP 缓存表中没有 PC2 的 MAC 地址，则主机 PC1 会以广播的形式发送 ARP Request 帧进行请求，ARP Request 报文封装在以太网帧中，具体帧的内容见图 4-3。帧头中的源 MAC 地址为发送端主机 PC1 的 MAC 地址，由

于 PC1 不知道 PC2 的 MAC 地址，所以目的 MAC 地址为广播地址 FF-FF-FF-FF-FF-FF。ARP Request 报文中的内容，结合 ARP 数据包的格式，则包含了源 IP、目的 IP 地址、源 MAC 地址和目的 MAC 地址，其中目的 MAC 地址因为未知，所以值为 00-00-00-00-00-00。然后，此 ARP Request 报文会在整个网络上传播，该网络中的所有主机包括网关都会接收到此 ARP Request 报文。

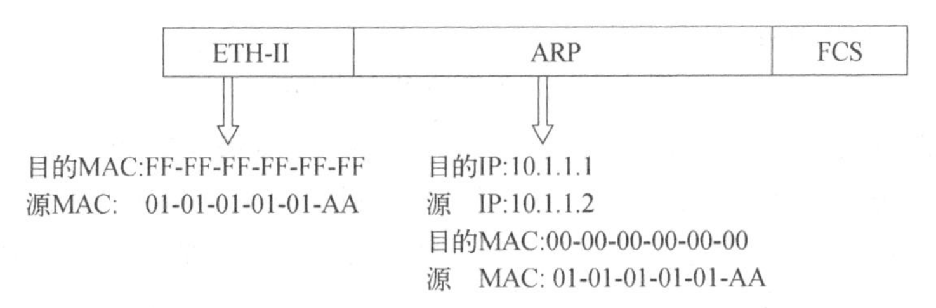


图 4-18　被封装的 ARP Request 帧的具体内容

接收到 PC1 发来的 ARP Request 报文后，网关会阻止该报文发送到其他网络上，其他主机会检查所接收到的报文目的协议地址字段与自身的 IP 地址是否匹配，如果不匹配，则直接丢弃，如果匹配，如 PC2，则首先将 ARP 报文中的源 MAC 地址和源 IP 地址信息写入到自己的 ARP 缓存映射表中，然后通过 ARP Reply 报文进行响应。ARP Reply 被封装成帧的内容如图 4-19 所示，封装后的帧和 ARP Reply 报文的源地址信息是 PC2 的，而目的地址信息是 PC1 的，同时 ARP Reply 报文中的操作代码被设置为 reply。ARP Reply 报文通过单播传送。

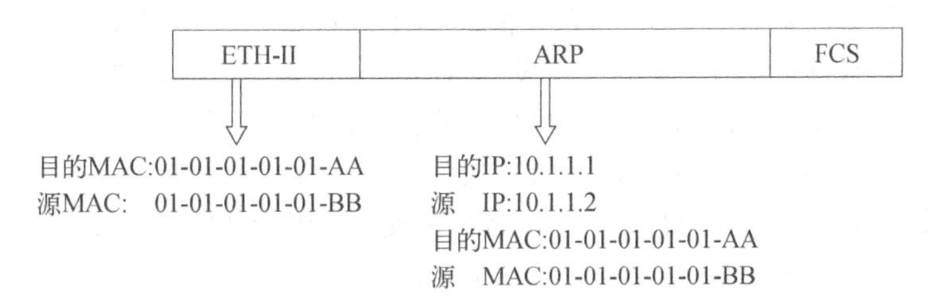


图 4-19　被封装的 ARP Replay 帧的具体内容

PC1 收到 ARP Reply 后，会检查 ARP 报文中的目的 MAC 地址是否和自己的 MAC 地址匹配，如果匹配，则首先将源 MAC 地址和源 IP 地址写入自己的 ARP 缓存映射表中。

前面所讨论的情况是 PC1 和 PC2 在同一网络，如果目标设备 PC2 位于其他网络，则会根据是否配置网关启用代理 ARP 功能。

### 4.5.3　ARP 代理

不同网络中的主机进行通信的场景如图 4-20 所示。PC1 要与位于不同网络的 PC2 进行通信，根据是否配置了网关信息分为两种情况。

① 若配置了网关的 IP 地址，则首先查看本地 ARP 缓存表中是否有网关的 IP 对应的 MAC 地址，如果没有则发送 ARP Request 请求网关接口对应的 MAC 地址。本例中 PC1 会发送 ARP Request 请求 10.1.1.254 对应的 MAC 地址，AR1 发送 ARP Relay 给 PC1，包含了 GE0/0/0 接口的 MAC 地址信息。

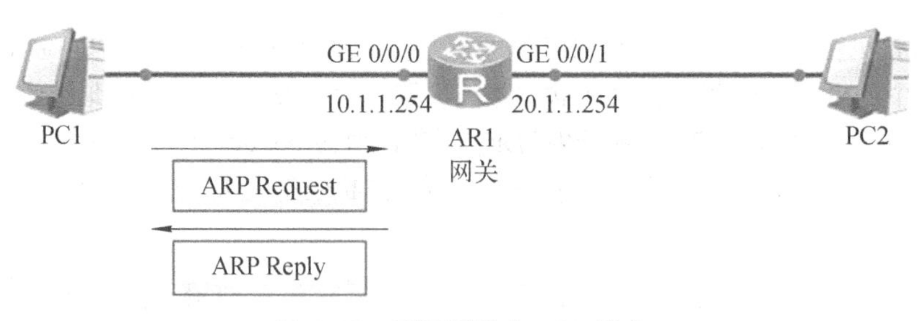


图 4-20　不同网络中 ARP 请求

② 若没有配置网关的 IP 地址，则 PC1 会以广播的形式发送 ARP Request 报文，请求 PC2 的 MAC 地址。但是，广播报文无法被路由器转发，所以 PC2 无法收到 PC1 的 ARP 请求报文，这种情况下，在路由器上启用代理 ARP 功能可以解决此类问题。路由器 AR1 启用代理 ARP 功能后，收到 ARP Request 请求时，会查找自己的路由表，如果存在目的主机 PC2 的路由表项，AR1 将会使用自己 G0/0/0 接口的 MAC 地址来回应该 ARP Request。PC1 收到 ARP Reply 后，将以路由器 G0/0/0 接口的 MAC 地址作为目的 MAC 地址进行数据转发。PC1 与 PC2 通信时，PC1 会先将数据发送给网关，网关再把数据转发给目的设备。

## 4.5.4　免费 ARP

当网络上的一个设备被分配了 IP 地址或者 IP 地址发生变更后，可以通过免费 ARP 来检查其所分配的 IP 地址在网络上是否唯一，以避免地址冲突。

免费 ARP 的使用场景如图 4-21 所示。假定 PC1 被新设定了 IP 地址，则可通过发送 ARP Request 报文来进行地址冲突检查。PC1 在发送 ARP Request 的广播报文时，其目的和源 IP 地址都设置为 PC1 的 IP 地址 10.1.1.1，源 MAC 地址也设置为本机的 MAC 地址，目的 MAC 地址设为 00-00-00-00-00-00，该 ARP Request 报文发出后，所在网络中所有主机包括网关都会收到此报文，如果目的 IP 地址已经被某一主机或网关使用，则会回应 ARP Reply 报文。PC1 可通过这种方式检测到 IP 地址冲突。

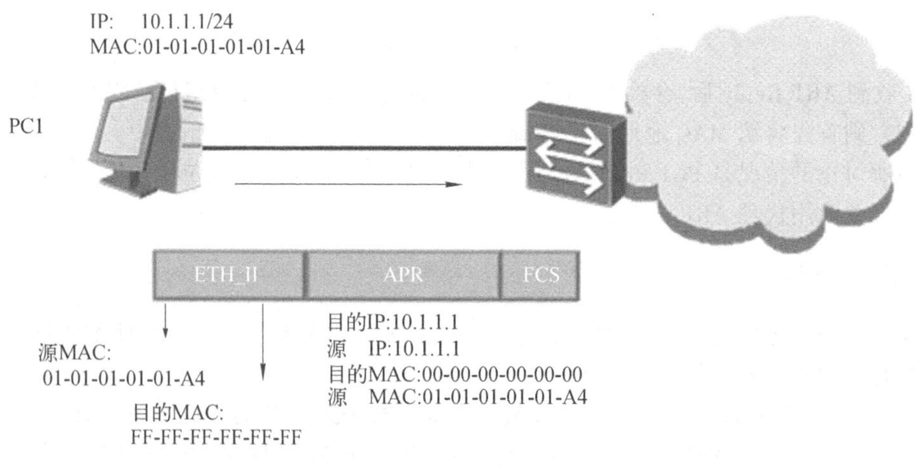


图 4-21　免费 ARP

# 4.6　传输层协议

传输层定义了主机应用程序之间端到端的连通性。传输层中最为常见的两个协议分别是传输控制协议 TCP 和用户数据包协议 UDP。

按照 OSI 的术语，两个对等传输层实体在通信时传送的数据单位称为传输协议数据单元（Transport Protocol Data Unit，TPDU）。但在因特网中根据所使用协议是 TCP 还是 UDP，分别称为 TCP 报文段（Segment）和 UDP 报文或用户数据报。

## 4.6.1　端口号的分配方法

一台主机允许同时运行多个应用进程，TCP 和 UDP 协议规定用不同的端口号来表示不同的应用程序。每对端口号、源和目标 IP 地址的组合唯一地标识了一个会话，如套接字（Socket）：151.8.28.49:80。

在 TCP/IP 协议中，端口号数值取 0～65 535 之间的整数。Internet 赋号管理局（The Internet Assigned Numbers Authority，IANA）定义端口号有三种类型：熟知端口号、注册端口号和动态端口号。图 4-22 所示为 IANA 对于端口号数值范围的划分。

| 0 … 1023 | 1024 … 49151 | 49152 … 65535 |
|---|---|---|
| 熟知端口号 | 注册端口号 | 动态端口号 |

图 4-22　IANA 对于端口号数值范围的划分

### 1. 熟知端口号（Well-known Port Number）

其数值范围为 0～1 023，这一类端口由 IANA 负责分配给一些常用的应用层程序固定使用，每个客户进程都知道相应服务器进程的熟知端口号。当一种新的应用程序出现时要获得一个熟知端口号，必须向 IANA 申请。

表 4-1 所示为使用 UDP 协议应用进程的熟知端口号，表 4-2 所示为使用 TCP 协议应用进程的熟知端口号。需要说明的是，一般来说，该熟知端口号被服务器进程所使用，客户端是由 TCP/UDP 协议随机选取的，但 DHCP 与 SNMP 协议的客户端和服务器端在通信时都使用熟知端口号。

表 4-1　UDP 的熟知端口号

| 服务进程 | 端口号 | 说　明 |
|---|---|---|
| DNS | 53 | 域名服务 |
| DHCP | 67/68 | 动态主机配置 |
| TFTP | 69 | 简单文件传送 |
| SNMP | 161/162 | 简单网络管理 |
| RIP | 520 | 路由信息 |

表 4-2　TCP 的熟知端口号

| 服务进程 | 端口号 | 说　明 |
|---|---|---|
| FTP | 20 | 文件传输（数据连接） |
| FTP | 21 | 文件传输（控制连接） |
| TELNET | 23 | 虚拟终端 |
| SMTP | 25 | 简单邮件传输 |
| HTTP | 80 | 超文本传输 |
| BGP | 179 | 边界路由 |

2．注册端口号

其数值范围为 1 024～49 151，此类端口号 IANA 既不分配也不控制，但可以在 IANA 注册登记，以防重复使用。当用户开发新的网络应用程序时，可以为这种新的网络应用程序的服务器程序在 IANA 登记一个注册端口号。

3．动态端口号

其数值范围为 49 152～65 535。客户进程使用动态端口号，它是由运行在客户上的 TCP/UDP 软件随机选取的。动态端口号只对一次进程通信有效。

### 4.6.2　TCP、UDP 协议与应用层协议的关系

TCP 提供的是面向连接的服务。在传送数据之前必须先建立连接，数据传送完成后释放连接。TCP 不提供广播或多播服务。UDP 协议是一种无连接、不可靠的协议，但因其不需建立连接也不需确认，故其效率较高，适用于系统对性能的要求高于对数据完整性的要求、需要简短快捷的数据交换，需要多播和广播的应用环境。

应用层的协议在使用传输层协议时，有三种类型：使用 TCP 协议、使用 UDP 协议和既可以使用 TCP 协议又可以使用 UDP 协议。如图 4-23 所示为应用层协议传输层使用 TCP 和 UDP 协议的情况，其中 DNS 域名系统就是传输层既可以使用 TCP 协议又可以使用 UDP 协议。一般来说，使用 TCP 协议主要是需要大量传输交互式报文的应用层协议，而 UDP 多用于实时性要求高的应用，如实时语音、视频传输和 P2P 会话类的应用。

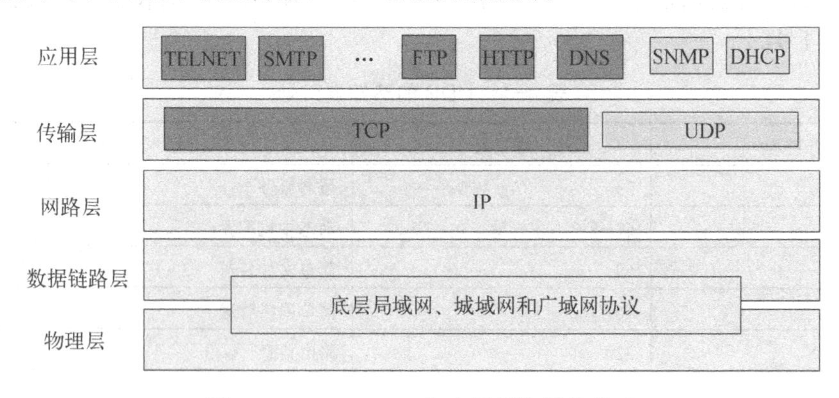


图 4-23　TCP、UDP 与应用层协议的关系

### 4.6.3 TCP 协议

TCP 位于 TCP/IP 模型的传输层，它是一种面向连接的端到端协议。TCP 作为传输控制协议，可以为主机提供可靠的数据传输。

#### 1. TCP 的主要特点

TCP 是 TCP/IP 体系中非常复杂的一个协议，下面介绍 TCP 最主要的几个特点。

（1）支持面向连接的传输服务

应用程序在使用 TCP 提供的服务传送数据之前，必须先建立 TCP 连接。类似于日常生活中的电话通信，在进行通话之前需要先建立连接，双方知道电话已接通，开始语音对话，电话结束之后还要挂机释放连接。TCP 提供服务之前建立连接的目的是通信双方为接下来的数据传送做好准备，初始化各种状态变量，分配缓存等资源。在数据传送结束后，必须释放已建立的 TCP 连接。

（2）支持全双工通信

TCP 允许通信双方的应用进程在任何时候都能发出数据。由于通信双方都设置有发送和接收缓冲区，应用程序将要发送的数据字节提交给发送缓冲区，就可以去进行别的进程，而 TCP 会在合适的时候把数据发送出去。在接收方，TCP 把数据放入缓存，上层的应用程序在合适的时候读取缓存中的数据。

（3）支持同时建立多个并发的 TCP 连接

TCP 协议支持同时建立多个连接，特别是服务器端，一般会用套接字来唯一标识端点，所以一条 TCP 连接由两个套接字地址标识。

（4）支持可靠的传输服务

TCP 协议是一种可靠的传输服务协议，它使用了确认重传的机制，保证通过 TCP 连接传送的数据无差错、不丢失、不重复，并且按序到达。

（5）支持字节流的传输

面向字节流的含义是：虽然应用程序和 TCP 的交互是一次一个数据块（大小不等），但 TCP 把应用程序传输的数据看成是一连串无结构的字节流，TCP 不保证接收方应用程序所收到的数据块和发送方发出的数据块具有对应大小的关系，例如，发送方应用程序交给接收方的 TCP 共 12 个数据块，而接收方的应用程序是分 5 次，即 5 个数据块从 TCP 接收方缓存中将数据读取完毕。但发送方和接收方应用程序发送和接收的字节流是完全一样的。

流（Stream）相当于一个管道，从一端放入内容，从另一端可以照原样取出内容，它描述了一个不出现丢失、重复和乱序的数据传输过程。

综上所述，TCP 协议的特点是：面向连接、面向字节流、支持全双工、支持并发连接、提供确认重传机制和拥塞流量控制。

#### 2. TCP 的数据报格式

TCP 虽然是面向字节流的，但 TCP 传送的数据单元却是报文段。TCP 报文段由 TCP Header（头部）和 TCP Data（数据）组成。TCP 最多可以有 60 个字节的头部，前 20 个字节是固定的。后面的 Options 为可选项字段，长度为 4*$N$ 字节（$N$ 必须是整数），最多为 40 字节。如图 4-24 所示为 TCP 报文段及其首部的结构。

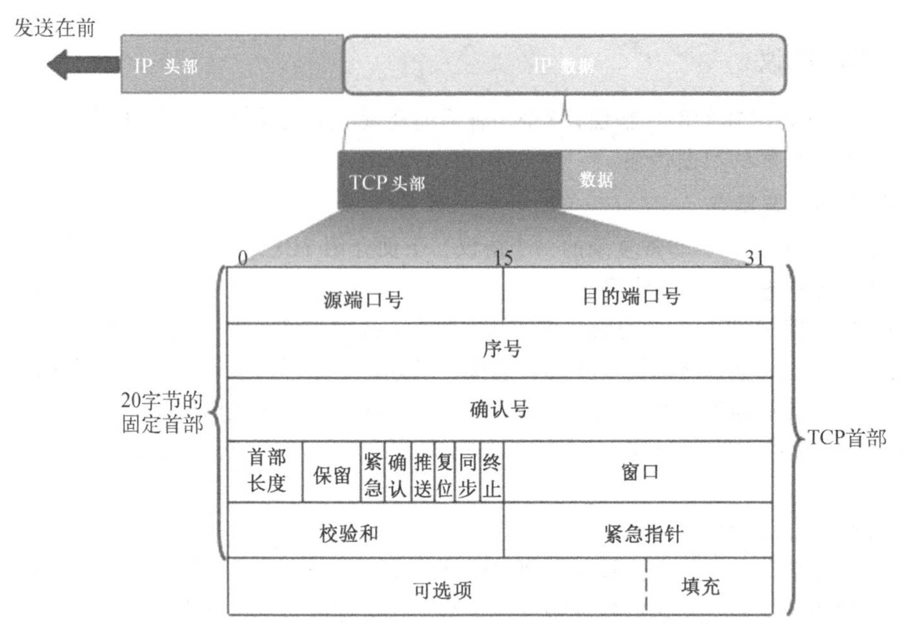


图 4-24　TCP 报文段的结构

（1）Source Port（源端口号）和 Destination Port（目的端口号）

源端口和目的端口字段各占 2 字节，分别表示发送与接收该报文段的应用进程的 TCP 端口号。每个 TCP 头部都包含源端和目的端的端口号，这两个值加上 IP 头部中的源 IP 地址和目的 IP 地址就可以唯一确定一个 TCP 连接。

（2）Sequence Number（序号）

序号字段占 4 字节。TCP 是面向数据流的，TCP 传送的报文段可看成连续的数据流，在一个 TCP 连接中传送的数据流中的每一个字节都按顺序编号。首部中序号字段的值则指的是本报文段所发送的数据的第一个字节的序号，用于标识从发送端发出的不同的 TCP 数据段的序号。数据段在网络中传输时，它们的顺序可能会发生变化；接收端依据此序列号，便可按照正确的顺序重组数据。

（3）Acknowledge Number（确认号）

确认号字段占 4 字节，用于标识接收端确认收到的数据段。确认序列号为成功收到的数据序列号加 1，也就是期望收到发送方的下一个报文段的第一个数据字节的序号，这就是网络协议中典型的捎带确认方法。

（4）Header length（首部长度）

首部长度占 4 位，又称数据偏移，它指出 TCP 报文段的数据起始处距离 TCP 文段的起始处的偏移量。数据偏移的单位是 32 位字（以 4 字节为计算单位），实际报头长度是 20～60 字节，故该字段值是在 5～15 之间。

（5）Resv（保留）

保留字段占 6 位，保留为今后使用，但目前应置为 0。

（6）URG（紧急）

当 URG＝1 时，表明紧急指针字段有效。它告诉系统此报文段中有紧急数据，应尽快交付给应用程序（相当于高优先级的数据)，而不需按序从接收缓存中读取。URG 位与紧急指针一起使用。

（7）ACK（确认）

只有当 ACK= 1 时确认号字段才有效。当 ACK= 0 时，确认号无效。按照 TCP 的规定，在 TCP 连接建立之后发送的所有报文段的 ACK 位都置为 1。

（8）PSH（推送）

当两个进程进行交互式通信时，一端应用进程希望在输入一个命令之后，能够立即得到对方的响应时，就将 PSH 置 1，并立即创建一个报文段发送到对方；接收 TCP 收到 PSH = 1 的报文段，就尽快地交付接收到的应用进程，而不再等到整个缓存都填满之后再向上交付，请求尽快应答。

（9）RST（复位）

当 RST=1 时，有两种含义：一是表明 TCP 连接中出现严重差错（如由于主机崩溃或其他原因），必须释放连接，然后再重新建立运输连接；二是拒绝一个非法 TCP 报文或拒绝释放一个连接。

（10）SYN（同步）

同步 SYN = 1 表示这是一个连接请求或连接接收报文。SYN=1，ACK=0 表示是一个连接建立请求报文；同意建立连接的响应报文为 SYN=1，ACK=1。

（11）FIN（终止）

终止 FIN 位用来释放一个连接。FIN=1 表明此报文段发送端的数据已发送完毕，并要求释放运输连接。

（12）Window（窗口）

窗口字段长度占 2 字节，窗口值指示发送该报文段一方的接收窗口大小，单位为字节。由于该字段为 16 位，所以窗口的最大值为 65 535B。窗口字段用来控制对方发送的数据量（从确认号开始，允许对方发送的数据量），反映了接收方接收缓存的可用空间大小。该机制通常用来进行流量控制。发送端将根据接收端通知的窗口值调整自己的发送窗口大小，并且窗口字段值是动态变化的。

例如:结点 A 发送给结点 B 的 TCP 报文的报头中确认号的值是 450,窗口字段的值为 1 000，这表明，下一次结点 B 要向结点 A 发送的 TCP 报文段时，字段第一个字节号应该是 450，字段的最大长度为 1 000，最后一个字节号最大为 1 449。

（13）Checksum（校验和）

校验和字段占 2 字节，检验和字段校验整个 TCP 报文段，包括 TCP 头部和 TCP 数据。在计算校验和时，要在 TCP 报文段的前面加上 12 字节的伪首部，而且该字段是必需的。该值由发送端计算和记录并由接收端进行验证。

（14）Urgent Pointer（紧急指针）

紧急指针字段占 16 位，只有当紧急标志位 URG=1 时，该字段才有效，指出在本报文段中紧急数据共有多少个字节（紧急数据放在本报文段数据的最前面）。

（15）Options（可选项）

该字段长度可变，最大 40 B，也就是在 TCP 报头中有多达 40 B 的选项字段。这里只介绍一个选项，即 MSS,该选项 TCP 对报文数据部分最大长度有一个规定,称为最大段长度( Maximum Segment Size，MSS）。MSS 告诉对方 TCP：“我的缓存所能接收的报文段的数据字段最大长度是 MSS 个字节。”如果确定 MSS 值是 100 B，则整个 TCP 报文段长度可能是 120～160 B，具体值取决于报头的实际长度。

MSS 值的选择并不简单，若太小，会导致网络的利用率降低，因为报头会占用大部分开销。反过来，若 TCP 报文段非常长，那么交付给 IP 层传输时就有可能被分解成多个短数据报片，目的站将收到的各个短数据报片装配成原来的 TCP 报文段，如果传输出错还要重传，这些也会使开销增大。一般情况下，MSS 值选取时应尽可能大些，在 IP 层传输时不需要再分片就行。在 TCP 连接建立的过程中，双方可以将自己能够支持的 MSS 写入可选项字段，在进行数据传输时，MSS 会取双方提出的较小的那个数值。若未设置，则 MSS 的默认值为 536 B，再加上 20 B 的报头长度，则默认的报文段长度为 556 B。

（16）Padding（填充）

填充字段是为了使整个首部长度是 4 B 的整数倍。

3. TCP 的连接管理

TCP 是面向连接的协议，所以连接的建立和释放是每一次面向连接的通信中必不可少的过程。因此，TCP 的连接有三个阶段：连接建立、数据传送和连接释放。

（1）TCP 的连接建立

TCP 连接的建立是一个“三次握手”（Three-Way Handshake）的过程，如图 4-25 所示。

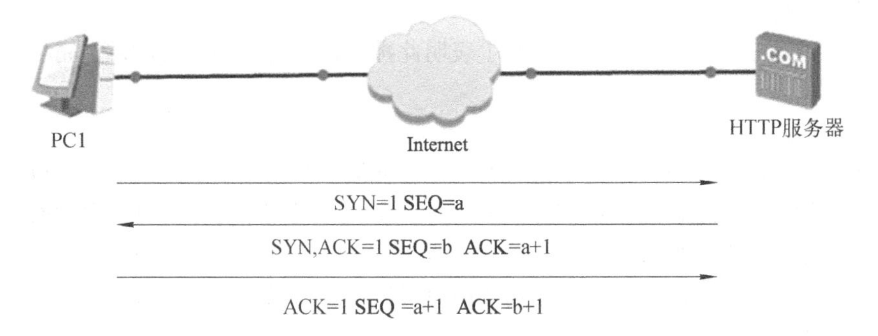


图 4-25　TCP 连接的建立

① 主机 PC1（通常也称为客户端）发送一个标识了 SYN 的数据段，表示期望与 HTTP 服务器建立连接，此数据段的序列号（SEQ）为 a。

② HTTP 服务器回复标识了 SYN+ACK 的数据段，此数据段的序列号（SEQ）为 b，确认序列号为主机 PC1 的序列号加 1（即 a+1），以此作为对主机 PC1 的 SYN 报文的确认。

③ 主机 PC1 发送一个标识了 ACK 的数据段，此数据段的序列号（SEQ）为 a+1，确认序列号为 HTTP 服务器的序列号加 1（即 b+1），以此作为对 HTTP 服务器的 SYN 报文段的确认。

（2）TCP 的传输过程

TCP 的可靠传输还体现在 TCP 使用了确认技术来确保目的设备收到了从源设备发来的数据，并且是准确无误的。其工作原理是：目的设备接收到源设备发送的数据段时，会向源端发送确认报文，源设备收到确认报文后，继续发送数据段，如此重复。

如图 4-26 所示，PC1 向 HTTP 服务器发送 TCP 数据段，为描述方便假定每个数据段的长度都是 500 B。当服务器成功收到序列号是 1 500 B 以及之前的所有字节时，会以序列号 1 500+1= 1 501 进行确认，表示期望接收到的数据段的序列号为 1 501。另外，由于数据段 N+3

传输失败，所以 HTTP 服务器未能收到序列号为 1 501 的字节，因此服务器还会再次以序列号 1 501 进行确认。

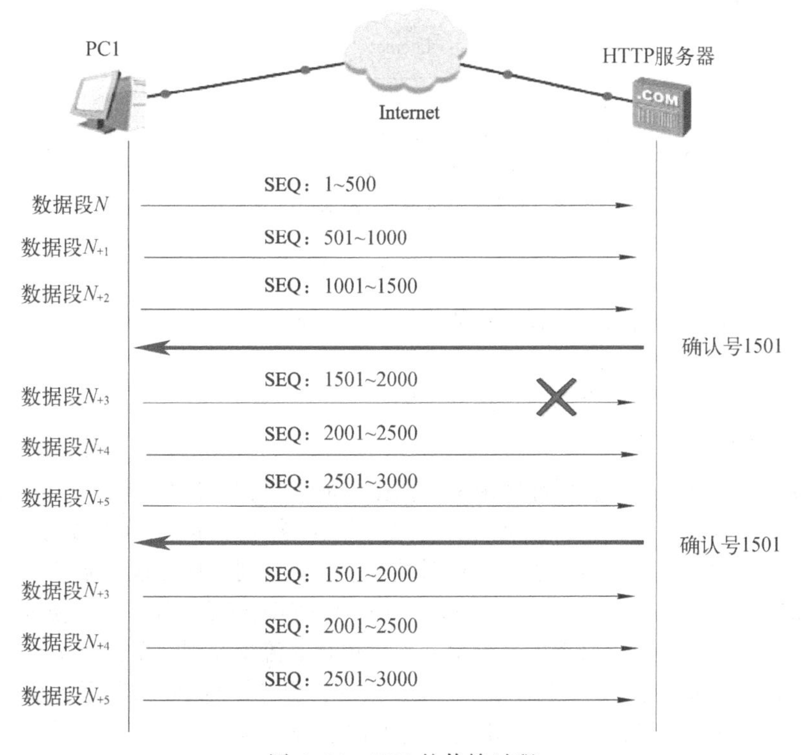


图 4-26　TCP 的传输过程

需要说明的是，TCP 的重传策略两种，分别是拉回方式和选择重传方式。图 4-26 所示为拉回重传方式，即如果服务器没有正确接收到 SEQ=1 501 的报文，不管之后的报文段接收是否正确，都要求从 1 501 重传，显然，这种方式效率比较低。而选择重传方式是只重传没有正确接收的报文段，而不需要重传已经接收的报文段。

（3）TCP 的连接释放

TCP 支持全双工的工作模式，也就是说在同一时刻两个方向都可以进行数据的传输。在传输数据之前，TCP 通过“三次握手”建立的实际上是两个方向的连接，因此在传输完毕后，两个方向的连接必须都关闭。

TCP 连接的建立是一个“三次握手”的过程，而 TCP 连接的终止则要经过“四次握手”。TCP传输连接的释放过程比较复杂，客户端和服务器端都可以主动提出连接释放请求。如图 4-27 所示是客户端主动提出请求连接释放的“四次握手”过程。

① 主机 PC1 想终止连接，于是向 HTTP 服务器发送一个标识了 FIN、ACK 的数据段，序列号为 a，确认序列号为 b。

② HTTP 服务器回应一个标识了 ACK 的数据段，序列号为 b，确认序号为 a+1，作为对主机 PC1 的 FIN 报文的确认。

③ HTTP 服务器想终止连接，于是向主机 PC1 发送一个标识了 FIN、ACK 的数据段，序列号为 b，确认序列号为 a+1。

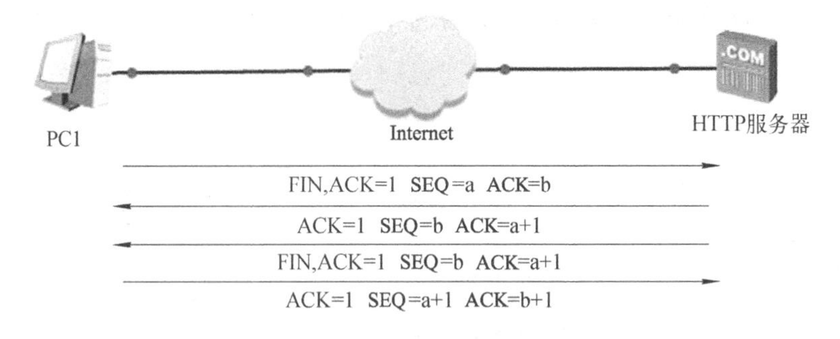


图 4-27 TCP 连接的释放

④ 主机 PC1 回应一个标识了 ACK 的数据段，序列号为 a+1，确认序号为 b+1，作为对 HTTP 服务器的 FIN 报文的确认。

以上四次交互便完成了两个方向连接的关闭。

### 4. TCP 的流量控制

TCP 连接的两端各分配一块缓冲区用来存储接收的数据，并将缓冲区的尺寸发送给另一端。接收方发送的确认信息中包含了自己剩余的缓冲区大小，剩余缓冲区空间的数量称为窗口。TCP 滑动窗口技术通过动态改变窗口大小来实现对端到端设备之间数据传输为流量控制。

如图 4-28 所示，PC1 和服务器之间通过滑动窗口来实现流量控制。为方便理解，此例中只考虑 PC1 发送数据给服务器，服务器通过滑动窗口进行的流量控制。开始服务器向 PC1 通告其窗口大小为 2 500 字节，则 PC1 发送第一个数据报后，服务器给 PC 进行了确认，并告知此时窗口大小 1 500 字节，一直到服务器发出窗口为 0 的通告，则 PC1 暂停发送，等服务器发出窗口大小为 2000 的数据确认时，PC1 会调整自己的发送速率。

### 5. TCP 的计时器

为了实现 TCP 协议的功能，TCP 使用了四类计时器（Timer），分别是重传计时器（Re-transmission Timer）、坚持计时器（Persistence Timer）、保活计时器（Kee-palive Timer）和时间等待计时器（Time-wait Timer）。

（1）重传计时器

如图 4-26 所示，TCP 的工作过程中，报文段或确认报文段在传输的过程中也可能会丢失。因此，TCP 使用重传计时器来控制报文确认与等待重传的时间。

当 TCP 发送一个报文段时，同时启动一个重传计时器，那么接下来可能会发生两种情况：若在计时器超时之前收到对报文段的确认，则撤销计时器；若在收到对该报文段的确认之前计时器超时，则重传该报文，并把计时器复位。概念很简单，但如何选择超时重传的时间却是 TCP 中非常重要也较复杂的一个问题。

由于 TCP 的下层是互联网环境，发送的报文段可能经过高速率的局域网，也可能经过低速率的广域网，且每个 IP 分组所走的路由也可能不同，不同时间网络的拥塞状况也不相同，所以数据报来回传送的时间是不断发生变化的。关于 TCP 中重传计时器超时重传时间的设置问题，RFC 2988 文档（2000 年）对“计算 TCP 重传计时器”进行了详细的讨论，有兴趣的读者可自行查询。

（2）坚持计时器

在图 4-28 中，TCP 的流量控制采用了滑动窗口的机制。要求发送端在接收到 0 窗口通告之后就停止数据报发送，直至收到接收端 TCP 一个非 0 窗口通告为止。但是，非 0 窗口通告报文可能会在传输的过程中丢失，那么发送端会一直等待接收方发送非 0 窗口通告，而接收端认为自己已发非 0 窗口通告，等待发送方传送数据，且对于非 0 窗口通告，因为只是一个包含确认的数据段，所以不存在重传计时器。则双方可能会一直相互等待，从而造成死锁。

为了防止出现此类情况，TCP 为每个连接使用坚持计时器。当发送方 TCP 接收到一个 0 窗口通告时，就开启坚持计时器。当坚持计时器时间结束，发送方 TCP 会发送一个特殊的报文段，称为探测（Probe）。这个报文只包含 1 字节的数据，它有一个序号，但它的序号不需要被确认。该探测报文的作用是提示接收端 TCP：刚所发的非 0 窗口通告丢失，需要重传。

坚持计时器的值被设置为重传时间的数值。但是，如果第一个探测报文没有收到应答，则会发送另一个探测报文，且坚持计时器的数值会被加倍重置。若还是没有应答，发送方继续发送探测段并加倍重置坚持计时器数值，直到这个数值到达阈值（通常为 60 s）。之后，发送方每 60 s 发送一个探测段，直到窗口重新打开。

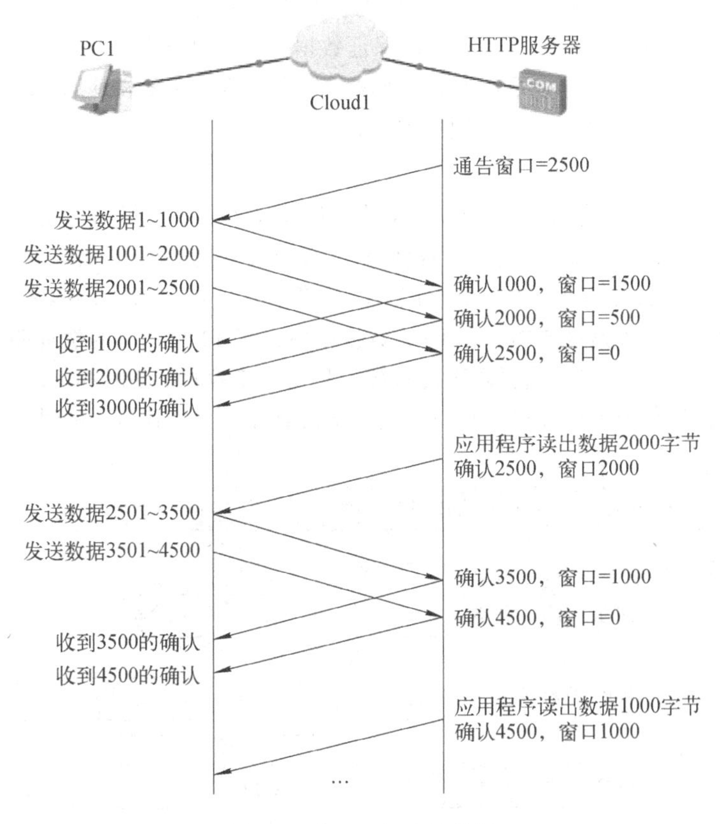


图 4-28　TCP 的流量控制

（3）保活计时器

保活计时器通常在某些实现中使用，用来防止两个 TCP 之间的长期空闲连接。假设一个客户端与一个服务器建立了连接，传输了一些数据后进入沉默状态，也许客户端已经瘫痪。在这种情况下，连接会永远保持打开。

为了防止出现这种情况，给服务器配备保活计时器。每当服务器从客户端收到一次数据，就重置计时器。超时时间通常是 2 h，如果服务器在 2 h 内没有收到客户端数据，那么它就会每隔一个时间段（如 75 s）发送一个探测报文段。如果发送 10 个探测报文段之后仍无客户端响应，那么服务器就判断客户端出现了故障，将终止这个连接。

（4）时间等待计时器

为了保证 TCP 连接的释放，TCP 设置了时间等待计时器。当 TCP 关闭一个连接时，它并不认为这个连接马上真正关闭。这时，客户端进入“Time-wait”状态，需要再等待两个最长报文寿命（Maximum Segment Lifetime，MSL）时间之后，才真正进入“Close 关闭”状态。

如图 4-27 所示，TCP 连接的释放需要经过四次握手过程，四次握手之后，确认双方已经同意释放连接，此时，客户端仍需延迟 2 个 MSL 时间，确保服务器在最后阶段发给客户端的数据，以及客户端发给服务器端的最后一个 ACK 报文都能被正确接收，防止连接释放失败。

## 4.6.4 UDP 协议

UDP 是一种面向无连接的传输层协议，传输可靠性低。UDP 将数据从源端发送到目的端时，无须事先建立连接。UDP 采用了简单、易操作的机制在应用程序间传输数据，没有使用 TCP 中的确认技术或滑动窗口机制，因此 UDP 不能保证数据传输的可靠性，也无法避免接收到重复数据的情况。当应用程序对传输的可靠性要求不高，但是对传输速度和延迟要求较高时，可以用 UDP 协议来替代 TCP 协议在传输层控制数据的转发。

### 1. UDP 数据报格式

如图 4-29 所示，UDP 报文的首部非常简单，只有 8 个字节，每个字段 2 个字节，共 4 个字段，分别是源端口、目的端口、长度和校验和。其中长度是指 UDP 头部和 UDP 数据的字节长度，因为 UDP 头部长度为 8 字节，所以该字段的最小值为 8。校验和字段提供了与 TCP 校验字段同样的功能，该字段是可选的。在 UDP 数据报中，有 12 个字节的伪首部，之所以称为伪首部，是因为不是 UDP 用户数据报真正的首部，只是在校验时，临时和 UDP 用户数据报连接在一起，该字段仅仅是为了计算校验和，防止报文被意外地交付到错误的目的地。

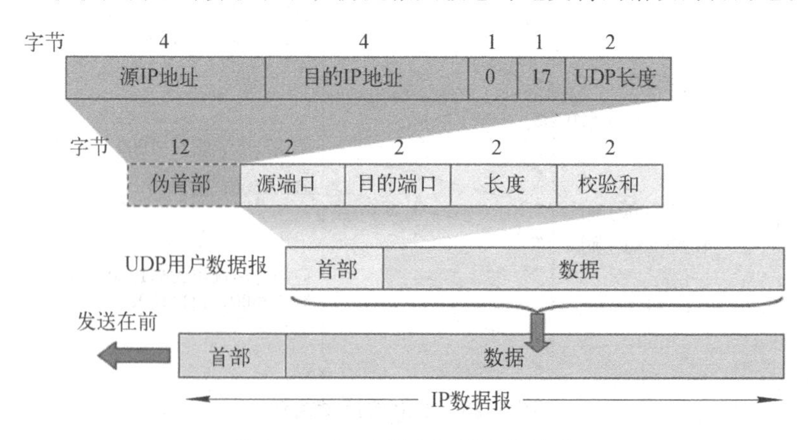


图 4-29　UDP 用户数据报的格式

### 2. UDP 的传输

图 4-30 所示为 UDP 的数据传输过程中可能会发生的情况。在使用 TCP 协议传输数据时，

如果一个数据段丢失或者接收端对某个数据段没有确认，发送端会重新发送该数据段。但 UDP 不提供重传机制，肯定会存在丢包现象，对于延迟敏感的应用，如语音、视频等，少量的数据丢失一般可以被忽略，所以对此类传输延迟敏感的应用，通常使用 UDP 作为传输层协议。

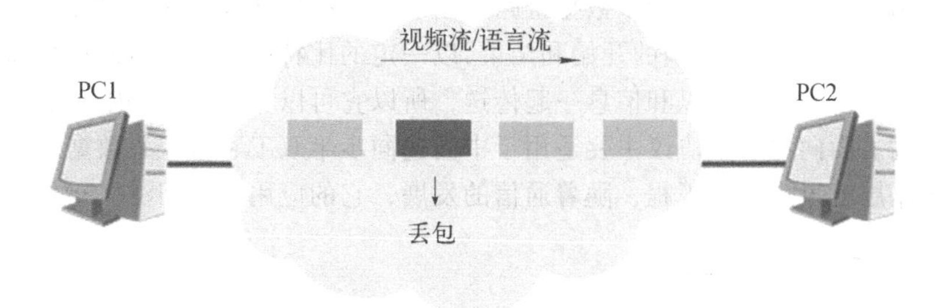


图 4-30　UDP 的数据传输

3．UDP 协议适用的范围

根据 UDP 协议的特点，UDP 多应用于以下几个方面：

（1）视频播放类应用

在 Internet 上播放视频时，用户关心的是视频流能否流畅地播放，丢失个别数据报文对视频节目的播放效果不会产生太大的影响。所以，对数据交付实时性要求较高，不太关心数据丢失的应用，UDP 协议更为适用。

（2）简短的交互式应用

有一类应用只需要进行简单的请求与应答报文的交互，即每次发送很少量的数据，在这种情况下，应用程序易选择 UDP 协议，其可靠性可以通过实时传输机制和时间戳来处理 IP 分组的丢失问题。

（3）多播与广播应用

UDP 协议支持一对一、一对多与多对多的交互式通信，而 TCP 却不支持这种应用。并且，UDP 协议不提供拥塞控制，当网络拥塞时不需要让源主机降低发送速率，而是直接丢弃个别报文解决拥塞，这种情况对于 IP 电话、实时视频会议应用是适用的。

任何事情都有其两面性，UDP 协议简洁、快速、高效，但在差错控制与拥塞控制上却差强人意，应用在使用 UDP 协议传输数据时，由应用程序根据需要提供报文到达确认、排序、流量控制等功能。

## 4.7　HDLC 协议

为了适应数据通信的需要，ISO、ITU-T 以及一些大的计算机制造公司先后制定了不同类型的数据链路控制规程（协议）。根据帧控制的格式，这些规程可分为面向字符型规程和面向比特型规程。国际标准化组织制定的 ISO 1745、IBM 公司的二进制同步规程 BSC 以及我国国家标准都属于面向字符型的协议，又称为基本型传输控制协议。在这类协议中，用字符编码集中的几个特定字符来控制链路的操作，监视链路的工作状态，例如，采用国际 5 号码中的 SOH、STX 作为帧的开始，ETX、ETB 作为帧的结束，ENQ、EOT、ACK、NAK 等字符控制链路操作。面向字符型协议最大的缺点是协议的功能与其所用的字符集有密切的关系，使用不同字符集的两个站之间很难使用该协议进行通信。面向字符型协议主要适用于中低速异步或同步传输，适合于电话网的数据通信。HDLC（High-Level Data Link Control，高级数据链路控制）协议是一种典型的面向比特型的数据链路层协议，它是由国际标准化组织根据 IBM 公司的 SDLC（Synchronous Data Link Control，同步数据链路控制）协议扩展开发而成。在此协议中，采用特定的二进制序列 01111110 作为帧的开始和结束，以一定的比特组合所表示的命令和响应实现链路的监控功能，命令和响应可以和信息一起传送，所以它可以实现不编码限制的、高可靠和高效率的透明传输。面向比特型协议主要适用于中高速同步半双工和全双工数据通信，如分组交换方式中的链路层就采用这种规程，随着通信的发展，它的应用日益广泛。

### 4.7.1 HDLC 协议相关概念

**1．主站、从站、复合站**

HDLC 涉及三种类型的站：主站、从站和复合站。

① 主站的主要功能是发送命令（包括数据信息）帧、接收响应帧，并负责对整个链路控制系统的初启、流程的控制、差错检测或恢复等。

② 从站的主要功能是接收由主站发来的命令帧，向主站发送响应帧，并且配合主站参与差错检测或恢复等链路控制。

③ 复合站的主要功能是既能发送、又能接收命令帧和响应帧，并且负责整个链路的控制。

**2．HDLC 链路配置方式**

HDLC 的链路配置方式分为非平衡配置和平衡配置两种。

（1）非平衡配置方式

非平衡配置方式下的主站控制数据链路的工作过程并发出命令；从站接受命令，发出响应，配合主站工作。HDLC 又分为点到点链路和多点链路，如图 4-31 和图 4-32 所示。

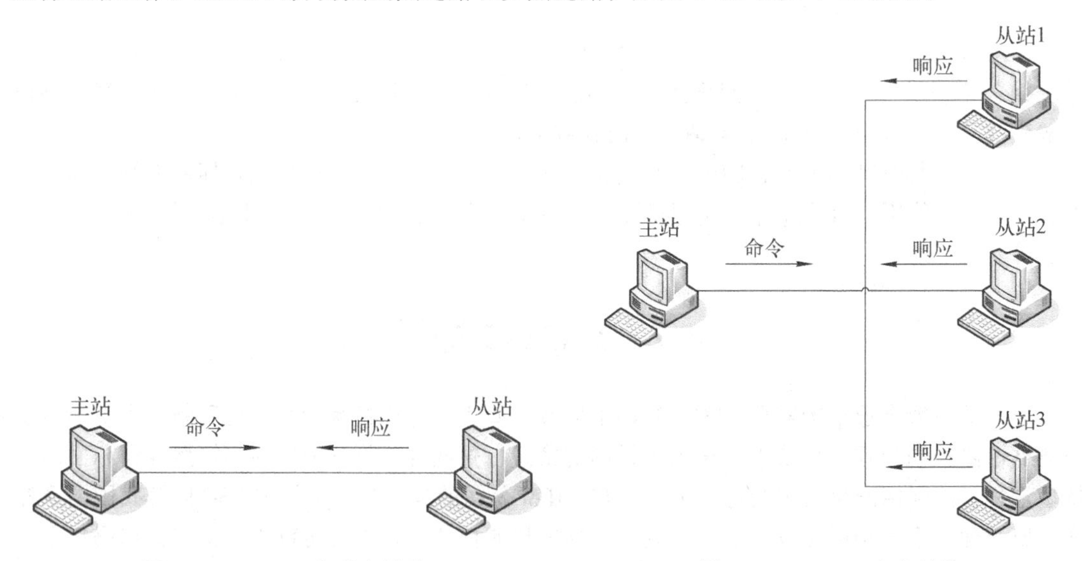


图 4-31　HDLC 点到点链路　　图 4-32　HDLC 多点链路

（2）平衡配置方式

该方式下的复合站同时具有主站和从站的功能，每个复合站都能发出命令和响应。平衡配置方式中，链路两端的两个站都是复合站，如图 4-33 所示。

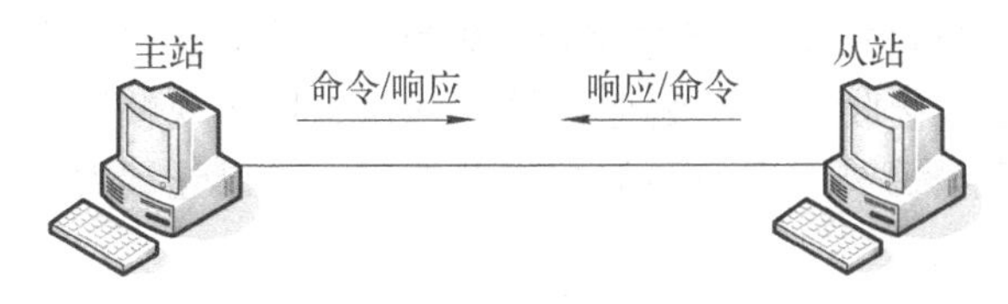


图 4-33　HDLC 平衡配置方式

### 3. HDLC 操作方式

根据通信双方的链路结构和传输响应类型，HDLC 提供了三种操作方式：正常响应方式、异步响应方式和异步平衡方式。

（1）正常响应方式（Normal Response Mode，NRM）

正常响应方式适用于不平衡链路结构，即用于点到点链路和多点链路结构中，特别是多点链路。这种方式中，由主站控制整个链路的操作，负责链路的初始化、数据流控制和链路复位等。从站的功能很简单，它只有在收到主站的明确允许后，才能发出响应。

（2）异步响应方式（Asynchronous Response Mode，ARM）

异步响应方式也适用于不平衡链路结构。它与正常响应方式不同的是：在异步响应方式中，从站不必得到主站的允许就可以开始传输数据。显然它的传输效率比正常响应方式有所提高。在这种传输模式下，由从站来控制超时和重发。该方式对采用轮询方式的多站链路来说是必不可少的。

（3）异步平衡方式（Asynchronous Balanced Mode，ABM）

异步平衡方式适用于平衡链路结构。为了提高链路传输效率，结点之间在两个方向上都需要较高的信息传输量。链路两端的复合站具有同等的能力，不管哪个复合站均可在任意时间发送命令帧，并且不需要收到对方复合站发出的命令帧就可以发送响应帧。ITU-T X.25 协议的数据链路层就采用这种方式。

## 4.7.2　HDLC 协议帧结构

HDLC 的帧格式如图 4-34 所示，由六个字段组成，这六个字段可分为五种类型：标志序列（F）、地址字段（A）、控制字段（C）、信息字段（I）、帧校验序列字段（FCS）。在帧结构中允许不包含信息字段 I。

| 标志 8 bit | 地址 8 bit | 控制 8 bit | 信息 $n$×8 bit | 校验码 6或32 bit | 标志 8 bit |
|---|---|---|---|---|---|
| F | A | C | I | FCS | F |

| 1 | 2 | 3 | 4 | 5 | 6 | 7 | 8 |
|---|---|---|---|---|---|---|---|
| 0 | N（S） | | | P/F | N（R） | | |
| 1 | 0 | S | | P/F | N（R） | | |
| 1 | 1 | M | | P/F | M | | |

图 4-34　HDLC 帧结构

1．标志序列（F）

HDLC 指定采用 01111110 作为标志序列，称为 F 标志。要求所有的帧必须以标志序列 F 作为开始和结束标志。接收设备不断地搜寻 F 标志，以实现帧同步，从而保证接收部分对后续字段的正确识别。另外，在帧与帧的空载期间，可以连续发送 F 标志，用来做时间填充。

在一串数据比特中，有可能产生与标志字段的码型相同的比特组合。为了防止这种情况产生，保证对数据的透明传输，HDLC 协议采取了比特填充技术（“0”比特插入/删除法）。当采用比特填充技术时，在信息字段连续出现 5 个“1”之后，不管后面是“1”还是“0”，将插入 1 个“0”；而在接收端，则去除 5 个“1”之后的“0”，恢复原来的数据序列。比特填充技术的采用排除了在信息流中出现标志字段的可能性，保证了对数据信息的透明传输。

当连续传输两帧时，前一个帧的结束标志字段 F 可以兼作后一个帧的起始标志字段。当暂时没有信息传送时，可以连续发送标志字段，使接收端可以一直保持与发送端同步。

2．地址字段（A）

地址字段表示链路上站的地址。在使用非平衡配置方式传送数据时（如 NRM 和 ARM），地址字段总是写入从站的地址；在使用平衡方式时（如 ABM），地址字段总是写入应答站的地址。地址字段的长度一般为 8 bit，最多可以表示 256 个站的地址。在许多系统中规定，地址字段为“11111111”时，定义为全站地址，即通知所有的接收站接收有关的命令帧并按其动作；全“0”比特为无站地址，用于测试数据链路的状态。

3．控制字段（C）

控制字段用来表示帧类型、帧编号以及命令、响应等。从图 4-34 可见，由于控制字段的构成不同，可以把 HDLC 协议的帧分为三种类型：信息帧、监控帧、无编号帧，分别简称 I 帧、S 帧、U 帧。控制字段的 P/F 位为查询/结束（Poll/Final）比特，作为命令帧发送时的查询比特，以 P 位出现；作为响应帧发送时的结束比特，以 F 位出现。

4．信息字段（I）

信息字段内包含了用户的数据信息和来自上层的各种控制信息。在 I 帧和某些 U 帧中，具有该字段，它可以是任意长度的比特序列。在实际应用中，其长度由收发站缓冲区的大小和线路的差错情况决定，但必须是 8 bit 的整数倍。

5．帧校验序列字段（FCS）

帧校验序列字段用于对帧进行循环冗余校验，其校验范围从地址字段的第 1 比特到信息字段的最后 1 个比特，并且规定为了透明传输而插入的“0”不在校验范围内。

## 4.7.3 HDLC 协议的帧类型

HDLC 协议有三种类型的帧，分别是信息帧、监控帧和无编号帧。

1．信息帧（I 帧）

信息帧用于传送有效信息或数据，通常简称 I 帧。I 帧以控制字段第 1 位为“0”来标志。信息帧控制字段中的 N(S)表示发送帧序号，使发送方不必等待确认而连续发送多帧；N(R)表示

接收方下一个希望要接收的帧的序号。例如 N(R)=5，即表示接收方希望接收的下一帧的编号为 5，编号为 5 之前的各帧都已经正确接收。因此，N(R)有捎带确认的意思。N(S)和 N(R)均为 3 位二进制编码，可取值 0～7。

2. 监控帧（S 帧）

监控帧用于监视和控制数据链路以及完成信息帧的接收确认、重发请求、暂停发送等功能。监控帧不含有信息字段。监控帧共有四种，如表 4-3 所示。

表 4-3　监控帧的名称和功能

| 记忆符 | 含　义 | 比　特 | | 功　能 |
|---|---|---|---|---|
| | | $b_2$ | $b_3$ | |
| RR | 接收准备好 | 0 | 0 | 确认，已正确接收编号为 N(R)以前的各帧，且准备接收编号为 N(R)的帧 |
| RNR | 接收未准备好 | 1 | 0 | 确认，已正确接收编号为 N(R)以前的各帧，暂停接收编号为 N(R)的帧 |
| REJ | 拒绝接收 | 0 | 1 | 否认，已正确接收编号为 N(R)以前的各帧，编号为 N(R)及其之后的各帧需要重发 |
| SREJ | 选择拒绝接收 | 1 | 1 | 否认，已正确接收编号为 N(R)以前的各帧，重发编号为 N(R)的帧 |

3. 无编号帧（U 帧）

无编号帧用于数据链路的控制，它本身不带编号，可以在任何需要的时刻发出，不影响带编号的信息帧的交换顺序。它可分为命令帧和响应帧。用 5 个比特位（即 M1、M2）来表示不同功能的无编号帧。HDLC 所定义的部分无编号帧名称和代码如表 4-4 所示。

表 4-4　无编号帧的名称和代码

| 记忆符 | 含　义 | 类　型 | | M1 | M2 |
|---|---|---|---|---|---|
| | | 命令（C） | 响应（R） | $b_3$ $b_4$ | $b_6$ $b_7$ $b_8$ |
| SNRM | 置正常响应模式 | C | | 0 0 | 0 0 1 |
| SARM/DM | 置异步响应模式/断开方式 | C | R | 1 1 | 0 0 0 |
| SABM | 置异步平衡模式 | C | | 1 1 | 1 0 0 |
| DISC/RD | 断链/请求断链 | C | R | 0 0 | 0 1 0 |
| RESET | 复位 | C | | 1 1 | 0 0 1 |
| FRMR | 帧拒绝 | | R | 1 0 | 0 0 1 |
| UA | 无编号确认 | | R | 0 0 | 1 1 0 |

## 4.7.4 HDLC 协议工作实例

在 HDLC 协议中，整个数据通信一般分为三个阶段：数据链路建立阶段、数据传输阶段、

数据链路释放阶段。第 2 阶段的完成需要用到信息帧和监控帧，第 1、3 阶段的完成需要用到无编号帧。

图 4-35 为图 4-32 多点链路中主站与从站 1 和从站 2 链路的建立、数据传输及链路释放的过程。主站先向从站 1 发出置正常响应模式 SNRM 的命令，并将 P 置 1，要求从站 1 做出响应。从站 1 同意建立链路后，发送无编号确认帧 UA 的响应，将 F 置 1，双方即完成数据链路的建立。之后，主站和从站 2 通过类似的步骤在两者之间建立数据链路。建立数据链路之后，主站和从站 1、从站 2 之间就可以进行数据传输。当数据传送完毕后，主站分别向从站 1 和从站 2 发出断链命令 DISC，从站 1 和从站 2 分别用无编号确认帧 UA 响应，释放主从站之间的数据链路。

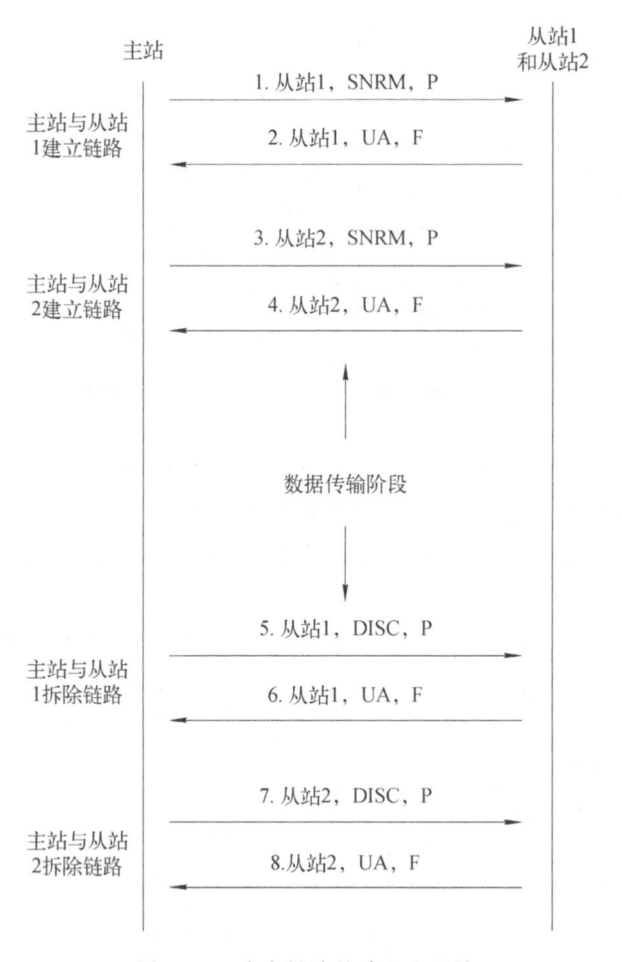


图 4-35　多点链路的建立和释放

图 4-36 为点到点数据链路中两个站都是复合站的情况。复合站 1 先发出置异步平衡模式 SABM 的命令，复合站 2 响应一个无编号帧 UA 后，双方即完成了数据链路的建立。由于双方都是复合站，因此任何一个站均可在其数据传送完毕后发出 DISC 命令提出链路拆除的请求，另外一方如果没有数据传输，将用 UA 帧响应，完成双方之间数据链路的释放。

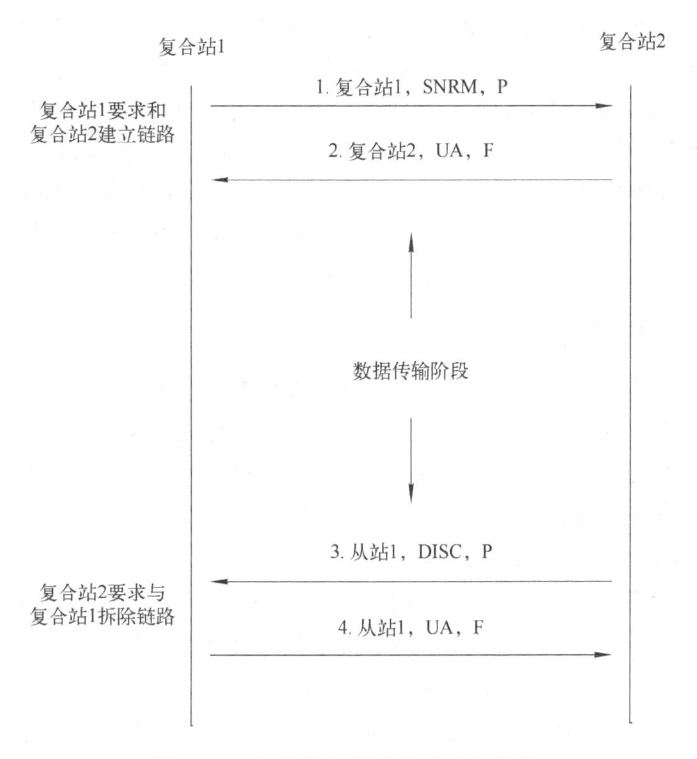


图 4-36　复合站间链路的建立和释放

### 4.7.5　HDLC 协议的优点

与面向字符型的数据链路层协议相比较，HDLC 具有以下优点：

**1．数据透明传输**

HDLC 协议可以实现对任意比特组合数据的透明传输。因为 HDLC 协议采用了“0 比特插入/删除法”，对传输信息的比特组合模式无任何限制，处理简单。

**2．可靠性高**

在 HDLC 规程中，差错控制的范围是除了 F 标志的整个帧；另外，HDLC 协议中对信息帧进行了编号传输，有效地防止了帧的重收和漏收。

**3．传输效率高**

在 HDLC 中，额外的开销比特少，允许高效的差错控制和流量控制。

**4．适应性强**

HDLC 规程能适应各种比特类型的工作站和链路。

**5．结构灵活**

在 HDLC 中，传输控制功能和处理功能分离，层次清楚，应用非常灵活。

## 4.8　PPP 协议

PPP（Point-to-Point Protocol）协议是一个点到点的数据链路层协议，目前是 TCP/IP 网络中最重要的点到点数据链路层协议。PPP 协议由 IETF 开发，已被广泛使用并成为国际标准。PPP 协议作为一种提供在点到点链路上传输、封装网络层数据包的数据链路层协议，还提供同时处理 TCP/IP、IPX 和 AppleTalk 的多协议局域网到广域网的连接。PPP 协议可在 ATM( Asynchronous Transfer Mode，异步传输模式）、帧中继、ISDN 和光纤链路上传输。PPP 协议支持错误检测、选项商定、头部压缩等机制，同时支持口令验证协议（Password Authentication Protocol，PAP）和更有效的挑战握手认证协议（Challenge Handshake Authentication Protocol，CHAP），从而保证了网络的安全性，因此在当今的网络中得到普遍的应用。

### 4.8.1 PPP 协议的组成

PPP 作为数据链路层的协议，在物理上可使用各种不同的传输介质，包括双绞线、光纤及无线传输介质，在数据链路层提供了一套解决链路建立、维护、拆除和上层协议协商、认证等问题的方案；在帧的封装格式上，PPP 协议采用的是一种 HDLC 协议的变化形式；其对网络层协议的支持则包括多种不同的主流协议，如 IP 和 IPX 等。PPP 协议主要由以下两类协议组成：

**1. 链路控制协议**（Link Control Protocol，LCP）

链路控制协议主要用于数据链路连接的建立、拆除和监控；主要完成 MTU( 最大传输单元 )、质量协议、验证协议、魔术字、协议域压缩、地址和控制域压缩等参数的协商。

**2. 网络控制协议**（Network Control Protocol，NCP）

网络控制协议主要用于协商在该链路上所传输数据的格式与类型，建立和配置不同的网络层协议。

### 4.8.2 PPP 协议的帧结构

PPP 协议的帧结构如图 4-37 所示。

| 标志<br>8 bit | 地址<br>8 bit | 控制<br>8 bit | 协议<br>8 bit | 信息<br>*N* bit | 校验码<br>16 bit | 标志<br>8 bit |
|---|---|---|---|---|---|---|
| F | A | C | P | I | FCS | F |

图 4-37　PPP 协议帧结构

PPP 协议帧的各个字段的说明如下：

**1. 标志字段**（F）

每一个 PPP 数据帧均是以一个标志字节起始和结束的，该字节为 0x7E。

**2. 地址字段**（A）

该字段为固定值 0xFF，表明主、从端的状态都为接收状态。由于 PPP 协议是被运用在点到点的链路上，它不像广播或多点访问的网络需要标识通信的对方。点到点的链路可以唯一标识对方，因此使用 PPP 协议互连的通信设备的两端无须知道对方的数据链路层地址，所以该字节已无任何意义，按照协议的规定将该字节填充为全 1 的广播地址。

**3. 控制字段**（C）

和地址字段一样，PPP 数据帧的控制字段也没有实际意义，按照协议的规定，通信双方将该字节的内容填充为 0x03。

#### 4. 协议字段（P）

协议字段用来区分 PPP 数据帧中信息字段所承载的数据报文的内容。协议字段的内容必须依据 ISO 3309 的地址扩展机制规定。该机制规定协议域所填充的内容必须为奇数，即要求低字节的最低位为“1”，并且高字节的最低位为“0”。最典型的几种取值有：

① 0xC021，表示信息字段中承载的是链路控制协议（LCP）的数据报文。

② 0x8021，表示信息字段中承载的是网络控制协议（NCP）的数据报文。

③ 0x0021，表示信息字段中承载的是 IP 数据报文。

④ 0xC023，表示信息字段承载的是 PAP 协议的认证报文。

⑤ 0xC223，表示信息字段承载的是 CHAP 协议的认证报文。

#### 5. 信息字段（I）

信息字段默认时最大长度不能超过 1 500 字节，其中包括填充域的内容。1 500 字节大小等于 PPP 协议中配置参数选项 MRU（Maximum Receive Unit）的默认值，在实际应用当中可根据实际需要进行信息域最大封装长度选项的协商。信息字段如果不足 1 500 字节时可被填充，但不是必需的，如果填充则需通信双方的两端能辨认出有用与无用的信息方可正常通信。

### 4.8.3 PPP 协议的协商过程

PPP 链路的建立是通过一系列的协商完成的。其中，链路控制协议除了用于建立、拆除和监控 PPP 数据链路，还主要进行数据链路层特性的协商，如 MTU、验证方式等；网络层控制协议主要用于协商在该数据链路上所传输的数据的格式和类型。

PPP 协议在建立链路之前要进行一系列的协商过程。PPP 协议的协商过程大致可分为如下几个阶段：Dead（链路不可用）阶段、Establish（链路建立）阶段、Authenticate（验证）阶段、Network（网络层协议）阶段、Terminate（链路终止）阶段，如图 4-38 所示。

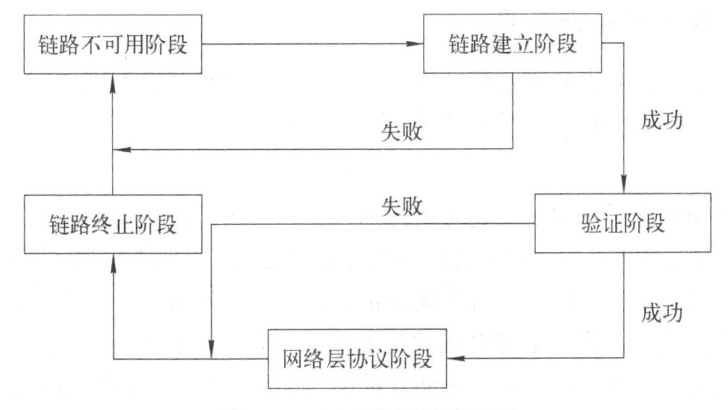


图 4-38　PPP 协议协商过程

#### 1. 链路不可用阶段

链路不可用阶段又称物理层不可用阶段，PPP 链路都需要从这个阶段开始和结束。当通信双方的两端检测到物理线路激活（通常是检测到链路上有载波信号）时，就会从当前这个阶段跃迁至下一个阶段（即链路建立阶段）。在链路不可用阶段，LCP 状态机有两个状态：Initial（初始化状态）和 Starting（准备启动状态）。一旦检测到物理线路可用，LCP 的状态机就要发生改变。当链路被断开后也同样会返回到这个阶段，往往在实际过程中这个阶段的时间是很短的，仅仅是检测到对方设备的存在。

**2. 链路建立阶段**

该阶段主要是发送一些配置报文来配置数据链路，这些配置的参数不包括网络层协议所需的参数。

**3. 验证阶段**

某些链路可能要求对端验证之后才允许网络层协议数据报在链路上传输，在默认值中验证是不要求的。如果某个应用要求对端采用特定的验证协议进行验证，则必须在链路建立阶段发出使用这种协议的请求。只有当验证通过后才可以进入网络层协议阶段。在这个阶段只允许链路控制协议、验证协议和链路质量检测的数据报进行传输，其他的数据报都应丢弃。在该阶段支持PAP和CHAP两种认证方式,验证方式的选择是依据在链路建立阶段双方进行协商的结果。

**4. 网络层协议阶段**

当PPP协议完成了前面几个阶段后，每种网络层协议（IP、IPX和AppleTalk）会通过各自相应的网络控制协议进行配置，每个NCP协议可在任何时间打开和关闭。在这个阶段，链路上传输的有可能是LCP、NCP和网络层协议的数据报组合。

**5. 链路终止阶段**

PPP协议可以在任何时候终止链路，这可能是由于载波信号的丢失、验证不通过、链路质量不好、定时器超时或管理员人为关闭链路。PPP通过交换LCP的链路终止报文来关闭链路；当链路关闭时，链路层会通知网络层做相应的操作，而且也会通过物理层拆除连接从而强行终止链路。但验证失败时，发出终止请求的一方必须收到终止应答或者重起计数器超过最大终止计数次数才断开连接。收到终止请求的一方必须等对方先断开连接，而且在发送终止应答之后必须等至少一次重起计数器超时才能断开连接，之后PPP回到链路不可用状态。

### 4.8.4 PPP协议身份验证方式

PPP协议包含了通信双方身份验证的安全性协议。在网络层协商网络地址之前，首先必须通过身份验证。PPP的身份验证有两种方式：PAP和CHAP。

**1. PAP**

PAP协议是“两次握手”协议，通过用户名及口令进行用户的身份验证。其过程如下，当验证时，被验证方首先将自己的用户名及口令发送到验证方，验证方根据本端的用户数据库（或Radius服务器）查看是否有此用户，口令是否正确，如果正确则发送Ack报文通知对端进入下一阶段协商，否则发送Nak报文通知对端验证失败。此时，并不直接将链路关闭，只有当验证失败达到一定次数时才关闭链路，以此来防止因网络误传、网络干扰等因素造成不必要的LCP重新协商的过程。PAP是在网络上以明文的方式传送用户名及口令，安全性不高。PAP身份验证方式如图4-39所示。

**2. CHAP**

CHAP为“三次握手”协议，只在网络上传用户名而不传口令，因此安全性比PAP高。其验证过程为：首先验证方向被验证方发送一些随机的报文，并加上自己的主机名；被验证方收到验证方的验证请求，通过收到的主机名和本端的用户数据库查找用户口令字（密钥），如果找到用户数据库中和验证方主机名相同的用户，便利用接收到的随机报文、此用户的密钥和报

文 ID 用 MD5 加密算法生成应答，随后将应答和自己的主机名送回；验证方收到此应答后，利用对端的用户名在本端的用户数据库中查找本方保留的口令字,用本方保留的用户的口令字(密钥)、随机报文和报文 ID 用 MD5 加密算法生成结果,与被验证方的应答比较,相同则返回 Ack,否则返回 Nak。CHAP 协议不仅在连接建立阶段进行，在以后的数据传输阶段也可以按随机间隔继续进行，但每次验证方和被验证方的随机数据都应不同，以防被第三方猜出密钥。如果验证方发现结果不一致，将立即切断线路。CHAP 身份验证方式如图 4-40 所示。

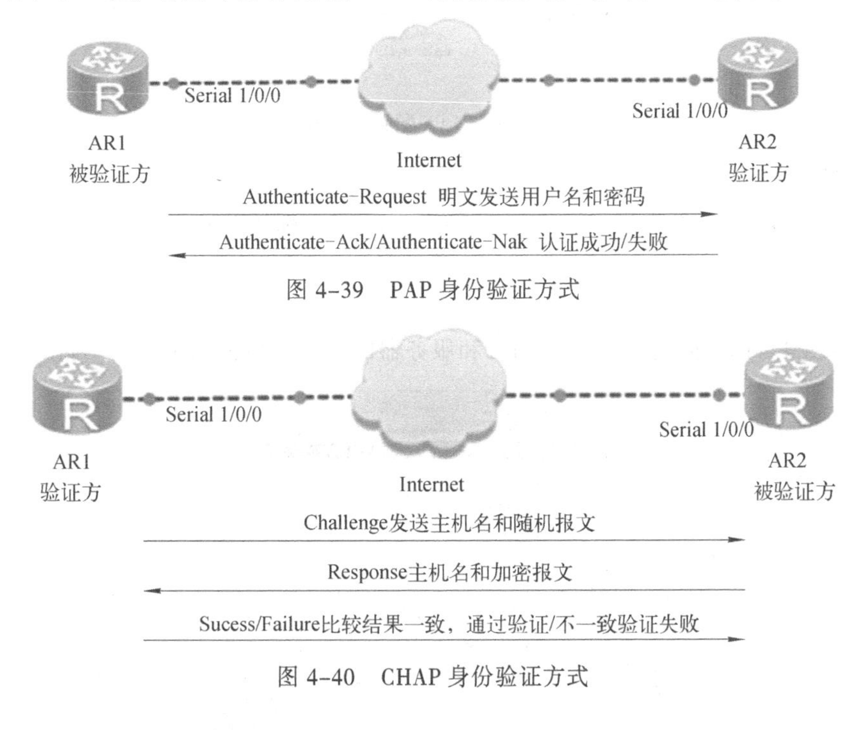


图 4-39　PAP 身份验证方式

图 4-40　CHAP 身份验证方式

# 实 训 练 习

## 实训 1　实现 NAT 配置

### 实训目的

① 了解 NAT 技术的原理和实现方式。

② 掌握 NAT 配置方法。

### 实训内容

NAT 将网络划分为内部网络和外部网络两部分。Inside 表示内部网络，这些网络的地址需要被转换。在内部网络中，每台主机都分配一个内部 IP 地址，但与外部网络通信时，又表现为另一个地址，前者称为内部本地地址，后者称为内部全局地址。Outside 是指内部网络需要连接的网络，一般指互联网，也可以是另外一个机构的网络。外部的地址也可以被转换，外部主机也同时具有内部地址和外部地址。外部本地地址是外部网络的主机在内部网络中表现的 IP 地址，该地址是内部可路由地址，一般不是注册的全局唯一地址。外部全局地址是外部网络分配给外部主机的 IP 地址，该地址为全局可路由地址。

本实训利用 NAT 实现外网主机访问内网服务器，其拓扑结构如图 4-41 所示。

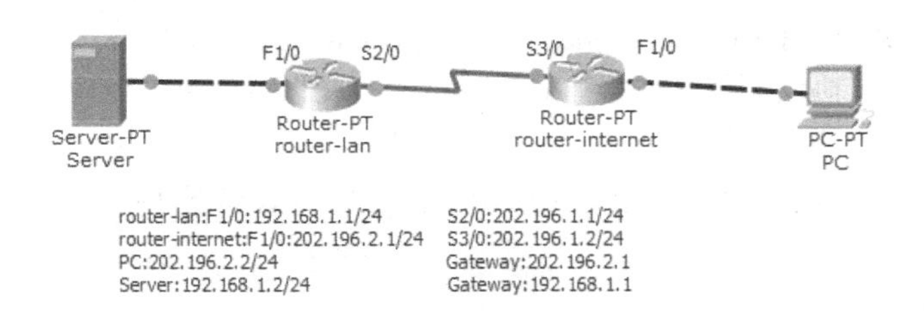


图 4-41　NAT 配置拓扑图

**实训条件**

Cisco Packet Tracer、路由器（2 台）、计算机（2 台）、配置电缆（1 根）、直连线（2 根）、V35 线缆（1 根）。

**实训步骤**

① 按照图 4-41 所示的连线，配置 PC 和服务器的 IP、子网掩码及网关，如图 4-42 所示。

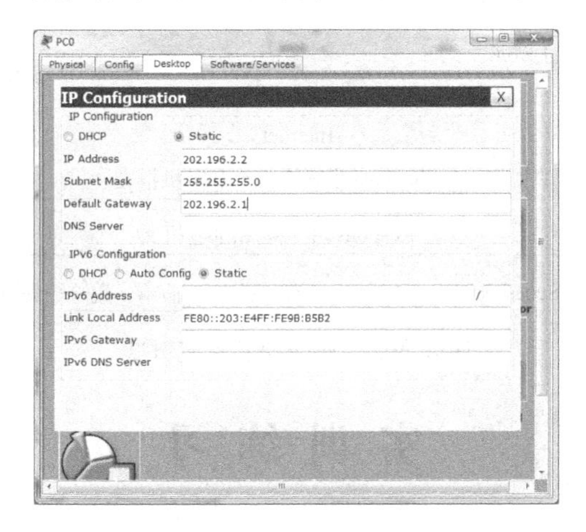


图 4-42　IP 地址配置

② 基本配置。

a. router-lan 的基本配置。

```
Router>enable
Router#configure terminal
Router(config)#hostname router-lan
router-lan(config)#interface FastEthernet1/0
router-lan(config-if)#ip address 192.168.1.1 255.255.255.0
router-lan(config-if)#no shutdown
router-lan(config-if)#exit
router-lan(config)#interface Serial2/0
router-lan(config-if)#clock rate 64000
router-lan(config-if)#ip address 202.196.1.1 255.255.255.0
router-lan(config-if)#no shutdown
```

b. router-internet 的基本配置。

```
Router>enable
Router#configure terminal
Router(config)#hostname router-internet
router-internet(config)#interface Serial3/0
router-internet(config-if)#ip address 202.196.1.2 255.255.255.0
router-internet(config-if)#no shutdown
router-internet(config-if)#exit
router-internet(config)#interface FastEthernet1/0
router-internet(config-if)#ip address 202.196.2.1 255.255.255.0
router-internet(config-if)#no shutdown
```

③ 在 router-LAN 上配置 NAT。

```
router-lan(config)#int f1/0
router-lan(config-if)#ip nat inside
router-lan(config-if)#exit
router-lan(config)#int s2/0
router-lan(config-if)#ip nat outside
router-lan(config-if)#exit
!定义内网服务器地址池
router-lan(config)#ip nat pool inside-server 192.168.1.2 192.168.1.2 netmask
255.255.255.0
!定义外网的公网 IP 地址
router-lan(config)#access-list 2 permit host 202.196.1.1
!将外网的公网 IP 地址转换为 Web 服务器地址
router-lan(config)#ip nat inside source list 2 pool inside-server
!定义访问外网 IP 的 80 端口时转换为内网的服务器 IP 的 80 端口
router-lan(config)#ip nat inside source static tcp 192.168.1.2 80 202.196.1.1
80
```

④ 测试验证。

PC 对服务器进行 Web 访问：http://202.196.1.1，然后在 router-LAN 上查看 NAT 映射关系，如图 4-43 所示。

```
router-lan#show ip nat translation
Pro  Inside global      Inside local       Outside local      Outside global
tcp 202.196.1.1:80      192.168.1.2:80     ---                ---
tcp 202.196.1.1:80      192.168.1.2:80     202.196.2.2:1048   202.196.2.2:1048
tcp 202.196.1.1:80      192.168.1.2:80     202.196.2.2:1049   202.196.2.2:1049
```

图 4-43　NAT 映射关系

问题及思考

① NAT 的静态和动态配置各有什么特点？

② 配置 NAT 过程中需要注意什么？

## 实训 2　学习 ARP 工作过程

实训目的

① 了解 ARP（地址解析协议）的工作原理和重要作用。

② 掌握 ARP 的工作过程。

**实训内容**

ARP（Address Resolution Protocol，地址解析协议）是将 IP 地址解析为以太网 MAC 地址（或称物理地址）的协议。

在局域网中，当主机或其他网络设备有数据要发送给另一个主机或设备时，它必须知道对方的网络层地址（即 IP 地址）。但是仅仅有 IP 地址是不够的，因为 IP 数据报文必须封装成帧才能通过物理网络发送，因此发送站还必须有接收站的物理地址，所以需要一个从 IP 地址到物理地址的映射。APR 就是实现这个功能的协议。

如图 4-44 所示，用交换机组建局域网，利用 ping 命令检测 PC 的互通性，观察 ARP 的工作过程。

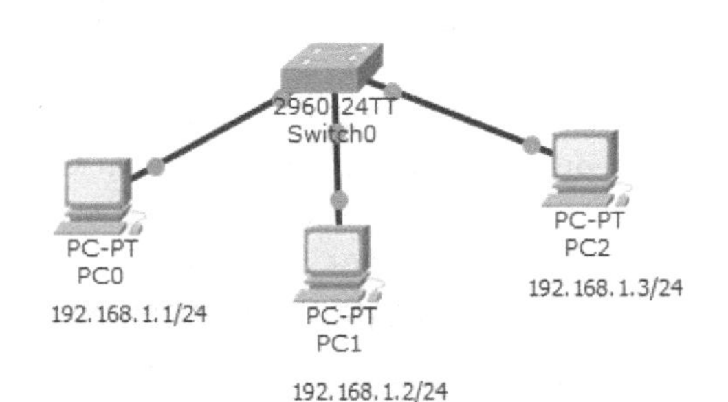


图 4-44　交换机组建局域网

**实训条件**

Cisco Packet Tracer、交换机（switch）一台，工作站 PC 三台，直连线三条。

**实训步骤**

① 按照图 4-44 所示的连线，配置 PC 的 IP、子网掩码及网关。

② 单击 Packet Tracer 软件右下方的仿真模式（Simulation Mode）按钮，如图 4-45 所示。将 Packet Tracer 的工作状态由实时模式（Realtime）转换为仿真模式（Simulation），并单击“编辑过滤器”选择“ARP”协议，如图 4-46 所示。

图 4-45　打开模拟模式

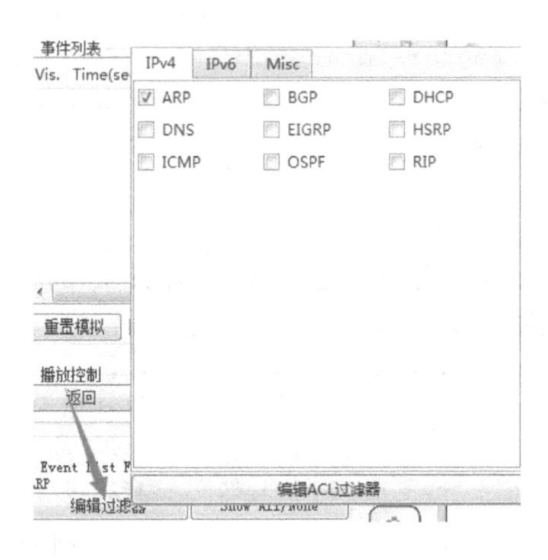


图 4-46　编辑过滤器

③ 单击 PC0 进入配置窗口，选择 Desktop 选项卡，选择运行 DOS 命令行窗口（Command Prompt），输入“arp　-a”指令查看本机 ARP 选路表中的内容，如图 4-47 所示。

```
Packet Tracer PC Command Line 1.0
PC>arp -a
No ARP Entries Found
PC>
```

图 4-47　查看本机 ARP 表

④ 在 PC0 输入 Ping 192.168.1.2 命令运行，如图 4-48 所示。然后在仿真面板（Simulation Panel）中单击“自动捕获/播放”（Auto Capture/Play）按钮，如图 4-49 所示。

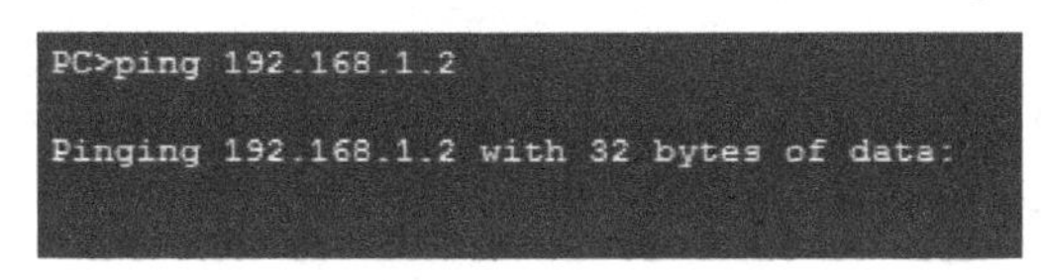

```
PC>ping 192.168.1.2

Pinging 192.168.1.2 with 32 bytes of data:
```

图 4-48　ping192.168.1.2

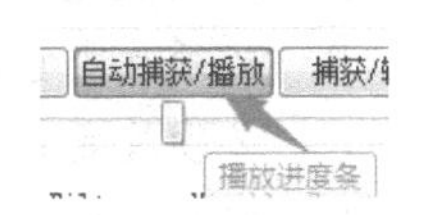


图 4-49　设置自动捕获

⑤ 观察数据包发送的演示过程，对应地在仿真面板的事件列表（Event List）中观察数据包的类型，如图 4-50 和图 4-51 所示。

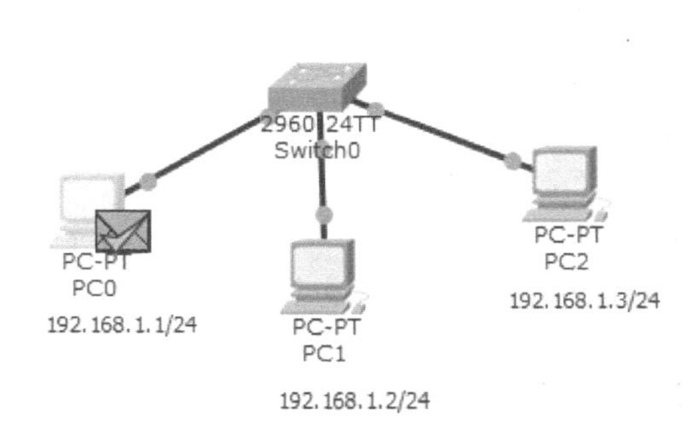


图 4-50　数据包发送过程

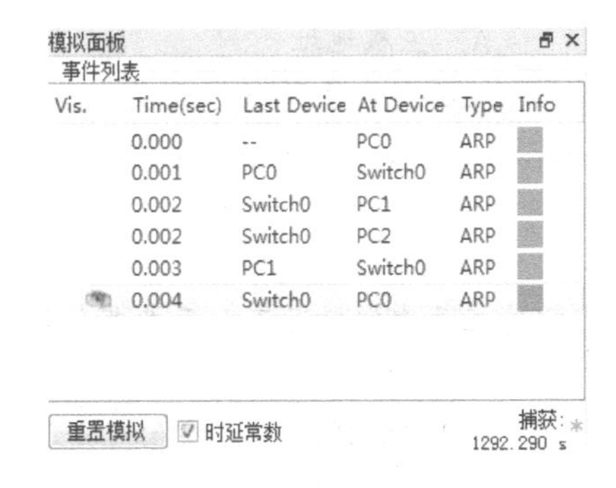


| Vis. | Time(sec) | Last Device | At Device | Type | Info |
|---|---|---|---|---|---|
| | 0.000 | -- | PC0 | ARP | |
| | 0.001 | PC0 | Switch0 | ARP | |
| | 0.002 | Switch0 | PC1 | ARP | |
| | 0.002 | Switch0 | PC2 | ARP | |
| | 0.003 | PC1 | Switch0 | ARP | |
| | 0.004 | Switch0 | PC0 | ARP | |

图 4-51　数据包发送时间

⑥ 继续在前述 DOS 命令行窗口中输入“arp - a”命令，可查看当前的 ARP 缓冲区，如图 4-52 所示。注意：“Type”栏下的“dynamic”字段表明该表项处在动态更新中。如果 20 分钟内没有其他访问网络的操作，ARP 表会自动清空。如果不想等待 20 分钟，可使用“arp -d”命令主动清空 ARP 表的内容。此时再执行“arp -a”命令，会发现 ARP 表已经清空。

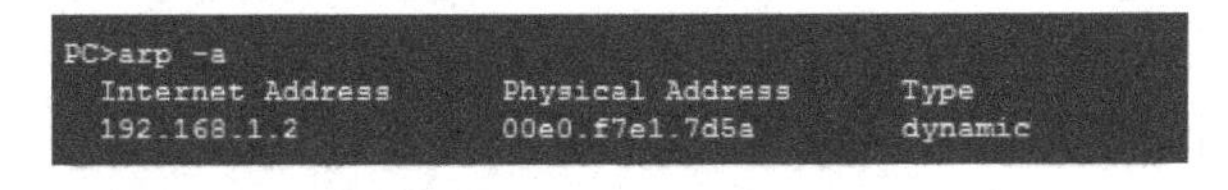

```
PC>arp -a
  Internet Address      Physical Address      Type
  192.168.1.2           00e0.f7e1.7d5a        dynamic
```

图 4-52　查看 ARP 表

**问题与思考**

① APR 协议的作用是什么？

② 如何使用 APR 命令查找 IP 地址冲突的主机？

# 小　结

本章重点对 IP 网络中用到的各种知识进行讲解，帮助读者理解和运用这些知识搭建一个简单的 IP 网络。

# 习　题

## 一、选择题

1. B 类地址能容纳的最大主机数为（　　）。

A. 65 533　　B. 65 534　　C. 65 535　　D. 65 536

2. 当一台主机从一个网络移到另一个网络时，以下说法正确的是（　　）。

A. 必须改变它的 IP 地址和 MAC 地址

B. 必须改变它的 IP 地址，但不需改动 MAC 地址

C. 必须改变它的 MAC 地址，但不需改动 IP 地址

D. MAC 地址、IP 地址都不需改动

3. 127.0.0.1 代表的是（　　）地址。

A. 广播地址　　B. 组播地址　　C. E 类地址　　D. 自环地址

4. 224.0.0.5 代表的是（　　）地址。

A. 主机地址　　B. 网络地址　　C. 组播地址　　D. 广播地址

5. 某公司申请到一个 C 类 IP 地址，但要连接 6 个子公司，最大的一个子公司有 26 台计算机，每个子公司在一个网段中，则子网掩码应设为（　　）。

A. 255.255.255.0　　B. 255.255.255.128

C. 255.255.255.192　　D. 255.255.255.224

6. 在无中继情况下，五类非屏蔽网线的理论最大传输距离为（　　）米。

A. 100　　B. 150　　C. 80　　D. 200

7. IP 地址 192.168.102.65/255.255.255.192，请问其网络号是（　　）。

A. 192.168.102.0　　B. 192.168.102.32

C. 192.168.102.64　　D. 192.168.102.96

8. 当数据在网络层时，我们称之为（　　）。

A. 段　　B. 包　　C. 位　　D. 帧

9. 用（　　）方法能减少丢包。

A. 增加链路带宽

B. 启用差异化的丢包机制来减少高优先级应用丢包

C. 启用队列机制来保证高优先级应用有足够的带宽

D. 以上全部

10. 在一个局域网中 A 主机通信初始化时将通过（　　）方式在网络上询问某个 IP 地址对应的 MAC 地址是什么。

A. 组播　　B. 广播　　C. 单播　　D. 点对点

## 二、填空题

1. 主机号为全 0 的 IP 地址，表示________地址。

2. 主机号为全 1 的 IP 地址，表示________地址。

3. 要将一 C 类地址划分为 6 个子网，应使用的子网掩码是________。

4. PPP 协议地址字段的值是________。

5. 192.168.0.0/27 可以容纳________台主机。

6. 当已知对方 IP 地址，需解析对端 MAC 地址时，使用的是________协议。

7. HTTP 协议通常使用________协议进行传输。

## 三、问答题

1. 现有一个公司需要创建内部的网络，该公司包括工程技术部、销售部、财务部 3 个部

门，工程技术部大约有 100 台主机，销售部、财务部分别大约有 50 台主机。若该公司申请了一个 IP 地址 202.194.68.0/24，请问：

（1）若要将这几个部门从网络上进行分开，如何划分网络，将几个部门分开？

（2）确定各部门的网络地址和子网掩码，并写出分配给每个部门网络中主机的可用 IP 地址范围。

2. 如果主机 A 的 IP 地址为 202.111.222.165，主机 B 的 IP 地址为 202.111.222.185，子网掩码为 255.255.255.224，默认网关地址设置为 202.111.222.160。请回答：

（1）主机 A 能否与主机 B 不经过路由器直接通信？

（2）主机 A 能否与地址为 202.111.222.8 的 DNS 服务器通信？如果不能，解决的办法是什么？

3. 简述 TCP 协议在数据传输过程中收、发双方是如何保证数据报的可靠性的。

4. 为什么需要无分类编址 CIDR？它对减少路由项和子网划分带来什么好处？

5. 简述 HDLC 协议实现“透明传输”的原理。

6. 学生 A 希望访问网站 www.sina.com，A 在其浏览器中输入 http://www.sina.com 并按【Enter】键，直到新浪的网站首页显示在其浏览器中，请问：在此过程中，按照 TCP/IP 参考模型，从传输层到网络层都用到了哪些协议？

7. 一个主机要向另一个主机发送 IP 数据报。是否使用 ARP 就可以得到该目的主机的硬件地址，然后直接用这个硬件地址将 IP 数据报发送给目的主机？

# 第 5 章 交换技术

【教学提示】

从广义上讲，任何数据的转发都可以称为交换。传统的、狭义的第二层交换技术，仅包括数据链路层的转发。二层交换机主要用在小型局域网中，机器数量在 30 台以下，这样的网络环境下，广播包影响不大。二层交换机的快速交换功能、多个接入端口和低廉价格，为小型网络用户提供了完善的解决方案。交换式局域网技术使专用的带宽为用户所独享，极大地提高了局域网传输的效率。在网络系统集成的技术中，直接面向用户的第二层交换技术，已得到了令人满意的答案。

【教学要求】

了解经典局域网的关键技术如 CSMA/CD 协议、二进制指数退避算法；理解并掌握局域网的扩展方法以及所使用的不同层次网络设备；理解网桥对数据帧的转发处理过程；了解透明网桥的实现，即后向算法；理解交换式局域网与传统共享式局域网的区别以及优点；了解冗余链路的作用以及由之引起的环路问题，掌握如何使用生成树协议解决网络环路问题；掌握虚拟局域网隔离端口、逻辑划分广播域的能力。

## 5.1 经典局域网的交换技术

以太网是由 Xerox 公司创建并由 Xerox、Intel 和 DEC 公司联合开发的基带局域网规范，是现有局域网采用的最通用的通信协议标准。以太网络使用 CSMA/CD（Carrier Sense Multiple Access/Collision Detection，载波监听多址接入/碰撞检测）技术，并以 10 Mbit/s 的速率运行在多种类型的电缆上。以太网与 IEEE 802.3 系列标准相类似。

以太网目前已从传统的共享式以太网发展到交换式以太网，数据传输率已演进到百兆比特每秒、吉比特每秒，甚至 10 Gbit/s。下面首先介绍传统的共享式以太网的交换技术。

### 5.1.1 CSMA/CD 协议

经典的共享式以太网是一种基带总线局域网，许多站点都连接到一根总线上。总线的特点是当一个站点发送数据时，总线上所有站点都能检测并接收到这个数据。这就是广播通信方式。但我们并不总是在局域网上进行一对多的广播通信，为了在总线上实现一对一通信，可以使每

个站点的网卡适配器拥有一个与其他站点网卡不同的地址：MAC 地址。MAC（Media Access Control）地址又称硬件地址、物理地址，用来定义网络设备的位置。在 OSI 模型中，第三层网络层寻址使用 IP 地址，第二层数据链路层寻址则使用 MAC 地址。在发送数据帧时，在帧的首部写明发送站和接收站的 MAC 地址。当数据帧的目的 MAC 地址与网络适配器 ROM 中的硬件地址一致时，网卡才会接收这个数据帧；否则就丢弃该数据帧。这样，具有广播特性的总线上就实现了一对一通信。

以太网采用灵活的、无连接的工作方式，即不必先建立连接就直接发送数据。发送主机对发送的数据帧不进行编号，也不要求接受主机确认。这是因为局域网中信道质量很好，出错概率很低。所以以太网提供“尽最大努力”的不可靠交付服务。对于出现错误的数据帧，就把数据帧丢弃。对于有差错的数据帧是否需要重传由高层决定，但以太网并不知道自己传的是否重传帧，而是作为新的帧来发送。

另外一个重要问题就是如何协调总线上各站点的工作。总线上只要有一个站点发送数据，总线的传输资源就会被占用。因此，在同一时间只允许一个站点发送数据，否则站点之间就会相互干扰，导致站点都无法正常发送数据。

要解决多个站点共享总线的问题，以太网采用了一种特殊的协议 CSMA/CD。其工作主要包括以下内容：

**1. 多址接入**

多址接入是指多个站点共享一根总线的传输资源，这种方式又称为多点访问。

**2. 载波监听**

载波监听是指站点在发送数据前先检测信道的状态，是否有其他站点在发送数据，如果有，信道处于忙碌状态无法处理其他站点的数据，则暂时不发送数据，等待信道变为空闲时再发送。其实信道上并没有载波，此处是指监听信道上是否有其他站点发送数据时产生的信号电压。

**3. 碰撞检测**

碰撞检测是指“边发送边监听”，即适配器边发送数据边检测信道上信号电压的变化情况，以判断自己再发送数据时其他站点是否也在发送数据。当几个站点同时在总线上发送数据时，总线上的信号电压变化幅度将会增大（互相叠加）。当适配器（网卡）检测到的信号电压变化幅度超过一定的门限值时，就认为总线上至少有两个站点同时在发送数据，即信号发生了碰撞（或冲突），又称为“冲突检测”。发生碰撞时，总线上传输的信号发生了严重的失真，无法恢复出有用的信息。

**4. 延迟重发**

延迟重发是指每一个正在发送数据的站点，一旦发现总线上出现了碰撞，适配器都要立即停止发送，免得继续浪费网络资源，然后等待一段随机时间后再次发送。

既然每个站点在发送数据前已经监听到信道为“空闲”，为什么还会出现数据在总线上的碰撞？这是因为电磁波在总线上的传输速率是有限的，所以当某个站点监听到总线是空闲时，总线并非一定是空闲的，有可能是信号尚未传到该站点而已。图 5-1 说明了这种情况。图中局域网两端的站点 A 和 B 相距 1 km，用同轴电缆相连。电磁波在 1 km 电缆的传播时延约为 5 μs。因此，A 向 B 发出的信号，在约 5 μs 后才能传送到 B。换言之，B 若在 A 发送的信号到达 B 之前发送自己的帧（此时 B 的载波监听检测不到 A 发送的信号，以为信道是空闲的），则必然会在之后某个时刻和 A 发送的信号发生碰撞，碰撞的结果就是两个帧都变得无用。在局域网的分析中，总把总线上单程端到端的传播时延记为$\tau$。发送数据的站点希望尽早知道是否发生了碰撞。那么，A 发送数据后，最迟要多长时间才能知道自己发送的数据和其他站点发送的数据有没有发生冲突？从图 5-1 可以看出，这个时间最多是两倍的总线端到端的传播时延（$2\tau$），又称总线的端到端的往返时延。由于局域网上任意两个站点之间的传播时延有长有短，因此局域网必须按照最坏情况设计，即总线端到端传播时延。

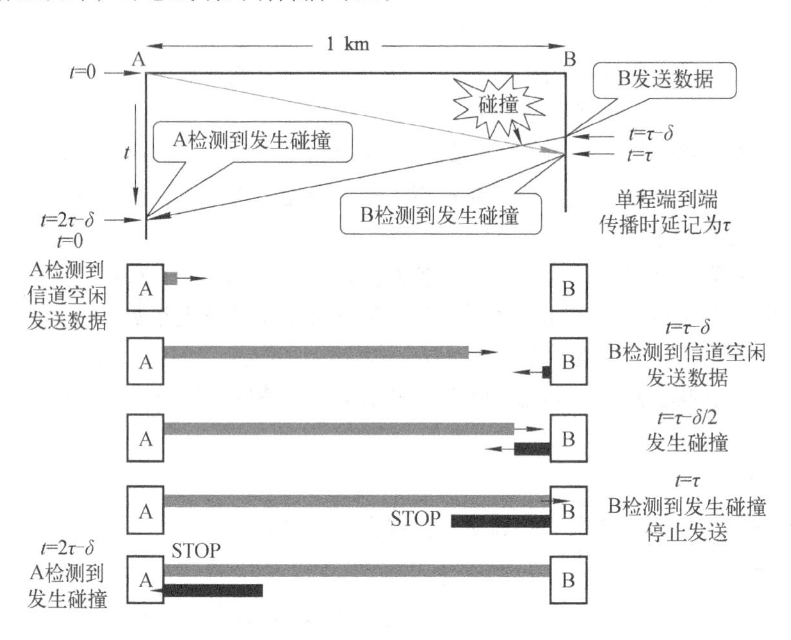


图 5-1　传播时延对载波监听的影响

显然，在使用 CSMA/CD 协议时，一个站点不可能同时进行发送和接收，即无法实现全双工通信，只能实现半双工通信（双向交替通信）。

从图 5-1 中可以看出，最先发送数据帧的 A 站，在发送数据后最多经过往返时延 $2\tau$后就可以知道发送的数据帧是否遭受碰撞。以太网的端到端往返时延 $2\tau$称为争用期（Contention Period），又称为碰撞窗口（Collision Window），是一个很重要的参数。一个站点发送数据后只有经过争用期这段时间的“考验”，与其他站点“竞争”，才能确定这次发送不会发生碰撞。

由此可见，每个站点在发送数据之后的一段时间内，存在遭遇碰撞的可能性。这段时间最长不会超过 $2\tau$，即一个争用期时间。显然，在以太网中发送数据的站点越多，端到端往返时延越长，发生碰撞的概率越大。为了降低碰撞的概率，以太网不能连接太多的站点，使用的总线也不能太长。10 Mbit/s 以太网将争用期定为 512 bit 发送时间，即 51.2 μs，因此总线长度不能超过 5 120 m，但考虑到其他一些因素，如信号衰减等，以太网规定总线长度不能超过 2 500 m。

## 5.1.2　二进制指数退避技术

发生碰撞的站点不能在等待信道变成空闲后马上再发送数据，因为这样会导致再次碰撞。以太网采用二进制指数退避算法（Binary Exponential Back Off）来解决碰撞后何时进行重传的问题。这种算法让发生碰撞的站点在停止发送数据后，推迟（即退避）一个随机的时间再监听信道并进行重传。如果重传又发生了碰撞，则将随机选择的退避时间范围扩大一倍，这样做可以使重传时再次发生冲突的概率减小。

因为站点确认数据没有冲突的时间是 $2\tau$，即一个争用期，所以退避的时间范围以争用期为单位计算。第 $i$ 次的碰撞后退避的时间范围为在 $2^i$ 个争用期中进行随机选取：

第 1 次冲突后，在{0，1}2 个争用期中随机选择一个尝试重传；

第 2 次冲突后，在{0，1，2，3}4 个争用期中随机选择一个尝试重传；

第 3 次冲突后，在{0，1，2，3，4，5，6，7}共 8 个争用期中随机选择一个尝试重传；

……

当冲突次数达到 10 次时，因为随机的时间范围有 1 024 个争用期，再增大随机事件范围会导致平均延时太大，所以不再增大随机时间范围。

当冲突次数达到 16 次时，以太网认为此时打算发送数据的站点太多，以致连续发送冲突，此时丢弃该帧，并向高层报告，由高层处理。

为了保证所有站点在发送完一个帧之前能够检测出是否发生了碰撞，帧的发送时延不能小于 $2\tau$，即一个争用期，以太网规定最短有效帧长为 64 B。因此，以太网站点在发送数据帧时，如果帧的前 64 B 没有发生碰撞，那么后续的数据就不会发生碰撞。换句话说，如果发生碰撞，就一定是在发送的前 64 B 内。由于一检测到碰撞就立即中止发送，这时已经发送出去的数据一定小于 64 B，所以长度小于 64 B 的帧都是由于碰撞而异常终止的无效帧，收到这种无效帧就应当立即丢弃。

以太网还采用一种强化碰撞的措施。当发送数据的站点一旦发现发生了碰撞，除了立即停止发送数据外，还要继续发送 32 bit 或者 48 bit 的人为干扰信号（Jamming Signal），以便有足够多的碰撞信号使所有站点都能监测出碰撞。

## 5.2　扩展局域网

在传统的共享式局域网中，所有站点共享一个公共的传输媒体，我们使用第 3 章介绍的集线器作为终端主机接入设备。但集线器能连接的站点数是非常有限的，随着网络用户的增长，网络规模的扩大，需要扩大局域网的覆盖范围。可以通过交换设备扩展局域网，将几个独立的物理 LAN 连成一个大的逻辑 LAN；又可以通过这些设备将一个逻辑 LAN 分隔为几个物理 LAN。

① 在各个组织（如学校、企业等）中有多个部门，每个部门有各自的功能、目标，一般会自行构建各自的局域网 LAN。但同时这些部门之间也需要沟通，这就要求部门 LAN 之间互联起来，逻辑上属于同一个 LAN。

② 一个组织可能在地理上分布于几栋大楼，这些大楼之间有一定距离。如果将这几栋大楼里的所有主机连接到一台交换机，那么连接线将会很长，成本增加，而且连接线如果太长导致传输延迟超过限值，网络将无法工作。所以，一般在每栋大楼内部设一个物理局域网，再通过每栋楼的交换机互联构建大的逻辑局域网，以此增加网络覆盖的总距离。

③ 在一个大型组织中，员工主机很多，远远超过一台交换机能连接的主机数（普通交换机端口数一般为 24），此时不适合将所有主机放在一个 LAN 中，有必要将一个逻辑上的单个 LAN 分成多个独立的 LAN 以便适应网络的负载。

局域网的连接设备有集线器、交换机，在 3.3 节已经介绍了这两种设备。由于它们的功能不一样，分别在不同层次上实现局域网的扩展、互联。

### 5.2.1 在物理层扩展以太网

如果使用多个集线器，可以连接成为覆盖更大范围、包含更多站点的多级星状结构的以太网。例如，一个企业的三个部门各有一个以太网，如图 5-2（a）所示，可以通过一个主干集线器把各部的以太网连接起来，构成一个更大的以太网，如图 5-2（b）所示。

图 5-2 中，在三个部门的以太网连之前，每个部的以太网是一个独立的碰撞域（Collision Domain，又称为冲突域），即在任一时刻，在每个碰撞域中只能有一个站点在发送数据。如果每个以太网的吞吐量是 10 Mbit/s，则三个部总的吞吐量共为 30 Mbit/s。在三个部的以太网通过集线器互连后，就把三个碰撞域变成了一个碰撞域（范围扩大到三个部），如图 5-2（b）所示，吞吐量仍然是 10 Mbit/s。

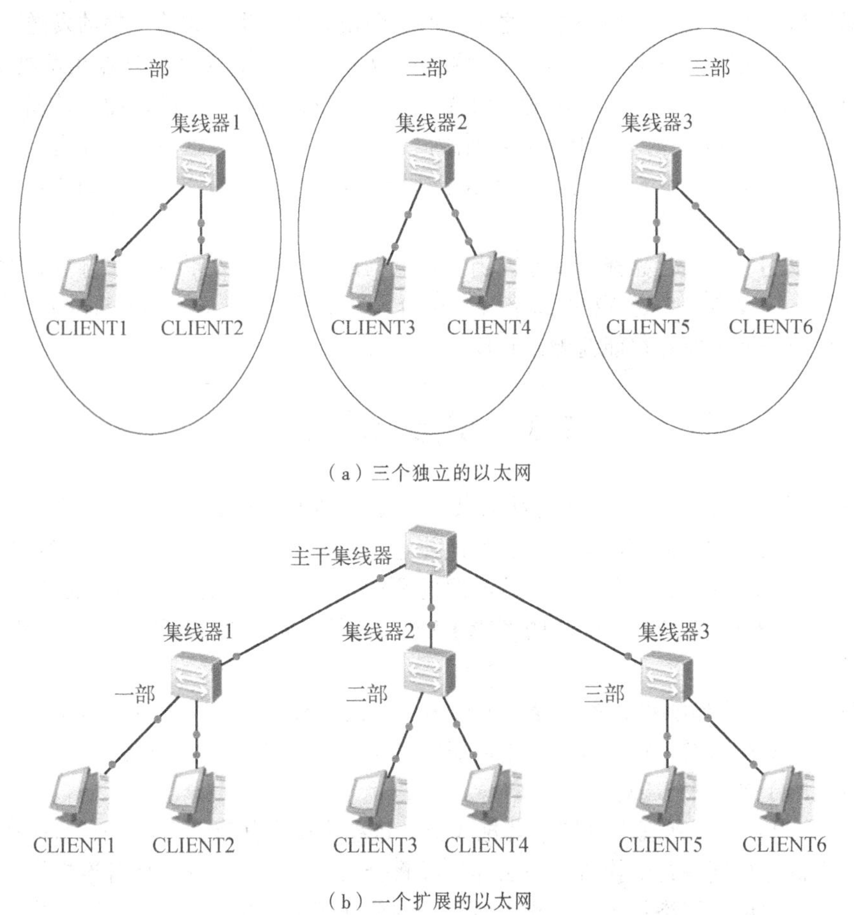


（a）三个独立的以太网

（b）一个扩展的以太网

图 5-2 多个集线器构成的以太网

在物理层扩展的以太网仍然是一个碰撞域，不能连接过多的站点，否则会导致大量的冲突。在物理层扩展以太网相当于延长了共享的传输媒体，由于以太网有争用期对时延的限制，所以并不能无限扩大地理覆盖范围。

## 5.2.2　在数据链路层扩展以太网

网桥可以在数据链路层扩展以太网。网桥工作在数据链路层，采用存储转发方式，它根据 MAC 帧的目的地址对收到的帧进行转发和过滤。当网桥收到一个帧时，并不是向所有接口转发此帧，而是先检查此帧的目的 MAC 地址，然后再确定将该帧转发到哪一个接口，或者是把它丢弃（即过滤）。由此可见，网桥就是一种数据链路层的分组交换机。

### 1. 网桥的内部结构

图 5-3 所示为一个网桥的工作原理。最简单的网桥只有两个接口（常称为端口，但与传输层的端口是两个不同的概念），可以连接两个 LAN。复杂些的网桥可以有多个接口，可以连接多个 LAN。多个 LAN 通过网桥连接起来，扩展为覆盖更广的 LAN，而原来的每个 LAN 就可以称为一个网段。

网桥根据转发表转发数据帧。正常情况下，网桥接收到数据帧，解析数据帧的头部可以获得目的主机的 MAC 地址；接着去查找网桥内的转发表，当找到匹配项时，即可知道转发端口；最后将数据帧从该端口发送出去，数据即可到达接收主机。在图 5-3 中，站 B 要发一个帧给 F，数据帧在左边的 LAN 网段广播，被网桥的端口 1 接收到；网桥解析这个数据帧的头部，根据目的 MAC 地址字段获知目的地址为 F，继而去查找转发表，找到转发端口是 2，把数据帧送到端口 2 转发到另一个网段进行广播，使 F 能收到这个帧。在另一个例子中，B 发数据给 A，端口 1 同样收到这个帧，查找转发表，到 A 的转发端口是 1，网桥不会转发而是丢弃该帧，因为接收端口和转发端口一致，这就意味着收发双方都在一个网段，A 能收到 B 发出的帧，网桥不需要再转发。如果网桥收到一个广播帧（目的 MAC 地址为全 1 的广播地址），会向除了接收端口以外的所有端口转发，这种方法称为泛洪（Flooding）算法。

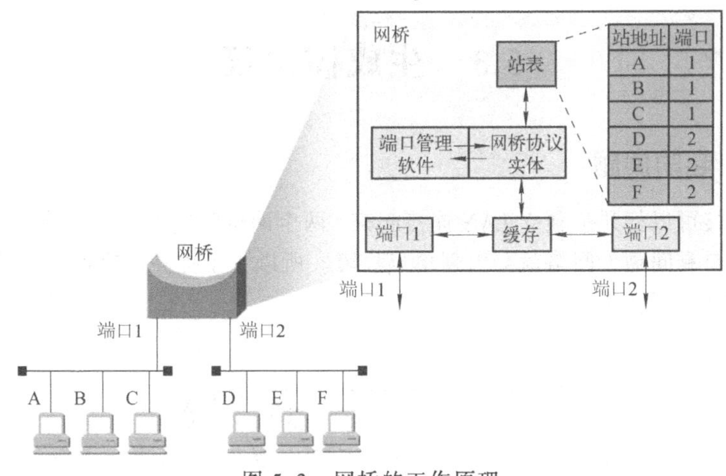


图 5-3　网桥的工作原理

需要注意的是，网桥的接口向网段转发帧时，就像一个站点的适配器向这个网段发送帧一样，要执行相应的 MAC 协议，对于以太网来说就是 CSMA/CD 协议。也就是说，网桥的每个端口就是一个碰撞域，网桥起到一个隔离碰撞域的作用。这个作用与集线器在物理层扩展局域网是完全不一样的。

总结以上各种情况，可以知道交换机对数据帧的两种操作：

① 转发。当目的主机 MAC 地址与转发表中某项匹配时。

a. 若转发端口与接收端口一致，则丢弃。

b. 若转发端口与接收端口不一致，则按照转发端口转发数据帧。

② 泛洪。当目的主机 MAC 地址是广播地址时（或者在转发表中无匹配项时，例如，网桥刚刚启动时转发表为空白），除了接收端口所有端口转发该数据帧。

**2. 透明网桥**

对于用户来说，网桥连接主机构建 LAN 的过程应该是完全透明的。也就是说，只要用网线一端连接主机网卡，另一端连接交换机端口，即可构建一个 LAN。从用户站点的角度，观察不到网桥的存在，似乎它是直接连接到另外一个站点。

要实现透明网桥，需要两种算法：一种是逆向算法（Backward Learning），让网桥自动学习转发表；另一种是生成树（Spanning Tree）算法，解决随便接线有可能导致的环路问题，将会在后一小节讨论。

网桥刚启动时转发表是空白的，而网桥对用户完全透明，意味着用户不进行任何配置，网桥需要自动学习到转发表。但网桥如何才能自动学习到转发信息呢？其实转发信息可以从接收到的数据帧中学习。在数据帧的 MAC 地址字段，不仅有目的主机 MAC 地址，还有源主机 MAC 地址。当网桥从端口 $X$ 收到一个数据帧时，从帧头部解析出源主机 MAC 地址，就可以学习到一项转发信息：从接收端口 $X$ 可以到达该源主机，即可把这项信息填写到网桥的转发表中，这种方法称为逆向学习算法。

根据逆向学习算法，网桥在端口 $X$ 接收到一个数据帧时，解析源主机 MAC 地址，对照转发表，如果转发表中没有该目的主机 MAC 地址，则将该源主机地址作为目的主机地址，接收端口 $X$ 作为转发端口，填写进转发表中；如果转发表中有对应的目的主机 MAC 地址，用新的目的地 MAC 地址和接收端口替代原来的项。

# 5.3 生成树协议

## 5.3.1 环路引起的问题

网桥相互连接可以将几个独立 LAN 连接起来。两个网桥之间的连接网线如果只有一根，而这根网线或者接口有问题，网络就会出现单点故障。所以为了提高可靠性，网桥在互连时一般都会使用冗余链路实现备份，如图 5-4 所示。

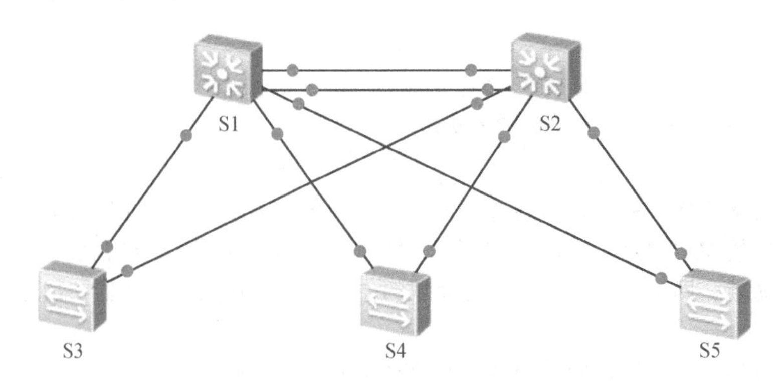


图 5-4 网桥采用冗余链路防止单点故障

然而，这种冗余引入了一些额外的问题，因为它形成了拓扑环路。这些问题可以用图 5-5 的例子来说明。

根据 5.2 节所讲的网桥对数据帧的处理规则，当交换机收到一个广播帧或者一个未知目的地址的单播帧，交换机将会向接收端口以外的所有端口发出该帧。如果网络拓扑中存在环路，那么这个帧就会在环路中无限转发，从而形成广播风暴，网络中充斥着重复的帧，网络资源被占用，正常数据帧就无法发送出去。例如图 5-5 中，当 S1 向 S2 发出一个广播帧，S2 向 S3 转发，S3 再向 S1 转发，S1 又向 S2 转发，形成一个环路，循环进行下去，重复的循环越来越多，重复的帧也越来越多，3 台交换机性能将迅速下降，交换机上进行的其他业务因为资源不足而中断。

环路除了会造成广播风暴问题，还会造成 MAC 地址表震荡。以图 5-6 为例，Client 1 发出一个广播帧，网桥 S2 收到该数据帧，从源地址和接收端口学习到转发信息项（00-01-02-03-04-05-AA，Ethernet 0/0/3）。S2 将该数据帧泛洪出去：该帧从 E0/0/2 传到 S3，S3 继续转发到 S1，S1 再转发给 S2，S2 此时学习到的转发信息为（00-01-02-03-04-05-AA，Ethernet 0/0/1），因为它比前一项更新，所以替代了第一项的位置；该帧还从 Ethernet 0/0/1 传到 S1,S1 转发到 S3,S3 转发回 S2,S2 此时学习到的 MAC 地址表项为(00-01-02-03-04-05-AA，Ethernet 0/0/2），替代了转发端口为 Ethernet 0/0/1 的项。这个泛洪的过程由于目的地址是广播地址而循环不止的继续下去，结果使得网桥 S2 转发表中发往 Client 1 的转发端口在 Ethernet 0/0/1 和 Ethernet 0/0/2 之间来回震荡，网桥 S2 的转发表如表 5-1 所示。

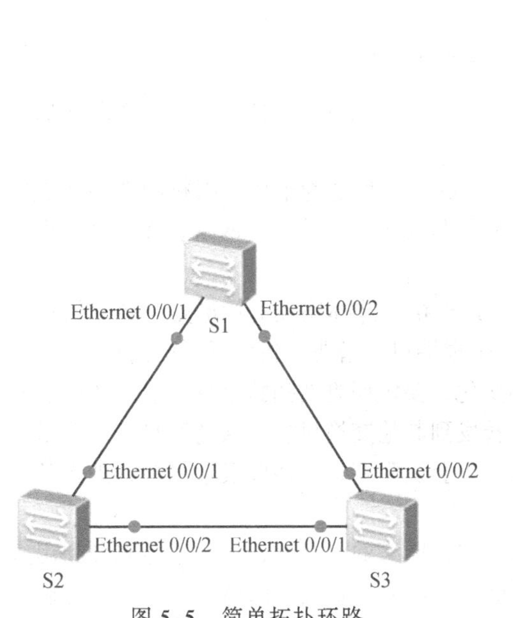



图 5-5　简单拓扑环路

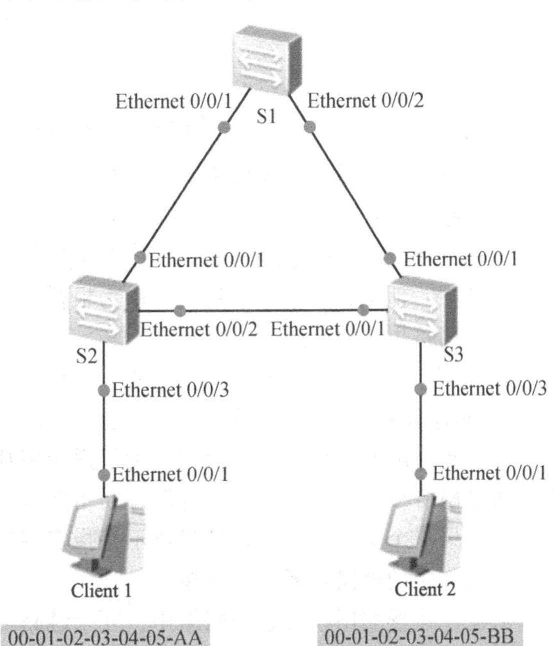



图 5-6　拓扑环路导致转发表中 MAC 地址表震荡

**表 5-1　S2 的转发表**

| 目的 MAC 地址 | 转发端口 |
| --- | --- |
| 00-01-02-03-04-05-AA | Ethernet 0/0/3 |
| 00-01-02-03-04-05-AA | Ethernet 0/0/1 |
| 00-01-02-03-04-05-AA | Ethernet 0/0/2 |

### 5.3.2 生成树协议的工作原理

冗余链路产生的问题，在于环路的存在。所以解决的办法就是让网桥相互之间通信，选举出一棵可以到达所有网桥的生成树，以此覆盖实际的拓扑结构，相关的协议称为生成树协议（STP）。因为生成树是无环的，所以不会有广播风暴、重复数据帧、地址表震荡等问题。这种解决方案中的生成树——无环拓扑结构是实际拓扑结构的一个子集。

例如，在图 5-7 中，冗余链路使网络存在环路拓扑。如果将网桥作为结点，链路作为连线，网络拓扑抽象成一个图。将图中虚线所示的链路关闭（不再收发数据帧，进入备用状态），剩下的拓扑就变成一棵生成树。这棵树中每台网桥到其他任意一台网桥都只有一条路径，环路就被消除。

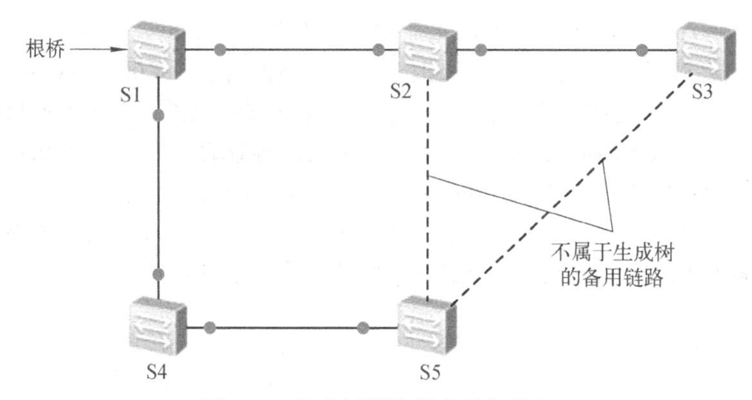


图 5-7 生成树覆盖所有网络结点

为了建立一棵最优的生成树，在网络中必须运行一种分布式算法，使网桥之间相互交换信息。其过程如下：

① 在所有交换机结点中选择一个结点作为生成树的根，称之为根桥。根桥的选举依靠优先级和 MAC 地址，数字最小的被选举为根桥。优先级是人为设定的，使网络管理员可以根据需要动态调整生成树。

② 除了根桥外所有交换机选择唯一一条路径到达根桥，选择路径的标准是路径开销最小（即到根桥距离最短）。除根桥以外的交换机都有一个根端口，指明了指向根桥的路径。

网络拓扑随时都可能产生变动，为了适应拓扑变化，要定期更新拓扑信息。信息从根桥发出，每个网桥从根端口收到该信息后，在指定端口转发到其他交换机。每条链路只有一个指定端口。如果一个端口既不是根端口也不是指定端口，则会被阻塞，不能收发数据帧，进入备用状态，其连接的链路不属于生成树。

可见，在透明网桥互连的网络中，冗余链路可以增强网络的可靠性，但并不能充分利用这些冗余链路（为了消除广播风暴），同时每一个帧也不一定能沿着最佳的路径转发（因为逻辑拓扑被限定为一棵生成树）。当互连的局域网的数目非常大时，生成树算法可能要花费很多时间和资源，因此用透明网桥互连的网络规模不宜太大。

## 5.4 交换式以太网

1990 年问世的交换式集线器，可以明显地提高以太网的性能。交换式集线器常称为交换机

或二层交换机，工作于数据链路层。

交换机并无准确的定义和明确的概念，而现在很多交换机已包含了网桥和路由器的功能。著名网络专家 Perlman 认为：交换机应当是一个市场名词，通常指用硬件实现转发功能的分组交换设备，其转发速度比用软件实现更加快速。目前使用的有线局域网基本上就是以太网，在局域网中的交换机是局域网交换机的简称，并且指的就是以太网交换机，例如 3.3 节中所说的交换机即是如此。本书中如果不特别说明，交换机就是以太网交换机。下面简单地介绍其特点。

从技术上说，网桥的接口数很少，一般只有 2～4 个，而交换机通常有十几个接口。交换机实际上就是一个多接口的网桥，在数据链路层根据 MAC 地址转发帧，与工作在物理层的集线器有很大的差别。此外，交换机的每个接口可以直接连接计算机也可以连接一个集线器或另一个交换机。当交换机直接与计算机或者交换机连接时可以工作在全双工方式，并能同时连通许多对的接口，使每一对相互通信的计算机都像独占传输媒体一样，无碰撞地传输数据，这时已无须使用 CSMA/CD 协议。当交换机接口连接共享媒体的集线器时，仍需要工作在半双工方式并要使用 CSMA/CD 协议。现在的交换机接口和计算机适配器都能自动识别这两种情况并切换到相应的方式。交换机和透明网桥一样，也是一种即插即用设备，其内部的转发表也是通过逆向学习算法自动地逐渐建立起来的。交换机由于使用了专用的交换结构芯片，并能实现多对接口的高速并行交换，可以大大提高网络性能。集线器和交换机的交换结构对比如图 5-8 所示。在逻辑上，网桥和交换机是等价的。

对于普通 10 Mbit/s 的共享式以太网，若共有 $N$ 个用户，则每个用户占有的平均带宽只有总带宽（10 Mbit/s）的 $N$ 分之一。使用交换机时，虽然每个接口的带宽还是 10 Mbit/s，但由于一个用户在通信时是独占而不是和其他网络用户共享传输媒体的带宽，因此对于拥有 $N$ 对接口的交换机的总容量为 $N\times10$ Mbit/s。这正是交换机的优点。

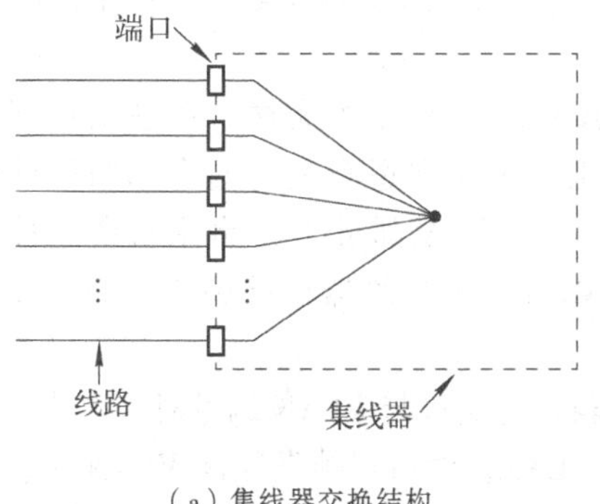


（a）集线器交换结构

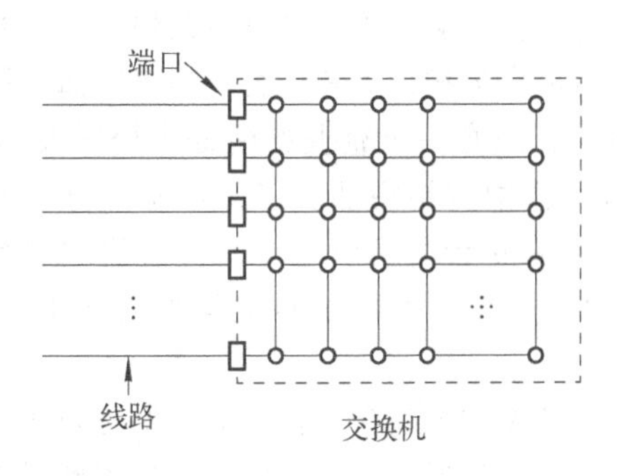


（b）交换机交换结构

图 5-8　集线器和交换机

# 5.5　虚拟局域网

## 5.5.1　传统局域网与虚拟局域网

传统局域网中存在以下几个问题有待解决：

① 广播域的安全性。传统局域网的物理拓扑结构是总线拓扑结构，当一个用户发送一条信息时，其他所有主机通过共享信道（总线）都会接收到该信息，所以同一个物理 LAN 就是一

个广播域，这样就造成安全性问题。例如，企业 LAN 中一部分用户是属于关键部门如研发部，这些用户主机交换的企业核心数据应该是隔离于其他部门的；同时这个 LAN 还连接着销售部的一些主机，那么销售部员工主机就有可能通过侦听总线信号获得企业核心的数据，造成泄密。

② 负载的问题。企业中某些部门的网络负载比其他部门的网络负载重，应该隔离开。例如，企业研发部由于进行某些网络测试产生巨量的数据负载，会使所在 LAN 的网络流量饱和。如果同时连接在这个 LAN 的其他部门员工需要进行视频会议时，这个要求会因为研发部的负载占据了所有 LAN 流量而得不到满足。这种情况下最好的解决办法就是将企业各个部门隔离开。

③ 广播流量问题。当一个用户发送一个广播信息时，这个广播信息会在广播域中（即传统 LAN 中）广播。因为广播帧要发送给每一个用户，其消耗的网络流量远大于一个常规数据帧。随着 LAN 中用户数量的增长，这些广播信息会爆发式增长；而且当网络接口崩溃或者被错误配置时，有可能会出现无休止的广播帧流，出现广播风暴现象，此时 LAN 的容量会被这些广播帧全部占满，所有网络资源都被用于处理和丢弃这些广播帧。为了解决这个问题，还是需要将 LAN 隔离成几个小的 LAN，控制用户规模。

以上三个问题，都可以归结为一点：逻辑拓扑结构和物理拓扑结构的分离。通常，逻辑拓扑结构对应的是企业中的部门组织结构，物理拓扑结构则对应地理位置关系。例如，企业中有财务部、研发部、销售部等部门，同一个部门的员工用户在逻辑上应该属于同一个 LAN，而不同部门的员工逻辑上应该属于不同的 LAN。而在地理位置上，同一个部门的员工可能分布在不同建筑物中，从物理拓扑结构的角度来说，由于距离较远，他们应该属于不同的 LAN，这与逻辑上的组织关系就产生了矛盾。为了逻辑拓扑结构和物理拓扑结构的对应，常常需要更多的规划或者更高的布线成本。为此，业界提出了虚拟局域网（Virtual LAN，VLAN）的概念，对应逻辑拓扑结构以满足用户对组织结构灵活性的要求。每个 VLAN 对应组织内的一个部门，VLAN 间相互隔离广播域，隔离负载，隔离广播流量。

例如，现有一个企业的两栋大楼需要组建局域网，其中 A 栋大楼中都是销售部员工，而 B 栋大楼中有销售部员工，还有部分研发部员工。为了在逻辑上将两个部门区分开，将销售部员工 9 台主机所连接的交换机端口标记为 1，将研发部员工 5 台主机所连接的交换机端口标记为 2。其中 B 栋大楼的交换机 S2 有个端口通过集线器连接到 3 台员工主机，如图 5-9 所示。

为了使 VLAN 正常工作，交换机必须建立配置表，将端口与 VLAN 编号对应。当一个数据帧到来时，首先通过端口号标记分析该帧属于哪个 VLAN，然后将帧发往该 VLAN 中。如来自于销售部员工主机，且该帧是目的地址未知的单播帧、广播帧、组播帧，交换机 S1、S2 需要将该数据帧转发到所有标记为 1 的端口进行泛洪，才能保证所有销售部员工收到该帧。

例如，销售部员工主机 Client 1 将一个未知目的地址的单播帧发到 S1，交换机 S1 发现这个帧来自编号为 VLAN 1 的端口，因此对该帧进行泛洪，转发到 S1 上所有标记为 1 的 5 个端口（入端口除外），销售部员工主机都会收到该帧，再根据源地址自行判断是否接收。其中一个端口连接到 S2，该帧被发送到交换机 S2。在 S2 上，因为目的地址未知，该帧同样被泛洪到各个标记为 1 的端口，其中有一个端口连接到集线器，该帧进一步被集线器广播到 2 台销售部员工主机。

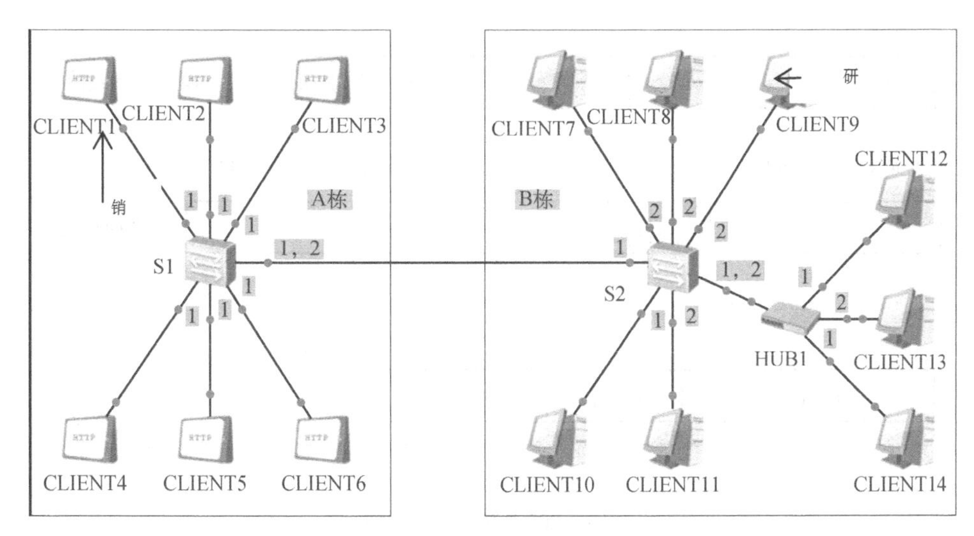


图 5-9　给交换机端口添加标记以区分不同 VLAN

在这个例子中，帧从交换机 S1 发送到交换机 S2，因为在交换机 S2 上连接着 3 台销售部员工主机。再来考虑研发部 VLAN 数据帧，我们观察到交换机 S2 连接到交换机 S1 的端口只标记了 1 没有标记 2，因为交换机 S1 连接的全部都是销售部主机而没有研发部主机，这就意味着研发部 VLAN 的帧不会从 S2 转发到 S1。

## 5.5.2　VLAN 帧结构

为了实现 VLAN 功能，必须在交换机的每个端口对 VLAN 编号进行标记，使得交换机获知该端口所接收和发送的帧是属于哪个 VLAN 的，这样才能实现逻辑结构的隔离。表面上，这个功能其实是很简单的，只需要在每个帧上添加一个 VLAN 编号的字段，主机和交换机就可以识别这个数据帧所在的 VLAN，但实现时却并非如此。由于经典以太网 802.3 协议标准最初并没有考虑到逻辑 LAN 的问题，所以在数据帧的头部控制字段并没有预留 VLAN 编号的位置。

如图 5-10 所示，IEEE 802.3 标准的帧结构中头部只有目的 MAC 地址、源主机 MAC 地址、类型三个控制字段，并没有其他空余的位置。为了兼容 IEEE 802.3 标准，必须在某些交换机、主机网卡保持原有标准情况下进行改进，为此，采用了新的数据帧协议标准 802.1Q，并指定交换机端口为 ACCESS 和 TRUNK 两种类型。

IEEE 802.1Q 标准中在 MAC 地址和类型字段之间加入一个标记 Tag 字段，通过该字段区分 VLAN 编号，主要包括以下字段：

（1）Tag Protocol Identifier（TPID）字段

TPID 字段占 2 字节，表明该数据帧属于 IEEE 802.1Q 标准，其取值固定为 0x8100。

（2）Priority（PRI）字段

PRI 字段占 3 比特，表示帧的优先级，取值范围为 0～7，值越大优先级越高。当交换机阻塞时，优先发送优先级高的数据帧。

（3）Canonical Format Indicator（CFI）字段

CFI 字段占 1 比特，表示 MAC 地址是否为经典格式。CFI 为 0 说明是经典格式，CFI 为 1 表示为非经典格式。用于区分以太网帧、FDDI 帧和令牌环网帧。在以太网中，CFI 的值为 0。

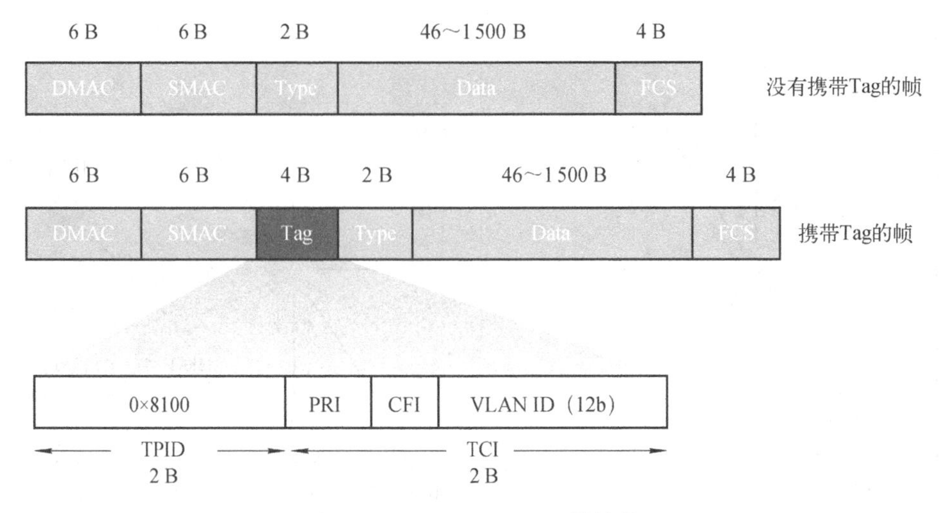


图 5-10　802.3 和 802.1Q 帧结构

（4）VLAN Identifier 字段

本字段占 12 比特，可配置的 VLAN ID 取值范围为 0～4 095。

在加入 Tag 字段形成新的 IEEE 802.1Q 帧之后，还需要在旧的主机、交换机和新型的设备之间实现兼容。为此，将交换机的端口设为 Access、Trunk 两种类型。交换机的 Access 类型端口称为接入链路端口，在数据帧进入时，加上 Tag 字段，将 802.3 帧转成 802.1Q 帧；数据帧从该端口发出时则执行相反操作，将 Tag 字段去除。Access 端口主要用于新型 802.1Q 交换机连接旧式主机和交换机。而 Trunk 类型端口称为主干链路端口，用于交换机与交换机之间数据转接，主要用于带 Tag 的 802.1Q 帧的传输，数据帧在进入和离开 Trunk 端口时不对 Tag 进行处理，但这些端口只允许指定 VLAN ID 范围内的数据帧通过。采用两种交换机端口类型之后，旧的设备和新的设备都能同时兼容。

# 实 训 练 习

## 实训 1　实现虚拟局域网 VLAN 基本配置

### 实训目的

① 了解 VLAN 的结构及功能。

② 掌握基于端口的 VLAN 的配置与删除方法。

### 实训内容

通过划分 Port VLAN 实现本交换机端口隔离，实训拓扑图如图 5-11 所示。

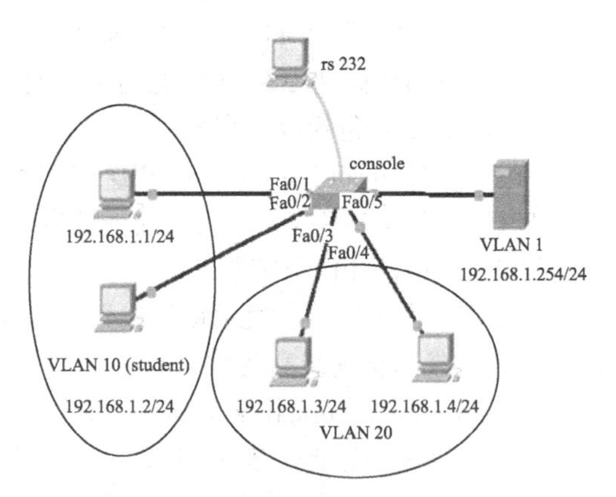


图 5-11　VLAN 基本配置拓扑图

### 实训条件

Cisco Packet Tracer、S2960 交换机（1 台）、计算机（6 台）、直连线（5 根）、配置电缆（1 根）。

**实训步骤**

① 按照图 5-11 所示的拓扑结构进行连线。

② 配置 IP 地址和子网掩码，测试能互相 ping 通，如图 5-12 和图 5-13 所示。

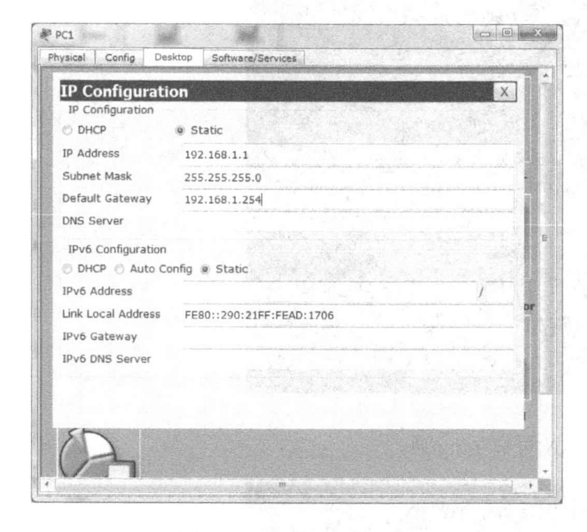


图 5-12　配置 IP 地址

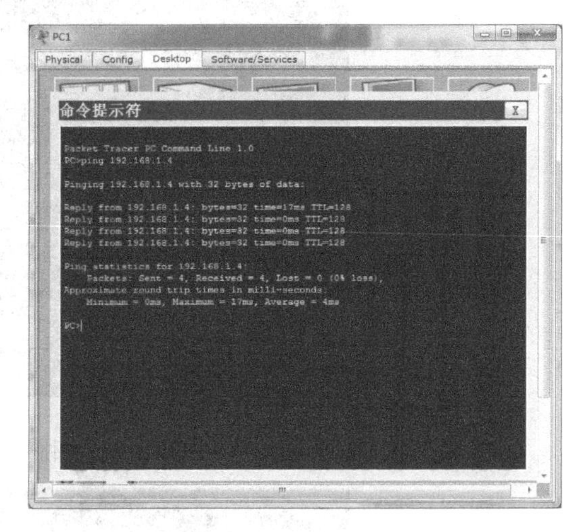


图 5-13　相互 ping 通

③ 配置 VLAN。

a. 在交换机上创建 VLAN10，并将 f0/1-2 端口划分到 VLAN10 中。

```
Switch# configure terminal                          !进入全局配置模式
Switch(config)# vlan 10                             !创建 VLAN10
Switch(config-vlan)# name student                   !将 VLAN10 命名为 student(名字
可为任意)，此操作可略
Switch(config-vlan)#exit                            !返回到全局配置模式
Switch(config)#interface range fastethernet 0/1-2        !进入接口配置模式
Switch(config-if)#switchport mode access            !将 f0/1-2 端口模式设为 access
Switch(config-if)#switchport access vlan 10         !将 f0/1-2 端口划分到 VLAN10
Switch(config-if)#end
```

b. 检查已创建 VLAN10，并将 f0/1-2 端口划分到 VLAN10 中，如图 5-14 所示。

```
Switch# show vlan id 10                             !显示 VLAN10
```

```
Switch#show vlan id 10

VLAN Name                             Status    Ports
---- -------------------------------- ---------
-------------------------------
10   student                          active    Fa0/1, Fa0/2

VLAN Type  SAID       MTU   Parent RingNo BridgeNo Stp  BrdgMode Trans1 Trans2
---- ----- ---------- ----- ------ ------ -------- ---- -------- ------ ------
10   enet  100010     1500  -      -      -        -    -        0      0
```

图 5-14　VLAN10 配置

c. 用同样方法在交换机上创建 VLAN20，并将 f0/3-4 端口划分到 VLAN20 中。

④ 测试，其中相同 VLAN 的主机可以 ping 通，不同 VLAN 的主机不能 ping 通，如图 5-15 和图 5-16 所示。

```
PC>ipconfig

FastEthernet0 Connection:(default port)

   Link-local IPv6 Address.........: FE80::290:21FF:FEAD:1706
   IP Address......................: 192.168.1.1
   Subnet Mask.....................: 255.255.255.0
   Default Gateway.................: 192.168.1.254

PC>ping 192.168.1.2

Pinging 192.168.1.2 with 32 bytes of data:

Reply from 192.168.1.2: bytes=32 time=1ms TTL=128
Reply from 192.168.1.2: bytes=32 time=0ms TTL=128
Reply from 192.168.1.2: bytes=32 time=0ms TTL=128
Reply from 192.168.1.2: bytes=32 time=1ms TTL=128

Ping statistics for 192.168.1.2:
    Packets: Sent = 4, Received = 4, Lost = 0 (0% loss),
Approximate round trip times in milli-seconds:
    Minimum = 0ms, Maximum = 1ms, Average = 0ms
```

图 5-15　相同 VLAN 可以 ping 通

```
PC>ipconfig

FastEthernet0 Connection:(default port)

   Link-local IPv6 Address.........: FE80::290:21FF:FEAD:1706
   IP Address......................: 192.168.1.1
   Subnet Mask.....................: 255.255.255.0
   Default Gateway.................: 192.168.1.254

PC>ping 192.168.1.3

Pinging 192.168.1.3 with 32 bytes of data:

Request timed out.
Request timed out.
Request timed out.
Request timed out.

Ping statistics for 192.168.1.3:
    Packets: Sent = 4, Received = 0, Lost = 4 (100% loss),
```

图 5-16　不同 VLAN 之间 ping 不通

⑤ 保存配置。

```
Switch#copy running-config startup config      !将当前配置保存到配置文件中
```

或者

```
Switch#write memory
```

**注意**

如果把一个接口分配给一个不存在的 VLAN，那么这个 VLAN 将自动被创建。假设 VLAN2 不存在，则以下命令创建 VLAN2 的同时将 f0/5 口加入 VLAN2 中：

```
SwitchA(config)#interface fastEthernet 0/5
SwitchA(config-if)#switchport access vlan 2
```

问题与思考

① 静态 VLAN 与动态 VLAN 有什么不同？

② 局域网最多支持划分多少个 VLAN？

③ 如何删除 VLAN？VLAN 能否被删除？

## 实训 2 学习快速生成树 RSTP 配置

### 实训目的

① 了解快速生成树 RSTP 配置原理。

② 掌握交换机 RSTP 配置方法。

### 实训内容

生成树协议（Spanning-Tree Protocol，STP）是用来提供冗余备份链路，并解决交换网络中的环路问题的协议。对于二层以太网来说，为了加强局域网的可靠性，建立冗余链路是必要的，其中只有一条处于活动状态，另一条处于备份状态，如果当前活动链路发生故障，备份链路转为活动状态，保证数据的正常转发。

快速生成树协议（RSTP）在 STP 的基础上增加了两种端口角色：替换端口（Alternate Port）和备份端口（Backup Port），分别作为根端口（Root Port）和指定端口（Designated Port）的冗余端口。当根端口或指定端口出现故障时，冗余端口可以直接切换到替换端口或备份端口。从而实现小于 1s 的快速收敛。

按照以下实训图 5-17 的拓扑结构进行连线。

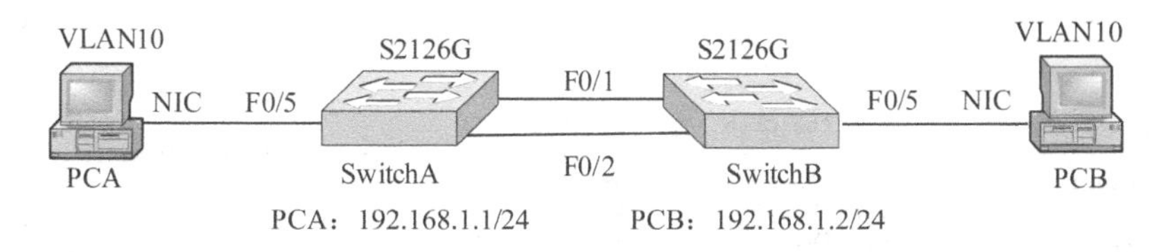


图 5-17 RSTP 配置实例拓扑图

### 实训条件

Cisco Packet Tracer、S2960 交换机（2 台）、计算机（2 台）、直连线（2 根）、交叉线（2 跟）、配置电缆（1 根）。

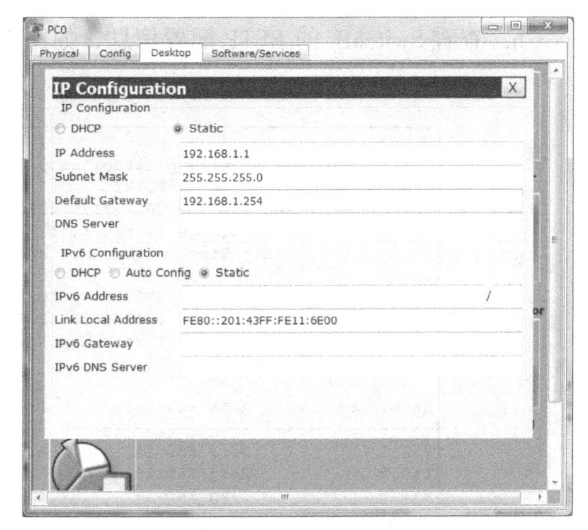


图 5-18 IP 地址配置

### 实训步骤

① 按照图 5-17 所示进行连线，交换机与交换机之间用交叉线相连，并给计算机配置 IP 地址和子网掩码，如图 5-18 所示。

② 分别在交换机 SwitchA 和 SwitchB 上创建 VLAN10，将指定端口 f0/5 加入到 VLAN10 中，f0/1-2 口设为 trunk 类型（以 SwitchA 为例）。

```
SwitchA(config)#vlan 10
```

```
SwitchA(config-vlan)#exit
SwitchA(config)#interface fastEthernet 0/5
SwitchA(config-if)#switchport mode access
SwitchA(config-if)#switchport access vlan 10
SwitchA(config-if)#exit
SwitchA (config)#interface range fastEthernet 0/1-2
SwitchA (config-if-range)#switchport mode trunk
SwitchA (config-if-range)#exit
```

以同样的方法在SwitchB上进行配置。

③ 分别在交换机SwitchA和SwitchB上配置RSTP（以SwitchA为例）。

```
SwitchA(config)#spanning-tree mode rapid-pvst
SwitchA(config)#end
```

以同样的方法在SwitchB上进行配置。

④ 分别查看SwitchA、SwitchB的RSTP配置信息。

a. 查看SwitchA 的RSTP配置信息，如图5-19所示。

```
SwitchA#show spanning-tree
```

```
VLAN0010
  Spanning tree enabled protocol rstp
  Root ID    Priority     32778
             Address      000A.F3BB.4E56
             Cost         19
             Port         1(FastEthernet0/1)
             Hello Time   2 sec  Max Age 20 sec  Forward Delay 15 sec

  Bridge ID  Priority     32778  (priority 32768 sys-id-ext 10)
             Address      00E0.8FEE.6139
             Hello Time   2 sec  Max Age 20 sec  Forward Delay 15 sec
             Aging Time   20

Interface        Role Sts Cost      Prio.Nbr Type
---------------- ---- --- --------- -------- --------------------------------
Fa0/1            Root FWD 19        128.1    P2p
Fa0/2            Altn BLK 19        128.2    P2p
Fa0/5            Desg FWD 19        128.5    P2p
```

图5-19　SwitchA的配置信息

b. 查看SwitchB 的RSTP配置信息，如图5-20所示。

```
SwitchB#show spanning-tree
```

```
VLAN0010
  Spanning tree enabled protocol rstp
  Root ID    Priority     32778
             Address      000A.F3BB.4E56
             This bridge is the root
             Hello Time   2 sec  Max Age 20 sec  Forward Delay 15 sec

  Bridge ID  Priority     32778  (priority 32768 sys-id-ext 10)
             Address      000A.F3BB.4E56
             Hello Time   2 sec  Max Age 20 sec  Forward Delay 15 sec
             Aging Time   20

Interface        Role Sts Cost      Prio.Nbr Type
---------------- ---- --- --------- -------- --------------------------------
Fa0/1            Desg FWD 19        128.1    P2p
Fa0/2            Desg FWD 19        128.2    P2p
Fa0/5            Desg FWD 19        128.5    P2p
```

图5-20　SwitchB的配置信息

⑤ 设置交换机的优先级，指定 SwitchB 为根交换机。

SwitchB(config)#spanning-tree vlan 10 priority 4096

通过 show spanning-tree 命令可以看到，如图 5-21 所示。

```
VLAN0010
  Spanning tree enabled protocol rstp
  Root ID    Priority    4106
             Address     000A.F3BB.4E56
             This bridge is the root
             Hello Time  2 sec  Max Age 20 sec  Forward Delay 15 sec

  Bridge ID  Priority    4106  (priority 4096 sys-id-ext 10)
             Address     000A.F3BB.4E56
             Hello Time  2 sec  Max Age 20 sec  Forward Delay 15 sec
             Aging Time  20

Interface        Role Sts Cost      Prio.Nbr Type
---------------- ---- --- --------- -------- --------------------------------
Fa0/1            Desg FWD 19        128.1    P2p
Fa0/2            Desg FWD 19        128.2    P2p
Fa0/5            Desg FWD 19        128.5    P2p
```

图 5-21　switchB 更改后的配置信息

⑥ 验证。在 PCB 上用命令 ping -t 192.168.1.1 向 PCA 连续发送 ping 包，并且将交换机之间的连线断开一根，再查看是否连通。如图 5-22 所示，在 PCB ping 通 PCA 时交换机间的一条链路宕掉，仍能 ping 通，注意观察 ping 的丢包情况。

```
PC>ping -t 192.168.1.1

Pinging 192.168.1.1 with 32 bytes of data:

Reply from 192.168.1.1: bytes=32 time=1ms TTL=128
Reply from 192.168.1.1: bytes=32 time=0ms TTL=128
Reply from 192.168.1.1: bytes=32 time=1ms TTL=128
Reply from 192.168.1.1: bytes=32 time=1ms TTL=128
Reply from 192.168.1.1: bytes=32 time=0ms TTL=128
Reply from 192.168.1.1: bytes=32 time=0ms TTL=128
Reply from 192.168.1.1: bytes=32 time=0ms TTL=128
Reply from 192.168.1.1: bytes=32 time=0ms TTL=128
Reply from 192.168.1.1: bytes=32 time=0ms TTL=128
Reply from 192.168.1.1: bytes=32 time=0ms TTL=128
Reply from 192.168.1.1: bytes=32 time=0ms TTL=128
Reply from 192.168.1.1: bytes=32 time=0ms TTL=128
```

图 5-22　验证相通

**问题与思考**

① 生成树协议（STP）的作用是什么？

② 在配置快速生成树 RSTP 中要注意什么？

# 小　　结

本章介绍了局域网范围中涉及的二层交换技术。先介绍经典局域网的工作原理，CSMA/CD 协议以及二进制指数退避算法；再讲解在不同层次上扩展局域网的技术，说明集线器和网桥的作用以及区别。通过网桥结构以及工作原理的介绍，学习实现透明网桥的逆向学习算法。通过举例说明了网桥对不同数据帧的处理方法。介绍了交换式局域网与传统共享式局域网的区别，并引入交换机的概念。交换机在解决单点故障的同时会引入了环路问题，通过生成树协议选举一棵生成树来覆盖网络拓扑，使一些冗余链路进入备用状态从而防止广播风暴的出现。最后讨论了LAN物理拓扑结构和逻辑拓扑结构的分离，用VLAN来实现逻辑拓扑结构。

# 习　　题

## 一、选择题

1. 以下关于虚拟局域网特征的描述中，说法错误的是（　　）。
   A. 虚拟局域网建立在局域网交换机或ATM交换机之上
   B. 同一逻辑工作组的成员必须连接在同一个物理网段上
   C. 虚拟局域网以软件方式实现逻辑工作组的划分与管理
   D. 虚拟局域网能将网络上的结点按工作性质与需要，划分成若干个逻辑工作组
2. 在数据链路层扩展以太网使用的设备是（　　）。
   A. 集线器　　B. 中继器　　C. 网卡　　D. 网桥
3. 关于生成树协议优缺点的描述不正确的是（　　）。
   A. 能够管理冗余链路
   B. 能够阻断冗余链路，防止环路的发生
   C. 能够防止网络临时失去连通性
   D. 能够使以太网交换机可以正常工作在存在物理环路的网络环境中
4. 集线器Hub应用在（　　）。
   A. 物理层　　B. 数据链路层　　C. 网络层　　D. 应用层
5. 在以太网中，帧的长度有一个下限，这主要是出于（　　）的考虑。
   A. 载波监听　　B. 多点访问
   C. 冲突检测　　D. 提高网络带宽利用率
6. 一个VLAN可以看作是一个（　　）。
   A. 冲突域　　B. 广播域　　C. 管理域　　D. 自治域

## 二、填空题

1. CSMA/CD协议的主要工作内容包括________、________、________、________。
2. 透明网桥的两种算法是________、________。
3. VLAN帧结构包括的字段主要有________、________、________、________。
4. 交换机对数据帧的两种操作为________、________。

## 三、问答题

1. 在以太网中，为什么有最短帧长限制？画图举例说明。

2. 一个使用CSMA/CD的网络长500 m，数据率为100 Mbit/s。设信号在网络上传播速度是真空中传播速度的2/3。求能够使用该协议的最短帧长。

3. 以太网上只有两个站，它们同时发送数据，产生了碰撞。于是按截断二进制指数退避算法进行重传。重传次数记为 $i$，$i$=1，2，3,…a，试计算第1次重传失败的概率、第2次重传的概率、第3次重传失败的概率。

4. 有10个站连接到以太网上。试计算以下三种情况下每一个站所能得到的带宽。

（1）10 个站都连接到一个 100 Mbit/s 以太网集线器；

（2）10 个站都连接到一个 1000 Mbit/s 以太网集线器；

（3）10 个站都连接到一个 100 Mbit/s 以太网交换机。

5. 图 5-23 表示有 4 个站点用网桥 B1 和 B2 连接起来。两个网桥刚刚启动，采用后向学习算法。现按照顺序发送以下数据帧：B 发送给 D，C 发送给 B，D 发送给 C，A 发送给 B。试把有关数据填写在表 5-2 中。

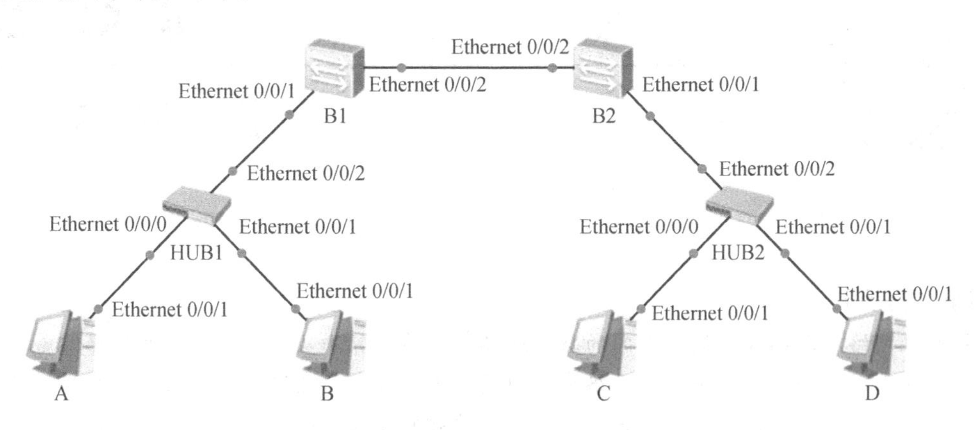


图 5-23　网桥

**表 5-2　答 题 表**

| 发送的帧 | B1 的转发表更新 | | B2 的转发表更新 | | B1 的处理 | B2 的处理 |
|---|---|---|---|---|---|---|
| | 地址 | 接口 | 地址 | 接口 | | |
| B 到 D | | | | | | |
| C 到 B | | | | | | |
| D 到 C | | | | | | |
| A 到 B | | | | | | |

6. 说明交换机与集线器的区别。

7. VLAN 的作用是什么？用 802.3 标准能否实现 VLAN 功能？

# 第 6 章 路由技术

【教学提示】

计算机网络中源站和目的站之间的路径选择是由路由算法实现的，相应的网络设备就是路由器。路由选择算法的差异决定了网络中路由器的工作方式，也决定了路由表的生成方法。不同路由协议中，路由器通过不同的方式，与不同的对象交换网络拓扑结构的信息，从而实现不同网络的互联。

【教学要求】

了解路由器的路由选择功能和数据转发功能，以及这两者的区别；了解路由选择时使用的最优化原则，掌握由之推导得来的最短路径算法；深入了解动态路由算法：距离矢量路由算法和 RIP 协议，链路状态路由算法和 OSPF 协议；了解内部网关协议 IGP 和外部网关协议 EGP 的概念；掌握边界网关协议 BGP 与 RIP、OSPF 与 IGP 协议的区别。

分组从源主机沿着网络路径送达目的主机。为了将分组送达目的主机，有可能沿路要经过许多跳（Hop）中间路由器。为此，网络层必须知道整个网络的拓扑结构，并在拓扑结构中选择适当的转发路径。同时，网络层还必须仔细选择路由器，避免某些通信链路或路由器负载过重，而其他链路或路由器空闲的情况。因此，网络层中的每台主机和路由器都必须具有网络层功能，而网络层最核心的功能就是路由选择和分组转发。

## 6.1 路由选择及分组转发

网络层的分组转发设备是路由器。路由器是一个具有多个输入端口和多个输出端口的专用计算机，其任务是转发分组。从路由器某个输入端口收到的分组，按照分组要去的目的地（即目的网络），把该分组从路由器的某个合适的输出端口转发给下一跳路由器。下一跳路由器也按照这种方法处理分组，直到该分组到达终点为止。路由器实现了路由选择和分组转发的功能。典型路由器的结构如图 6-1 所示。

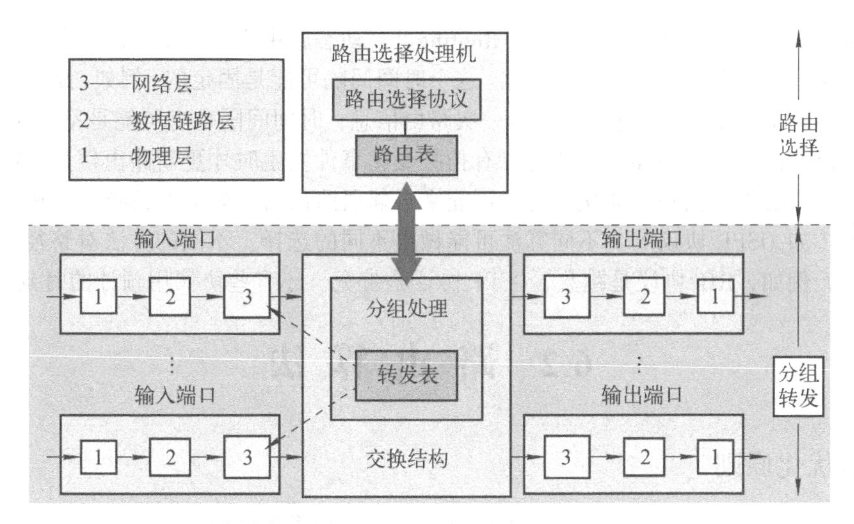


图 6-1　典型路由器的结构

从图中可以看出，整个路由器结构可划分为两个部分：路由选择和分组转发。当分组到达路由器时，先由物理层、数据链路层、网络层三个模块对分组进行处理：物理层进行比特的接收；数据链路层解析数据帧并读取收发 MAC 地址；网络层处理分组并解析分组头部控制信息。根据收发双方的 IP 地址查找转发表，将分组转发到相应的输出端口，这就是路由器的分组转发过程。在这个过程中，由于 CPU、输出端口等资源限制，数据分组有时需要在内存中排队等待处理。

在分组转发过程中，关键在于转发表，因为其中存储了转发的关键信息。而转发表又是由路由表产生的。那么，路由表的关键信息又是如何产生的？由于关键信息中目的地址和转发端口的匹配本质上是路径的选择，所以路由表的信息主要为源主机到目的主机的最优路径的确定。这就需要路由器具有收集网络拓扑信息并计算最优路径的功能，也就是路由器的路由选择功能。

路由选择功能是指在组成网络的众多结点之间找到一条从源结点到目的结点的最优路径。由于网络的冗余性，从源结点到目的结点的路径是很多的，必须从这些可能的路径中找到距离最近、成本最低、延迟最小的路径。衡量路径有跳数、地理距离、带宽、平均流量、通信成本、平均延迟等各种参数，我们可根据实际情况，选择其中的一种或者几种。用几种参数按照不同的权重组合起来的函数代表路径的好坏，我们通常称为路径开销（Cost）。路由选择就是选择路径开销最小的那条路径。

路由和转发这两个功能的区别为：路由是路径的确定、路由表的产生；而转发则是根据目的地址去查路由表确定输出端口的过程。路由是转发的前提，转发则是路由的使用。本章研究的路由算法就是路由功能的实现、产生和更新路由表的方法。

路由算法可分为两大类：非自适应算法和自适应算法。非自适应算法（Nonadaptive Algorithm）不会根据即时的网络拓扑、流量来调整路由策略，而是预先计算好路径，在每台路由器配置好路由表，这个过程有时又称为静态路由（Static Routing）。静态路由不能应对网络拓扑的故障和突变，但在路由选择清楚的条件下非常有用。如图 3-1 所示，不管分组的目的地是哪里，企业网络通往外网的数据都要经过边界路由器，路径非常明确，此时用静态路由最合适。

与此相反，自适应算法（Adaptive Algorithm）根据网络拓扑结构、流量状态的变化调整路由决策，所以又称为动态路由（Dynamic Routing）。动态路由算法需要每隔一段时间收集网络状态变化的信息作为调整路由决策的依据。这个时间间隔可能是固定的，例如，路由信息（Route Information Protocol，RIP）每隔 30 s 更新一次路由信息；时间间隔也有可能是不定时的，例如，OSPF（Open Shortest Path First）协议是在有拓扑变化事件发生时才更新路由信息。网络状态变化信息有可能来自本地拓扑的变化，也有可能来自邻居路由器（如 RIP 协议），还有可能来自所有路由器（如 OSPF 协议），不同算法可能做出不同的选择。不同的算法对路径优化的度量取舍也不同，例如，RIP 协议是跳数、OSPF 协议是带宽，还有些协议用预计的时延。

# 6.2 路由算法

## 6.2.1 最优化原则

在介绍具体路由算法之前，先不考虑网络拓扑结构和流量情况，而是先给出有关路由选择的一般性原则，称之为最优化原则（Optimality Principle）。最优路径的一般描述如下：如果路由器 A 在从路由器 B 到路由器 C 的最优路径上，那么从 A 到 C 的最优路径也必定遵循同样的路由。为了更好地理解这一点，我们将从 A 到 B 的路径部分记作 $R_1$，余下路径部分记作 $R_2$。如果从 A 到 C 还存在一条路由比 $R_2$ 更好，那么它可以与 $R_1$ 级联起来，从而可以改善从 B 到 C 的路由，这与 $R_1R_2$ 是最优路径的假设相违背。

由最优化原则，如图 6-2 所示，可以从一个目的结点沿着最优路径向外延伸连接网络的各个结点，当把所有结点都连接之后就构成了一棵生成树，覆盖了整个网络的所有结点。这棵树就称为汇集树（Sink Tree），以目标结点为树根，最优路径为树枝。常见的路由算法通过在路由器间交换信息，构建网络拓扑图，如图 6-2（a）所示，再根据最优化原则计算汇集树，如图 6-2（b）所示，然后根据汇集树生成各个路由器的路由表、转发表，进行分组的转发。所以，最优化原则和汇集树是各种路由算法的基础。

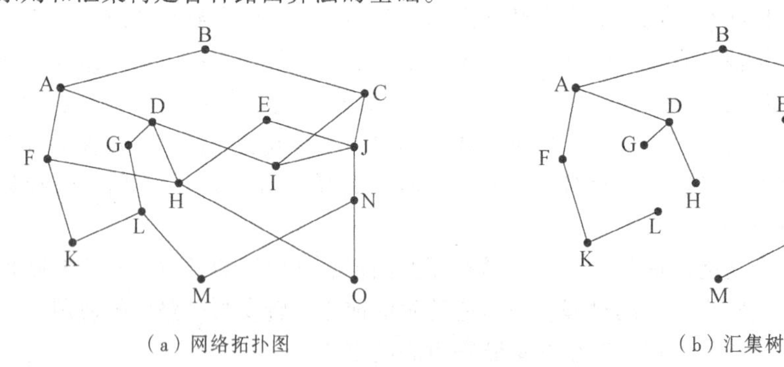


图 6-2　网络拓扑图与汇集树

## 6.2.2 最短路径算法

路由算法的工作原理是：首先通过各种途径收集网络拓扑信息，得到整个网络拓扑结构图，然后根据最优化原则计算网络所有结点到网络中某个目标结点的汇集树，这样就可以计算出该

目标结点（路由器）的路由表信息。在这个过程中，路由算法根据网络拓扑结构和最优化原则计算汇集树是非常重要的一环，有几个算法可以实现这个目的，其中 Dijkstra 算法最常用到。

Dijkstra 算法能找出一个源结点到网络中所有结点的最短路径。在无向图中，S 到 T 和 T 到 S 的路径是相同的。所以我们可以将目标结点作为算法中的源结点考虑。

网络拓扑结构是计算汇集树的基础，可以通过一个网络图来表示，如图 6-3（a）所示。网络中每个路由器用网络图的一个结点表示，每条通信链路则用网络图的一条边表示。

Dijkstra 算法使用（距离，上一跳）二元组对结点进行标记，其中距离可以使用不同参数加权得到的路径开销来表示。Dijkstra 算法首先选定一个源结点，然后向邻居结点扩展，根据距离远近和最优化原则寻找到各结点的最短路径。在计算过程中，将结点分为暂定结点和永久结点，永久结点是已经加入汇集树的结点，暂定结点是尚未确定最短路径还未加入汇集树的结点。

如图 6-3 所示，刚开始所有结点都还未加入汇集树，都是暂定结点，结点二元组都是（∞，-），因为所有结点都还未连接。首先加入汇集树的是源结点 A，作为树根，转为永久结点，如图 6-3（a）所示。

A 转为永久结点后，与 A 直接相连的邻居结点就需要更新其二元组，例如 B 的二元组更新为（2，A），G 的二元组更新为（6，A），如图 6-3（b）所示。其他没有连接到 A 的结点因为还没有连接到汇集树（暂时只有 A）的路径，所以距离还是∞。在所有暂定结点中选择距离最短的那个结点，将其加入汇集树中转为永久结点。由于 B 结点的距离最短，所以第二个转为永久结点的是 B（2，A）。

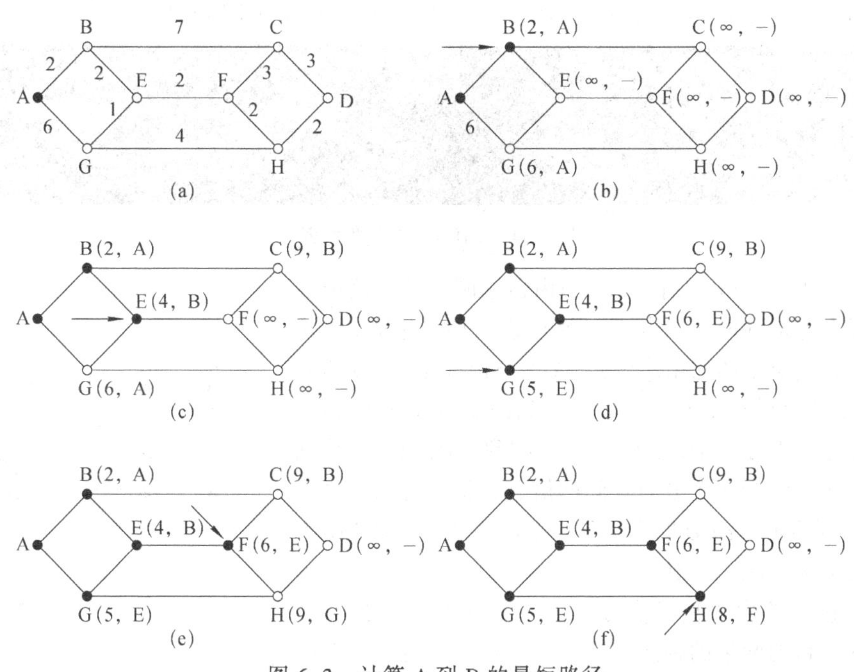


图 6-3　计算 A 到 D 的最短路径

更新结点到源距离、选择最短路径结点转为永久结点加入汇集树，这个过程重复循环进行，一直到所有网络结点都已加入汇集树为止。此时各永久结点按照步骤连接构成的就是汇集树。

### 6.2.3 距离矢量路由算法

距离矢量路由（Distance Vector Routing）算法中，路由器维护的路由表包括到目的网络的最优距离、出境链路（端口）。这些路由表在邻居路由器之间相互交换，从而更新网络拓扑信息生成新的路由表。其要点如下所述：

① 仅和相邻路由器交换信息。

② 路由器交换的内容是到所有目的网络的距离，即自己的路由表。

③ 周期性更新，即固定时间间隔交换路由信息。这样保证了网络拓扑变化时，路由器能及时发现并通告给邻居路由器。

最常见的距离矢量路由是 RIP，它是最早广泛使用的路由协议之一，最早用于 ARPANET，是 Internet 的标准协议，其最大优点是简单。RIP 协议使用“跳数”（Hop Count）作为路径距离，每经过一个路由器，跳数加 1。每隔 30 s，相邻的路由器之间就相互交换路由表信息。在交换数据前，路由器将自己路由表中到各网络的距离加 1，然后发送给邻居路由器。每个路由器收到所有邻居的路由表后，比较到目的网络的距离，选取其中距离最短的路由表项，并选取该项的来源路由器作为下一跳的输出路由器（输出端口）。

RIP 协议要求网络中每个路由器都要维护从它自己到其他每一个目的网络的距离（这是一组距离，即距离矢量），即路由表。路由表的内容如图 6-4 所示。Destination 项是目的网络，Cost 项（即开销）是到目的网络的距离，Interface 项是输出端口。NextHop 项是下一跳路由器接口 IP 地址，与 Interface 的作用是类似的，都指明了路由器的输出端口。

```
Destination/Mask     Proto   Pre  Cost        Flags NextHop         Interface

       10.0.2.0/24   RIP     100  1             D   10.0.123.2      GigabitEthernet
0/0/0
       10.0.3.0/24   RIP     100  1             D   10.0.123.3      GigabitEthernet
0/0/0
```

图 6-4　RIP 协议的路由表

某网络拓扑如图 6-5 所示，J 路由器刚刚启动，路由表是空的。现在考虑到网络结点 D 的路由表项如何生成，J 从邻居路由器收到更新的路由表信息，A 的路由表项为（D，3），在发送前会将距离加 1，所以 J 实际收到的路由表项为（D，4）。J 还会从 I 收到（D，6），从 H 收到（D，2），从 K 收到（D，4）。综合四个方向收到的信息，我们选取最短路径的 H 作为到目的网络 D 的出境下一跳路由器，所以 J 中生成的路由表项为（D，2，H）。

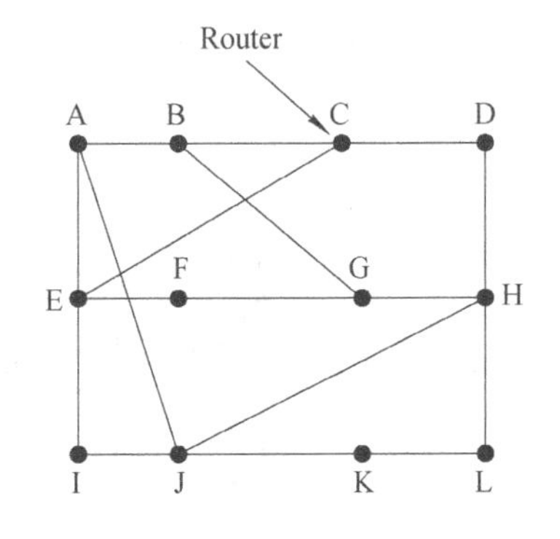


图 6-5　一个网络拓扑

RIP 协议中路由表信息实际上没有具体的网络拓扑结构，而是到达目的网络的距离和方向，也就是到达目的网络的距离矢量信息。通过综合考虑邻居对同一个目的网络的距离矢量总结出一个最优的结果。但是这个结果并不一定是正确的，有可能会出现错误。

如图 6-6 所示，这是一个五结点线型网络。图 6-6（a）表示了 A 启动时，其他路由器通过矢量交换获知这个消息的过程。很明显只需要四次信息交换，网络就已收敛。路由收敛指网络的拓扑结构发生变化后，路由表重新建立到发送再到学习直至稳定，并通告网络中所有相关路由器都得知该变化的过程，也就是网络拓扑变化引起的通过重新计算路由而发现替代路由的行为。图 6-6（a）说明距离矢量路由算法中，好消息（即 A 启动）传递得很快。

而图 6-6（b）则说明了坏消息传递得很慢。最初所有的路由器和线路都是正常工作的。路由器 B、C、D、E 到 A 的距离分别是 1、2、3、4。突然 A 停机了，30 s 的更新间隔中，B 没有从 A 收到更新的路由信息。这时 B 能否意识到 A 已停机？答案是不能，因为在这 30 s 间隔中，它还会从 C 收到路由信息，C 会告诉 B："通过我可以到达 A，距离是 3。"虽然这个消息本身是一个误解，但 B 还是会随之更新距离为 3，C、D、E 的路由则不变。再经过 30 s，C 到 A 的路由距离就会从 2 更新为 4，B、D、E 的路由不变。这样继续下去，其他四个路由器一直都不能发现 A 已停机这个问题，随着时间的推移交换信息次数增多，到达 A 的距离越来越大，一直趋向无穷大，这个问题称为无穷计数（Count-to-infinity）问题。这个问题的核心其实在于当 $X$ 收到 $Y$ 传来的最佳路径矢量时，$X$ 无法分辨自己是否已经在这条路径上。所以，距离矢量路由算法对好消息传得快，对坏消息传得慢。

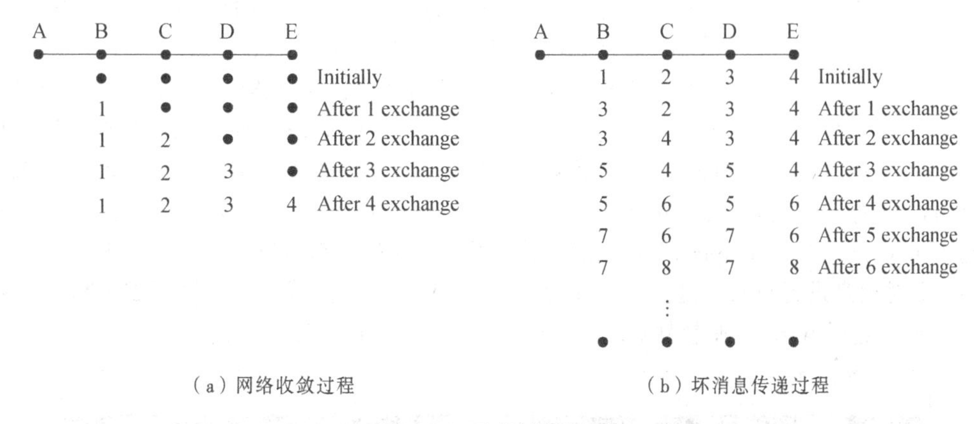

（a）网络收敛过程　　（b）坏消息传递过程

图 6-6　无穷计算问题

为了避免无穷计数问题，可以将路径距离限制为网络最长路径的长度+1，当跳数达到这个距离时，路由器就可以认为该网络结点无法到达。在实际 RIP 协议中，这个最长距离设置为 15 跳。这个跳数的设置同样也限制了 RIP 协议的网络规模，其网络直径要小于 16 跳。所以 RIP 协议作为距离矢量路由算法只适用于小型网络而不能用于大型网络。

实际上，为了进一步改善协议，还提出了很多其他的方法。在 RIP 协议中，还有水平分割、毒性反转、触发更新等算法改善无穷计数问题，这里不展开阐述。

总之，RIP 协议最大的优点就是实现简单，路由器开销小。但 RIP 限制了网络的规模，能使用的最大距离为 15（16 为不可达）；路由器间交换的是路由表，会随着网络规模的扩大，开销急剧增加；坏消息传播得慢使得网络收敛时间太长。

### 6.2.4　链路状态路由算法

距离矢量路由算法每隔 30 s 更新一次路由信息，当结点或者线路出现故障，网络拓扑结构发生变化时网络收敛速度慢，这些缺点使得它在大型网络应用中逐渐被链路状态路由（Link State Routing）算法所取代，例如，OSPF 或者 IS-IS 协议，它们已成为 Internet 应用最为广泛的路由算法。

链路状态路由算法的工作流程经历以下几个步骤：

① 首先路由器发现其邻居结点，并了解其网络地址，建立邻居关系。

② 设置与邻居间链路状态参数。

③ 建立包含与邻居间链路状态参数的分组，并广播给网络中所有路由器。

④ 接收来自其他所有路由器的路由分组，建立本网络的拓扑结构图。

⑤ 根据最短路径算法计算汇集树。

以最常见的 OSPF 协议为例说明这几个步骤如何实现。

一台路由器刚启动，首先要做的就是发现它有哪些邻居，并且与邻居建立关系。OSPF 协议中使用HELLO报文完成这个工作，路由器发送HELLO报文给所有邻居，邻居也会发回HELLO报文进行应答。每隔 10 s 发送的 HELLO 报文能够发现、建立并维持邻居关系。

与邻居建立关系后，路由器根据与邻居间链路的类型、状态设置参数。OSPF 协议中最重要的链路参数是链路开销值，用于计算最短路径。它是与带宽相关的，链路带宽越大则开销（Cost）值越小，一种常用的计算公式为接口开销=带宽参考值 ÷ 接口带宽。带宽参考值可配置，默认为 100 Mbit/s。例如，一个 64 kbit/s 串口的开销为 1562，一个 E1 接口（2.048 Mbit/s）的开销为 48。对于开销（Cost）值小于 1 的情况，可以统一选取开销（Cost）=1。

当所有邻居及其链路状态信息都已收集之后，路由器将这些链路状态信息封装成分组并发送给网络中所有路由器。OSPF 协议使用 LSA（Link State Advertisement）报对这些链路信息进行分装：其中 DD(Database Discription)报描述链路状态信息数据库 LSDB(Link State DataBase)，其他路由器通过 DD 报检查自己对该路由器链路状态信息的了解，如果数据库中缺少某个 LSA，则发送 LSR（Link State Request）报向对方请求缺少的 LSA，对方则回复一个 LSU（Link State Update）报对信息进行更新。这些信息在 OSPF 中采用组播的形式发送，使用 224.0.0.5 的组播地址。图 6-7 是用 Wireshark 软件抓取 OSPF 协议更新数据包的过程。

| | | | | | |
|---|---|---|---|---|---|
| 6 | 4.902121 | 10.0.0.9 | 224.0.0.5 | OSPF | Hello Packet |
| 7 | 10.006467 | 10.0.0.2 | 224.0.0.5 | OSPF | Hello Packet |
| 8 | 10.062426 | 10.0.0.1 | 224.0.0.5 | OSPF | DB Description |
| 9 | 10.110475 | 10.0.0.2 | 224.0.0.5 | OSPF | DB Description |
| 10 | 10.166431 | 10.0.0.1 | 224.0.0.5 | OSPF | DB Description |
| 11 | 10.214484 | 10.0.0.2 | 224.0.0.5 | OSPF | DB Description |
| 12 | 10.214527 | 10.0.0.2 | 224.0.0.5 | OSPF | LS Request |
| 13 | 10.230435 | 10.0.0.1 | 224.0.0.5 | OSPF | DB Description |
| 14 | 10.230468 | 10.0.0.1 | 224.0.0.5 | OSPF | LS Request |
| 15 | 10.238439 | 10.0.0.1 | 224.0.0.5 | OSPF | LS Update |

图 6-7　OSPF 协议的 LSA 更新过程

当 OSPF 中某个路由器对网络 LSA 收集完成，此时根据 LSDB 可以构建整个网络的拓扑结构图，再根据最优化原则和最短路径算法以本路由器为根计算出汇集树，就可以生成本路由器的路由表。当网络达到稳定时，所有路由器的 LSDB 内容应该都是一样的，因为网络拓扑结构是一样的。

当网络拓扑发生变化时，OSPF 可以及时做出更新。与 RIP 协议不同，OSPF 协议不采用周期更新的方式，而是采用事件触发更新。链路或者结点发生故障事件就会触发 LSA 的发送，更新其他所有路由器的 LSDB，重新计算各路由表。事件触发更新比周期更新的延迟更小，网络收敛速度更快。

有些企业网络规模太大不便于管理。OSPF 可以将这样的网络划分为多个区域，每个区域管理自己内部的路由。如图 6-8 所示，区域之间路由交换时可以隐藏部分拓扑细节，只交换区域路由概要，减少路由交换所需的带宽，简化区域间路由计算。多区域 OSPF 中设有一个主干

区域（区域 0.0.0.0），作为区域间路由的中转区域，每个非主干区域都必须连接到骨干区域。从其他区域来的信息都有区域边界路由器进行概括。在图 6-8 中，路由器 R3、R4、R7 都是区域边界路由器，而显然每一个区域都应当有一个区域边界路由器。

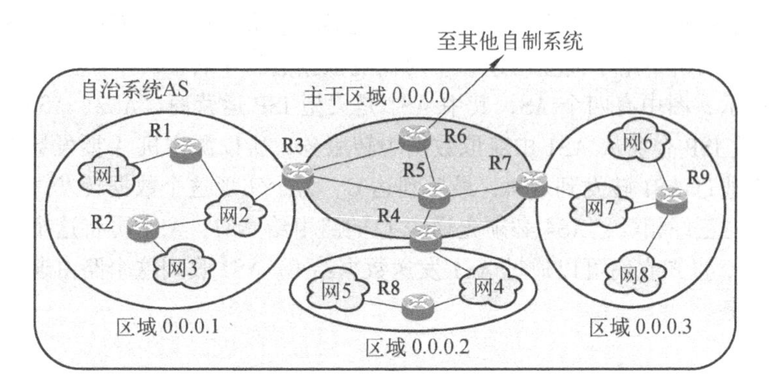


图 6-8　多区域 OSPF

采用分层次划分区域的方法虽然使交换信息的种类增多了，同时也使 OSPF 协议更加复杂了。但这样做能使每一个区域内部交换路由信息的通信量大大减小，因而使 OSPF 能够用于规模很大的网络中。这里，再次说明划分层次在网络设计中的重要性。

链路状态路由算法与距离矢量路由算法最大的不同在于收集的路由信息以及收集对象不一样。在距离矢量路由算法中，路由信息是到各目的网络的距离矢量（路由表项），而链路状态路由算法交换的路由信息则是邻居结点及其链路状态的各项参数；距离矢量路由算法是与邻居路由器交换信息，而链路状态路由算法中路由器将路由信息发送到网络中所有路由器。这两个方面联系紧密，导致两种算法差异甚大。距离矢量路由算法在每个路由器中没有完整的网络拓扑结构，其路由信息完全体现在路由表中；而链路状态路由算法的每个路由器则包含完整的网络拓扑结构信息——链路状态数据库，以此作为计算路由表的依据。

## 6.3　内部网关协议和外部网关协议

现在 Internet 由大量的独立网络构成，并由不同的组织运营，这些组织通常是公司、政府机构、大学或者 ISP 等。每个组织运营的网络内部，可以使用自己的内部路由算法，这样的独立网络，我们称为自治系统（Autonomous System，AS）。自治系统内部由一个组织统一运营，其路由协议一般称为内部网关协议（Interior Gateway Protocol，IGP），而自治系统之间的路由协议称为外部网关协议（Exterior Gateway Protocol，EGP）。

流行的 IGP 只有极少数几个协议。早期的 IGP 主要使用 RIP 协议，因为其在小型网络中运行良好，但随着网络规模变得越来越大，RIP 协议越来越不能适应网络发展的需求；而且遭受无穷计数问题的困扰，收敛速度一般很慢。1990 年 OSPF 成为链路状态协议的标准，它借鉴了 IS-IS 协议，两者大同小异，这两个协议广泛地应用于公司网络和 ISP 网络。

在一个 AS 内部，推荐使用的 IGP 路由协议是 OSPF 和 IS-IS。在 AS 之间，广泛使用的 EGP 则是边界网关协议（Border Gateway Protocol，BGP）。

因为 AS 内部属于同一个组织，关注的只是如何从源主机成功发送数据到目的主机。在这个范围里一般不会涉及政治方面的因素。相对的，在 AS 之间是不同组织之间的数据流动，必然会涉及大量的政治、安全、经济方面的要素，所以在 BGP 中这些政治、安全、经济等方面的考虑要素表现为大量的路由策略（Routing Policy）问题。例如，一个电信服务提供商很愿意为自己的客户提供数据传输业务，但非客户的数据就不进行中转，因为客户是缴费的，非客户没有缴费；一个国家的数据在国外中转时，就必须规避军事敌对国家的网络路由器，避免信息被窃听；公益机构的网络不用于商业用途，不对商业数据进行中转。

如图 6-9 所示，图中有四个 AS，其中 AS1 是大型 ISP 运营商，AS2、AS3、AS4 是地区性 ISP 企业。地区性 ISP 企业从 AS1 中获取数据中转服务，所以源主机 A 要发数据到目的主机 C 时，数据从 AS2 通过 AS1 转发到 AS4，最后到达 C。为了实现这个数据转发，路由通告的方向和分组转发的方向正好相反：AS4 必须先通告 C 的路由给 AS1，AS1 再将这个路由通告给它提供服务的所有 AS，告知它们可以通过 AS1 发送数据给 C。AS2 收到这个路由通告后才能顺利获取 AS1 的中转服务。

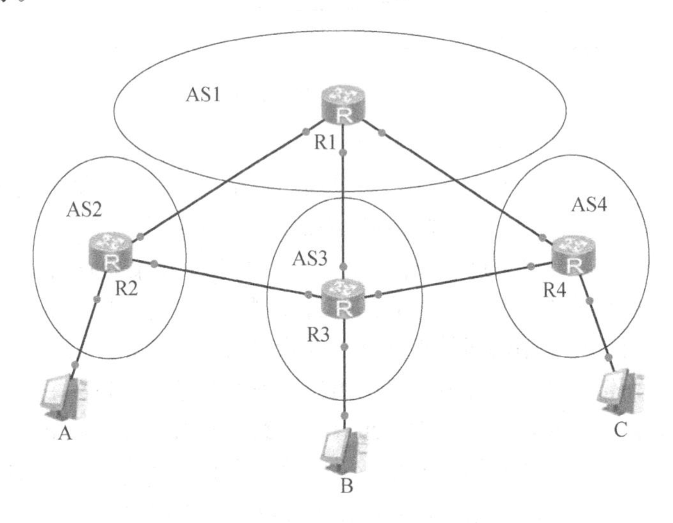


图 6-9　四个自治系统的路由策略

然而，这种中转服务是有代价的，AS2 和 AS4 必须为此向 AS1 付出一定的费用，所以在某些情况下，它们会做出不同的选择。例如，因为 AS2 与 AS3 之间有直连链路，那么 AS2 和 AS3 相互间有数据传送时，它们可以相互给予对等免费的数据转发策略，而节省通过 AS1 中转费用。为了实现这个对等免费策略，AS2 向 AS3 通告到 A 的路由，反之 AS3 向 AS2 通告 B 的路由。当源主机 A 有数据要发给目的地主机 B 时，分组在 AS2 优先转发到 AS3，再到达 B。这个过程由于对等免费策略，不使用 AS1 的中转服务，降低了数据服务的费用。同样的道理，如果源 C 有数据要传送给 B，同样可以通过对等服务通过 AS4 转发到 AS3。

再回到源 A 到目的地 C 的数据转发，其实除了 AS1 的中转服务，AS3 也可以提供一条中转路径。但注意，中转不等于对等。所以，在 AS2 没有付费情况下，AS3 只向 AS2 提供 B 的路由通告，而没有提供 C 的路由通告。AS2 仍然只能利用 AS1 的中转服务将 A 的数据转发到 C。如果在同一个 AS 中，只考虑效率而不考虑政治要素时，选择是完全不一样的。从这个例子就可以看出 BGP 协议与 IGP 协议的思路是完全不同的。

BGP 协议属于一种距离矢量路由算法，但对其进行了改进，与 RIP 协议相比有较大不同。在 BGP 中，路由信息不仅仅记录了到目的地的距离以及转发的方向（下一跳接口），还记录了数据转发的路径，也就是分组从源到目的地所经过的 AS 编号，所以实际上 BGP 协议应该称为

路径矢量（Path Vector）路由协议。这个对距离矢量的改进克服了无穷计算问题，还能打破路由循环。

BGP 路由通告的过程可以用图 6-9 来说明。为了实现源 A 向目的地 C 传输数据，先要进行路由通告。首先由 AS4 向 AS1 通告路由（C，AS4，R4），这个路由信息中包含目的地址、转发路径、下一跳路由器。接着提供中转服务的 AS1 会向所有邻居 AS 通告路由，其中发到 AS2 的路由通告为（C，AS4，AS1，R1），这个路由信息中增加了途径的 AS1，并且将下一跳从 R4 修改为 AS1 与 AS2 的边界路由器 R1。

综上所述，BGP 协议的复杂性更多地体现于其路由策略中而不是转发效率的计算。更多的协议技术细节可参考其他文献。

# 实 训 练 习

## 实训 1 实现 RIP 路由协议配置

### 实训目的

掌握路由器 RIP 路由协议的基本配置。

### 实训内容

使用两个路由器 RouterA 和 RouterB 连接 192.168.1.0 /24、192.168.2.0/24 两个网段，通过在两台路由器上配置 RIP 协议，实现 2 个网段互通。最后通过 PCA 与 PCB 能相互 ping 通进行验证。拓扑结构如图 6-10 所示。

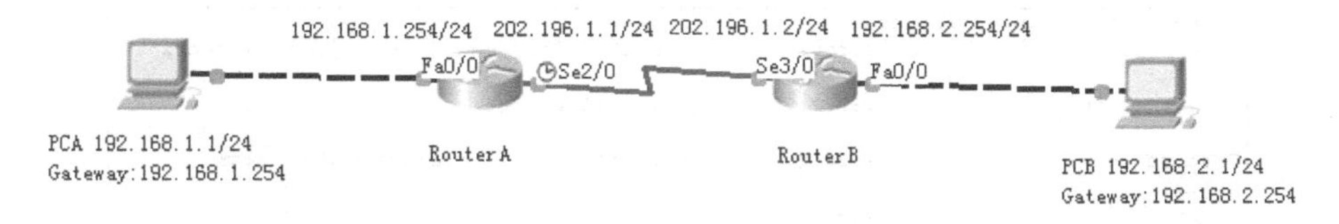


图 6-10 RIP 协议配置拓扑图

### 实训条件

路由器（2 台）、计算机（2 台）、配置电缆（1 根）、V35 线缆（1 根）、 直连线（2 根）。

### 实训步骤

① 参照图 6-10 所示进行连线。

② 配置 PCA、PCB 及路由器的 IP 地址、子网掩码和网关。

a. RouterA 基本配置，如图 6-11 所示。

```
RouterA(config)#int f0/0
RouterA(config-if)#ip add 192.168.1.254 255.255.255.0     !在接口 f1/0 上配置 IP
RouterA(config-if)#no shutdown                             !开启端口
RouterA(config-if)#exit
RouterA(config)#int s2/0
RouterA(config-if)#ip add 202.196.1.1 255.255.255.0       !在接口 s1/2 上配置 IP
RouterA(config-if)#clock rate 64000                        !在 DCE 端配置时钟速率
RouterA(config-if)#no shutdown                             !开启端口
```

```
RouterA(config-if)#end
RouterA#show ip interface brief                                   !查看端口 IP 信息
```

```
Router#show ip interface brief
Interface              IP-Address      OK? Method Status                Protocol

FastEthernet0/0        192.168.1.254   YES manual up                    up

FastEthernet1/0        unassigned      YES unset  administratively down down

Serial2/0              202.196.1.1     YES manual down                  down

Serial3/0              unassigned      YES unset  administratively down down

FastEthernet4/0        unassigned      YES unset  administratively down down

FastEthernet5/0        unassigned      YES unset  administratively down down
```

图 6-11　RouterA 的配置

b. RouterB 基本配置，如图 6-12 所示。

```
RouterB(config)#int s3/0
RouterB(config-if)#ip add 202.196.1.2 255.255.255.0        ! 在接口 s1/3 上配置 IP
RouterB(config-if)#no shutdown                             ! 开启端口
RouterB(config-if)#exit
RouterB(config)#int f0/0
RouterB(config-if)#ip add 192.168.2.254 255.255.255.0      !在接口 f1/0 上配置 IP
RouterB(config-if)# no shutdown                            ! 开启端口
RouterB(config-if)#end
RouterB#show ip interface brief                            ! 查看端口 IP 信息
```

```
Router#show ip interface brief
Interface              IP-Address      OK? Method Status                Protocol

FastEthernet0/0        192.168.2.254   YES manual up                    up

FastEthernet1/0        unassigned      YES unset  administratively down down

Serial2/0              unassigned      YES unset  administratively down down

Serial3/0              202.196.1.2     YES manual up                    up

FastEthernet4/0        unassigned      YES unset  administratively down down

FastEthernet5/0        unassigned      YES unset  administratively down down
```

图 6-12　RouterB 的配置

③ RIP 协议配置。

a. 在 RouterA 上配置 RIPv2。

```
RouterA(config)# router rip                       !开启 RIP 协议进程
RouterA(config-router)#network 192.168.1.0        !声明 RouterA 的直连网段
RouterA(config-router)#network 202.196.1.0
RouterA(config-router)#version 2                  !定义 RIP 协议 v2
RouterA(config-router)#end
```

b. 在 routerB 上配置 RIPv2。

```
RouterB(config)# router rip                       !开启 RIP 协议进程
RouterB(config-router)#version 2                  !定义 RIP 协议 v2
```

```
RouterB(config-router)#network 192.168.2.0    !声明 RouterB 的直连网段
RouterB(config-router)#network 202.196.1.0
```

④ 查看路由表，如图 6-13 和图 6-14 所示。

```
RouterA#show ip route                          !查看 RouterA 的路由表
```

```
Router#show ip route
Codes: C - connected, S - static, I - IGRP, R - RIP, M - mobile, B - BGP
       D - EIGRP, EX - EIGRP external, O - OSPF, IA - OSPF inter area
       N1 - OSPF NSSA external type 1, N2 - OSPF NSSA external type 2
       E1 - OSPF external type 1, E2 - OSPF external type 2, E - EGP
       i - IS-IS, L1 - IS-IS level-1, L2 - IS-IS level-2, ia - IS-IS inter area
       * - candidate default, U - per-user static route, o - ODR
       P - periodic downloaded static route

Gateway of last resort is not set

C    192.168.1.0/24 is directly connected, FastEthernet0/0
R    192.168.2.0/24 [120/1] via 202.196.1.2, 00:00:19, Serial2/0
C    202.196.1.0/24 is directly connected, Serial2/0
```

图 6-13　RouterA 的路由表

```
RouterB#show ip route                          !查看 RouterB 的路由表
```

```
Router#show ip route
Codes: C - connected, S - static, I - IGRP, R - RIP, M - mobile, B - BGP
       D - EIGRP, EX - EIGRP external, O - OSPF, IA - OSPF inter area
       N1 - OSPF NSSA external type 1, N2 - OSPF NSSA external type 2
       E1 - OSPF external type 1, E2 - OSPF external type 2, E - EGP
       i - IS-IS, L1 - IS-IS level-1, L2 - IS-IS level-2, ia - IS-IS inter area
       * - candidate default, U - per-user static route, o - ODR
       P - periodic downloaded static route

Gateway of last resort is not set

R    192.168.1.0/24 [120/1] via 202.196.1.1, 00:00:19, Serial3/0
C    192.168.2.0/24 is directly connected, FastEthernet0/0
C    202.196.1.0/24 is directly connected, Serial3/0
```

图 6-14　RouterB 的路由表

⑤ 验证测试。PCA 与 PCB 可 ping 通，如图 6-15 所示。

```
PC>ping 192.168.2.1

Pinging 192.168.2.1 with 32 bytes of data:

Reply from 192.168.2.1: bytes=32 time=7ms TTL=126
Reply from 192.168.2.1: bytes=32 time=8ms TTL=126
Reply from 192.168.2.1: bytes=32 time=1ms TTL=126
Reply from 192.168.2.1: bytes=32 time=1ms TTL=126

Ping statistics for 192.168.2.1:
    Packets: Sent = 4, Received = 4, Lost = 0 (0% loss),
Approximate round trip times in milli-seconds:
    Minimum = 1ms, Maximum = 8ms, Average = 4ms
```

图 6-15　PCA 与 PCB 相通

**问题与思考**

如何用 RIP 协议实现图 6-16 所示的网络互联功能？

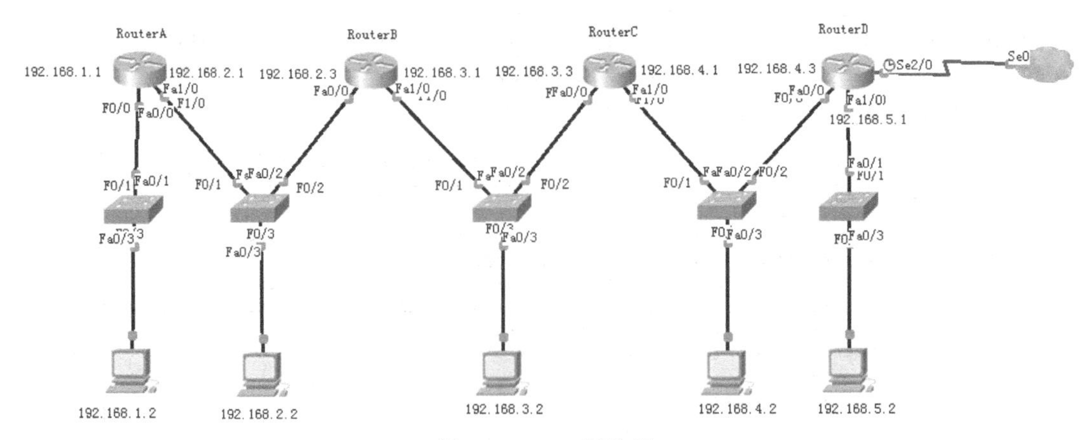


图 6-16 RIP 网络图

## 实训 2 实现路由器 OSPF 协议单区域配置

**实训目的**

掌握路由器 OSPF 协议单区域配置。

**实训内容**

路由器 RouterA 和 RouterB 连接了 192.168.1.0 /24、192.168.2.0/24 两个网段，通过在两台路由器上配置 OSPF 协议，实现 2 个网段互通。最后通过 PCA 与 PCB 能相互 ping 通进行验证。拓扑图如图 6-17 所示。

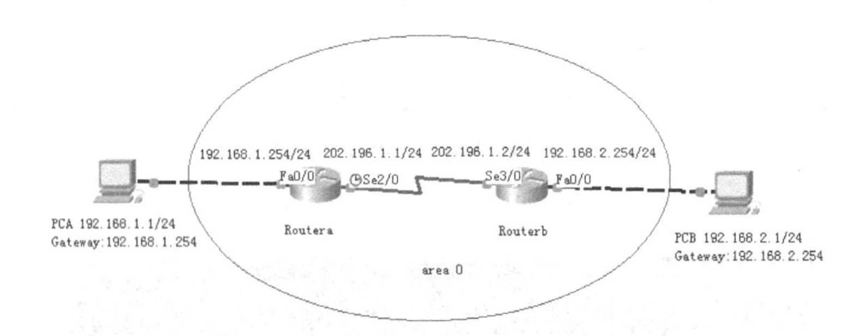


图 6-17 OSPF 协议单区域配置拓扑图

**实训条件**

路由器（2 台）、计算机（2 台）、配置电缆（1 根）、V35 线缆（1 根）、直连线（2 根）

**实训步骤**

① 参照图 6-17 所示进行连线。

② 配置 PCA、PCB 及路由器的 IP 地址、子网掩码和网关（同任务一中的实验步骤②）。

③ 配置 OSPF。

a. 在 RouterA 上配置：

```
RouterA(config)#router ospf  1  ! 开启 ospf
RouterA(config-router)#network 192.168.1.0 0.0.0.255 area 0
RouterA(config-router)#network 202.196.1.0 0.0.0.255 area 0
```

```
RouterA(config-router)#end
```

b. 在 RouterB 上配置。

```
RouterB(config)#router ospf  1
RouterB(config-router)#network 192.168.2.0 0.0.0.255 area 0
RouterB(config-router)#network 202.196.1.0 0.0.0.255 area 0
RouterB(config-router)#end
```

c. 查看路由表，如图 6-19 所示和图 6-20 所示。

```
Routera#show ip route
```

```
RouterA#show ip route
Codes: C - connected, S - static, I - IGRP, R - RIP, M - mobile, B - BGP
       D - EIGRP, EX - EIGRP external, O - OSPF, IA - OSPF inter area
       N1 - OSPF NSSA external type 1, N2 - OSPF NSSA external type 2
       E1 - OSPF external type 1, E2 - OSPF external type 2, E - EGP
       i - IS-IS, L1 - IS-IS level-1, L2 - IS-IS level-2, ia - IS-IS inter area
       * - candidate default, U - per-user static route, o - ODR
       P - periodic downloaded static route

Gateway of last resort is not set

C    192.168.1.0/24 is directly connected, FastEthernet0/0
O    192.168.2.0/24 [110/65] via 202.196.1.2, 00:00:16, Serial2/0
C    202.196.1.0/24 is directly connected, Serial2/0
```

图 6-19　RouterA 路由表的配置

```
Routerb#show ip route
```

```
RouterB#show ip route
Codes: C - connected, S - static, I - IGRP, R - RIP, M - mobile, B - BGP
       D - EIGRP, EX - EIGRP external, O - OSPF, IA - OSPF inter area
       N1 - OSPF NSSA external type 1, N2 - OSPF NSSA external type 2
       E1 - OSPF external type 1, E2 - OSPF external type 2, E - EGP
       i - IS-IS, L1 - IS-IS level-1, L2 - IS-IS level-2, ia - IS-IS inter area
       * - candidate default, U - per-user static route, o - ODR
       P - periodic downloaded static route

Gateway of last resort is not set

O    192.168.1.0/24 [110/65] via 202.196.1.1, 00:00:27, Serial3/0
C    192.168.2.0/24 is directly connected, FastEthernet0/0
C    202.196.1.0/24 is directly connected, Serial3/0
```

图 6-20　RouterB 路由表的配置

④ 验证测试。PCA 与 PCB 可 ping 通，如图 6-21 所示。

```
PC>ping 192.168.2.1

Pinging 192.168.2.1 with 32 bytes of data:

Reply from 192.168.2.1: bytes=32 time=7ms TTL=126
Reply from 192.168.2.1: bytes=32 time=4ms TTL=126
Reply from 192.168.2.1: bytes=32 time=4ms TTL=126
Reply from 192.168.2.1: bytes=32 time=6ms TTL=126

Ping statistics for 192.168.2.1:
    Packets: Sent = 4, Received = 4, Lost = 0 (0% loss),
Approximate round trip times in milli-seconds:
    Minimum = 4ms, Maximum = 7ms, Average = 5ms
```

图 6-21　PCA 与 PCB 相通

问题与思考

① OSPF 协议的功能作用是什么？

② 如何使用 OSPF 协议进行多区域的配置？

# 小　结

本章首先讨论了路由功能和数据转发的关系，然后以最优化原则为基础，介绍了最短路径优先算法和两种重要的动态路由算法：距离矢量路由算法和链路状态路由算法，以及应用最广的 RIP 协议和 OSPF 协议。通过说明两种算法的工作过程，对比阐述了两种算法的区别。接着，介绍了内部网关协议 IGP 和外部网关协议 EGP 的概念，并重点说明了 BGP 的路由策略与 IGP 路由的不同，简单介绍了 BGP 协议的工作原理。

# 习　题

## 一、选择题

1. 网络互连中，在网络层实现互联的设备是（　　）。

A. 中继器　　B. 路由器　　C. 网桥　　D. 网关

2. 数据报文通过查找路由表获知（　　）。

A. 整个报文传输的路径　　B. 下一跳地址

C. 网络拓扑结构　　D. 以上说法均不对

3. 集线器（Hub）应用在（　　）。

A. 物理层　　B. 数据链路层　　C. 网络层　　D. 应用层

4. 路由功能一般在（　　）层实现。

A. 物理层　　B. 数据链路层　　C. 网络层　　D. 传输层

5. 在 RIP 协议中，将路由跳数（　　）定为不可达。

A. 15　　B. 16　　C. 128　　D. 255

6. 以下说法错误的是（　　）。

A. IGP 是内部网关协议，功能是完成数据包在 AS 内部的路由选择

B. EGP 是外部网关协议，功能是完成数据包在 AS 之间的路由选择

C. 自治系统 AS 是拥有相同选路策略的由单一管理机构来管理的路由器集合

D. BGP 协议是一种外部网关协议

## 二、填空题

1. 路由器结构可划分为两个部分为__________、__________。

2. 路由算法可以分为两大类__________、__________。

3. 运行 OSPF 的路由器在交换链路状态信息和路由信息前需要建立__________。

4. OSPF 路由协议是基于__________的路由算法，RIP 路由协议是基于__________的路由算法。

## 三、问答题

1. 路由器的路由选择功能和分组转发功能有什么不同？

2. 请计算图6-3的网络中结点H到其他各结点的最短路径（汇集树），并比较A结点到其他各结点的最短路径。

3. 如图6-3所示，使用距离矢量路由算法，路由器C刚刚收到下列矢量：来自B的（2，0，7，8，2，4，3，6）；来自D的（10，8，3，0，6，4，6，2）；来自E的（6，4，3，4，2，0，3，2）。从C到B、D和E的链路成本分别为7、3和3。请给出C的新路由表，包括使用的输出端口和成本。

4. 一个网络使用链路状态路由算法。现在网络中的路由器D收到其他路由器的链路状态数据分组：A（B，4；E，5），B（A，4；C，2；F，6），C（B，2；D，3；E，1），E（A，5；C，1；F，8），F（B，6；D，7，E，8）。D本身存有自己的邻居链路状态（C，3；F，7）。请根据这些链路状态信息重建该网络拓扑图。

5. 简述RIP、OSPF、BGP协议的主要特点。

# 第 7 章 典型的应用层协议

**【教学提示】**

无论网络应用是 C/S 体系结构还是 P2P 体系结构，客户机和服务器之间都要通过相互的通信来完成特定的网络应用任务。传输层已为应用进程提供了端到端的通信服务，但不同的网络应用进程间需要有不同的通信规则，因此在传输层协议之上还需要有应用层协议，定义运行在不同端系统上的应用进程为实现特定应用而相互通信的规则。

**【教学要求】**

理解应用层协议的特点，掌握域名系统 DNS 的工作原理，理解 Telnet 远程终端协议的工作过程；掌握 DHCP 的应用；掌握文件传输协议 FTP 的作用。

每个应用层协议都是为了解决某一类应用问题，通过位于不同主机中的多个应用进程之间的通信和协同工作，完成特定的应用功能。应用层的具体内容就是规定应用进程在通信时所遵循的协议。

应用层的许多协议都是基于客户/服务器方式。客户（Client）和服务器（Server）都是指通信中所涉及的两个应用进程。客户/服务器方式描述的是进程之间服务和被服务的关系，客户是服务请求方，服务器是服务提供方。

## 7.1 域名系统 DNS

用户在使用网络时，很难记忆长达 32 位的二进制 IP 地址，即使采用点分十进制表示也不太容易记忆。域名系统（Domain Name System，DNS）是将域名和 IP 地址相互映射的一个分布式数据库，能够使用户更方便地访问互联网，而不用去记忆复杂而无意义的 IP 地址。

DNS 不直接与用户打交道，但所有的 Internet 应用系统都是依赖于 DNS。DNS 的作用是将主机域名转换成 IP 地址，使得用户能够方便地访问各种 Internet 资源与获得服务，它是 Internet 各种应用层协议实现的基础。事实上，访问任何一种网络应用服务器，首先需要通过 DNS 服务器解析出该网络应用服务器的 IP 地址。例如，浏览一个 Web 页面之前，首先要通过 DNS 服务器解析 Web 服务器的 IP 地址。因此，DNS 是 Internet 的一项核心服务，可以将它归于 Internet 基础设施类的服务与协议。

### 7.1.1 域名系统概述

DNS 是由解析器和域名服务器组成的。域名服务器是指保存有本网络中所有主机的域名和对应 IP 地址，并具有将域名转换为 IP 地址功能的服务器。其中域名必须对应一个 IP 地址，而 IP 地址不一定有域名。

DNS 命名用于 Internet 等 TCP/IP 网络中，通过用户名称查找计算机和服务。当用户在应用程序中输入 DNS 名称时，DNS 服务器可以将此名称解析为与之相关的其他信息，如 IP 地址。例如，上网时输入的网址就是一个域名，而网络上的计算机彼此之间只能用 IP 地址才能相互识别，输入的网址通过 DNS 解析找到了相对应的 IP 地址，这样才能访问，域名的最终指向是 IP 地址。

早在 ARPANET 时代，在整个网络上只有数百台计算机，Host 本地维护的文件，列出所有主机名称和相应的 IP 地址。只要用户输入一个主机名称，计算机就可很快地将这个主机名称转换成机器能够识别的二进制 IP 地址。

从理论上讲，在因特网中可以只使用一台计算机来回答所有主机名称到 IP 地址的查询，然而这种做法并不可取。因为随着因特网规模的扩大，这台计算机肯定会因为超过负荷而无法正常工作，而且这台计算机一旦出现故障，整个因特网就会瘫痪。

DNS 最早于 1983 年由保罗・莫卡派乔斯（Paul Mockapetris）发明，原始的技术规范在 882 号因特网标准草案（RFC 882）中发布。1987 年发布的第 1034 和 1035 号草案修正了 DNS 技术规范，并废除了之前的第 882 和 883 号草案。在此之后对因特网标准草案的修改基本上没有涉及 DNS 技术规范部分。

早期的域名必须以英文句号“.”结尾，这样 DNS 才能够进行域名解析。如今 DNS 服务器已经可以自动补上结尾的句号。

当前，对于域名长度的限制是 63 个字符，其中不包括 www.和.com 或者其他的扩展名。域名同时也仅限于 ASCII 字符的一个子集，这使得很多其他语言无法正确表示名字和单词。

域名到 IP 地址的转换是由若干个域名服务器程序完成的。这种域名到 IP 地址的转换过程称为域名解析。域名服务器程序在专设的主机上运行，而人们也常把运行该程序的主机称为域名服务器。

DNS 需要实现以下三个主要功能：

① 域名空间：定义一个包括所有可能出现的主机名称的域名空间。

② 域名注册：保证每台主机域名的唯一性。

③ 域名解析：提供一种有效的域名与 IP 地址转换机制。

因此，DNS 包括三个组成部分：域名空间、域名服务器和域名解析程序。

### 7.1.2 因特网的域名空间

域名是由圆点分开的一串单词或缩写组成的，每一个域名都对应一个唯一的 IP 地址，这种命名的方法或这样管理域名的系统称为域名管理系统。因特网的命名机制要求主机名字具有全局唯一性、便于管理和便于映射等特点。

网络中通常采用的命名机制有无层次命名机制和层次型命名机制两种。

早期因特网采用无层次命名机制，主机名用一个字符串表示，没有任何结构。所有的无结构主机名构成无层次名字空间。为了保证无层次名字的全局唯一性，命名采用集中式管理方式，名字—地址映射通常通过主机文件完成。无层次命名不适合于大量主机的网络，随着网络中主机的增加，中央管理机构的工作量也会增加，映射效率降低，而且容易出现名字冲突。

层次型命名机制将层次结构引入主机名称，该结构对应于管理机构的层次。

层次型命名机制将名字空间分成若干子空间，每个机构负责一个子空间的管理。授权管理机构可以将其管理的子名称空间进一步划分，授权给下一级机构管理，而下一级又可以继续划分他所管理的名称空间。这样一来，名字空间呈一种树状结构，树上的每一个结点都有一个相应的标号。如图 7-1 所示，它实际上是一个倒过来的树，树根在最上面而且没有名字。树根下面一级的结点就是最高一级的顶级域结点。在顶级域下面的是二级域结点。最下面的叶结点就是主机的域名。

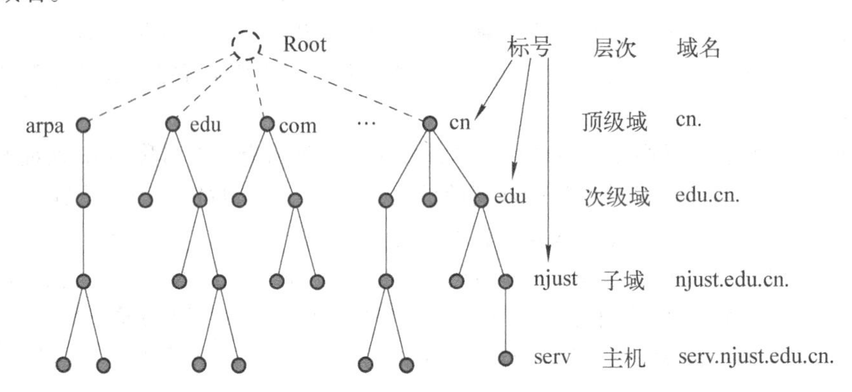


图 7-1 DNS 树状结构示意图

根是唯一的，所以不需要标号。树的叶结点是那些需要根据名字去寻址的主机（通常是网络上提供服务的服务器）。

DNS 域名系统的树状结构具有以下优势：

### 1. 唯一性

每个机构或子机构向上申请自己负责管理的名称空间，并向下分配子名称空间。在给结点命名标号时（分配子名字空间），每个机构或子机构只要保证自己所管理的名称的下一级标号不发生重复就可以保证所有的名称不重复。

### 2. 管理轻量化

通过层次化的名称结构，将名称空间的管理工作分散到多个不同层次的管理机构，减轻了单个管理机构的管理工作量，提高了效率。

### 3. 映射本地化

很多的名字解析工作可以在本地完成，极大地提高了系统适应大量且迅速变化的对象的能力。

当前因特网采用的是层次型命名机制。任何一个连接在因特网上的主机或路由器，都有一个唯一的层次结构名字，即域名。域名的结构由标号序列组成，各标号之间用点隔开：

….三级域名.二级域名.顶级域名

各标号分别代表不同级别的域名。每一级的域名都由英文字母和数字组成，级别最低的域名写在最左边，而级别最高的顶级域名则写在最右边。完整的域名不超过 255 个字符。域名系统既不规定一个域名需要多少个下级域名，也不规定每一级的域名代表什么意思。各级域名由其上

一级的域名管理机构管理，而最高的顶级域名则由 ICANN（Internet Corporation for Assigned Names and Numbers，互联网名称与数字地址分配机构）进行管理。图 7-1 中，edu 下的三级域名有南京理工大学。一旦一个单位拥有了一个域名，它就可以自己决定是否要进一步划分其下属的子域，并且不用将这些子域的划分情况报告给上级机构。等级的命名方法便于维护名称的唯一性，并且也容易设计出一种高效的域名查询机制。

需要注意的是，域名只是个逻辑概念，并不代表计算机所在的物理地点。长域名和使用有助记忆的字符串便于用户使用。而 IP 地址是定长的 32 位二进制数字，非常便于机器进行处理。域名中的“点”和点分十进制 IP 地址中的“点”并无一一对应的关系。点分十进制 IP 地址中一定是包含三个点，但每一个域名中点的数目则不一定正好是三个。

因特网的域名空间是按照机构的组织划分的，与物理的网络无关，与 IP 地址中的“子网”也没有关系。

顶级域名分为三大类：

① 国家代码级顶级域名（Country Code Top Level Domain，CCTLDL）：采用 ISO3166 的规定。如.cn 表示中国、.us 表示美国、.uk 表示英国等。

② 通用顶级域名（General Top Level Domain，GTLD）：最常见的通用顶级域名有 7 个，即.com（公司和企业）、.net（网络服务机构）、.org（非赢利性组织）、.edu（美国专用的教育机构）、.gov（美国专用的政府部门）、.mil（美国专用的军事部门）、.int（国际组织）。

2000 年后新增加了下列的通用顶级域名：.aero（航空运输企业）、.biz（公司和企业）、.cat（加泰隆人的语言和文化团体）、.coop（合作团体）、.info（各种情况）、.jobs（人力资源管理者）、.mobi（移动产品与服务的用户和提供者）、.museum（博物馆）、.name（个人）、.pro（有证书的专业人员）和.travel（旅游业）。

③ 基础结构域名（Infrastructure Domain）：这种顶级域名只有一个，即.arpa，用于反向域名解析，因此又称为反向域名。

### 7.1.3　域名服务器

域名系统是一种命名方法，而实现域名服务的是分布在世界各地的域名服务体系。域名服务器是一组用来保存域名树结构和对应信息的服务器程序。

以我国大学域名管理为例，仲恺农业工程学院作为一个独立的行政单位，它被中国教育科研网（CERNET）网络中心授权管理 zhku.edu.cn 的域，由仲恺农业工程学院校园网中心管理 zhku.edu.cn 域。设置管理 zhku.edu.cn 域的域名服务器可以用一种最简单的办法，就是只设置一个域名服务器，管理所有仲恺农业工程学院内部的域名。但是，一个单位规模太大，这种集中管理的方法带来的问题是域名系统运行效率低，不能够满足用户服务质量要求。最有效的方法是：

① 根据需要将一个“域”划分成不重叠的多个“区（Zone）”，由一个服务器负责管辖（或有权限的）。

② 每一个区设置相应的权限域名服务器，用来保存该区中所有主机的域名到 IP 地址的映射关系数据。区是域名服务器管辖的范围。

③ 区和区的域名服务器都相互连接，构成支持整个域的域名服务体系。也就是说，各单位根据具体情况来划分自己管辖范围的区，但在一个区中的所有结点必须是能够连通的。

图 7-2 说明了区、域的关系示意图。图 7-2（a）表示一个域没有划分区的情况，那么区就

等于域，只要设置一个域名服务器就可以管理整个域的域名。图 7-2（b）表示一个域划分为两个区的情况，那么 abc.com 和 y.abc.com 这两个区都属于 abc.com 的域，需要在两个区分别设置具有相应权限域名服务器。一个域名服务器管辖的范围称为区，它是域的一个子集。

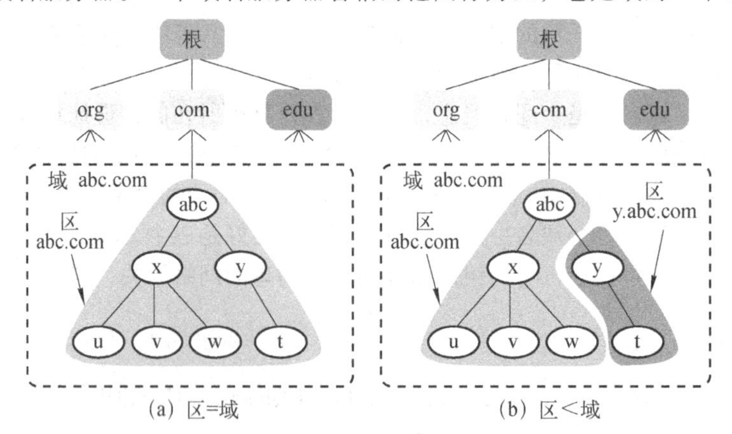


图 7-2　DNS 区、域示意图

域名服务器可划分为四种不同类型，如图 7-3 所示。

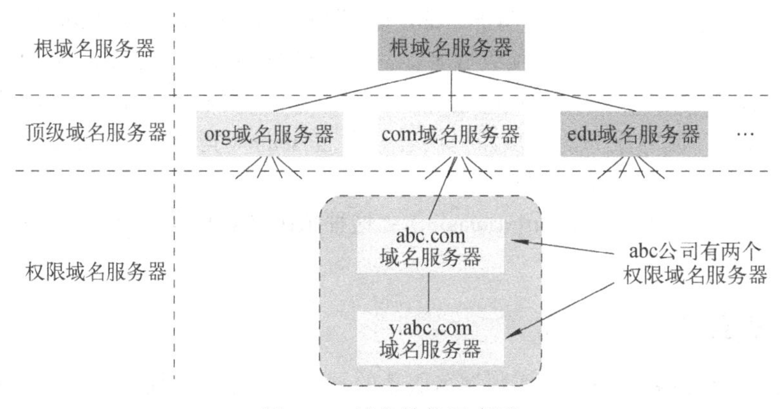


图 7-3　域名结构示意图

### 1. 根域名服务器

根域名服务器是最高层次的域名服务器。根域名服务器是最重要的域名服务器，根域名服务器并不直接管辖某个区的域名信息，但根域名服务器知道所有顶级域名服务器的域名和 IP 地址。本地域名服务器，若要对因特网上任何一个域名进行解析，只要自己无法解析，就首先求助于根域名服务器。在因特网上共有 13 个不同 IP 地址的根域名服务器，它们的名字是用一个英文字母命名，从 a 一直到 m（前 13 个字母）。这样做的目的是方便用户，使世界上大部分 DNS 域名服务器都能就近找到一个根域名服务器。根域名服务器并不直接把域名转换成 IP 地址。在使用迭代查询时，根域名服务器把下一步应当查找的顶级域名服务器的 IP 地址告诉本地域名服务器。

### 2. 顶级域名服务器

顶级域名服务器负责管理在该顶级域名服务器注册的所有二级域名。当收到 DNS 查询请求时，就给出相应的回答（可能是最后的结果，也可能是下一步应当查找的域名服务器的 IP 地址）。

#### 3. 权威域名服务器

权威域名服务器是指负责一个区的域名服务器。每一个主机的域名都必须在某个权威域名服务器处注册登记。因为权威域名服务器指导其管辖的域名与 IP 地址的映射关系。另外，权威域名服务器还知道其下级域名服务器的地址。当一个权限域名服务器还不能给出最后的查询回答时，就会告诉发出查询请求的 DNS 客户，下一步应当找哪一个权限域名服务器。

#### 4. 本地域名服务器

本地域名服务器对域名系统非常重要。当一个主机发出 DNS 查询请求时，这个查询请求报文就发送给本地域名服务器。每一个因特网服务提供者 ISP，或一个大学，甚至一个大学里的系，都可以拥有一个本地域名服务器，这种域名服务器有时又称为默认域名服务器。

为了提高域名服务器的可靠性，DNS 域名服务器把数据复制到几个域名服务器保存，其中一个作为主域名服务器，其他的是辅助域名服务器。当主域名服务器出故障时，辅助域名服务器可以保证 DNS 的查询工作不会中断。主域名服务器定期把数据复制到辅助域名服务器中，而更改数据只能在主域名服务器中进行，这样就保证了数据的一致性。

### 7.1.4　域名解析的过程

DNS 可进行域名到 IP 地址解析，也可以将 IP 地址反向解析为域名，最主要的功能是前者，本书仅介绍域名到 IP 地址的解析过程。DNS 服务器和客户端属于 TCP/IP 模型的应用层，DNS 既可以使用 UDP，也可以使用 TCP 进行通信。DNS 服务器使用 UDP/TCP 的 53 号熟知端口。

主机向本地域名服务器的查询一般都是采用递归查询，如图 7-4 所示。所谓递归查询，就是如果主机所询问的本地域名服务器不知道被查询域名的 IP 地址，那么本地域名服务器就以 DNS 客户的身份，向其他根域名服务器继续发出查询请求报文，而不是让主机自己进行下一步的查询。

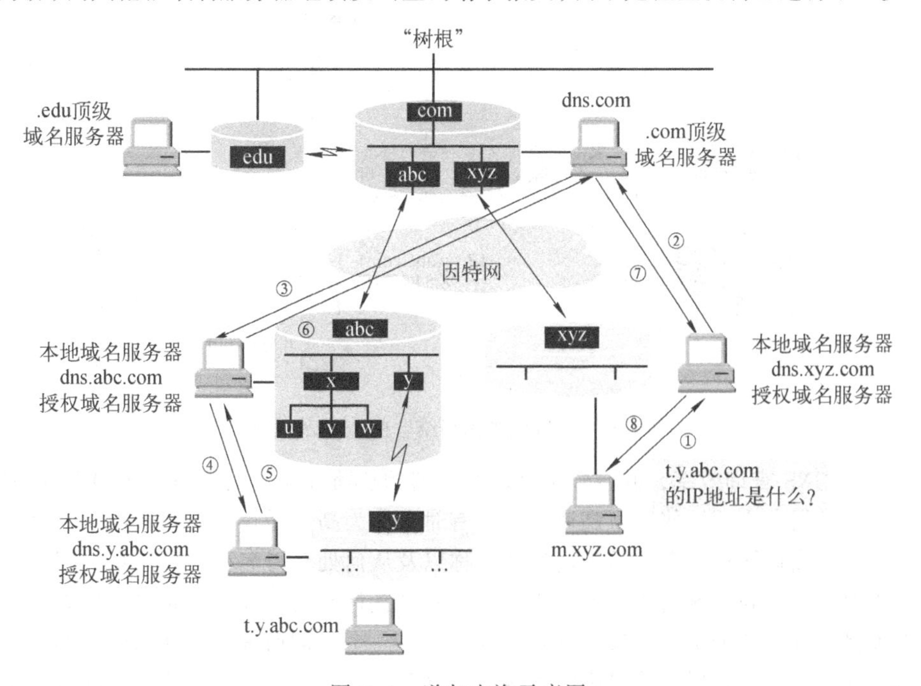


图 7-4　递归查询示意图

本地域名服务器向根域名服务器的查询通常是采用迭代查询，如图 7-5 所示。所谓迭代查询，就是由本地域名服务器进行循环查询。当根域名服务器收到本地域名服务器的迭代查询请求报文时，要么给出所要查询的 IP 地址，要么告诉本地域名服务器“你下一步应当向哪一个域名服务器进行查询”，然后让本地域名服务器进行后续的查询，即可获得所要解析的域名 IP 地址。

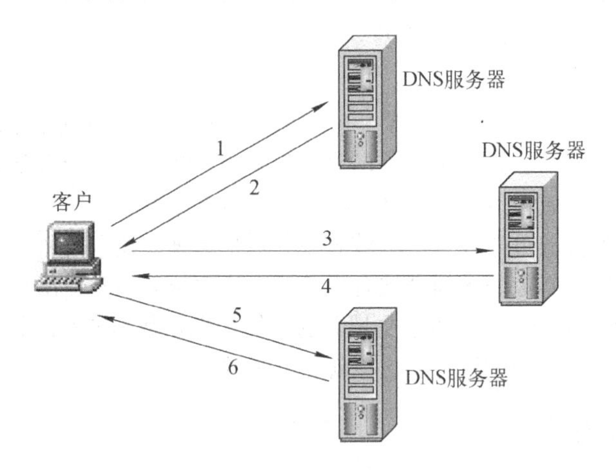


图 7-5　迭代查询示意图

从理论上讲，任何 DNS 查询既可以采用递归查询也可以采用迭代查询。但由于递归查询对于被查询的域名服务器负担太大，通常采用的模式是从请求主机到本地域名服务器的查询是递归查询，而其余的查询是迭代查询，如图 7-6 所示。

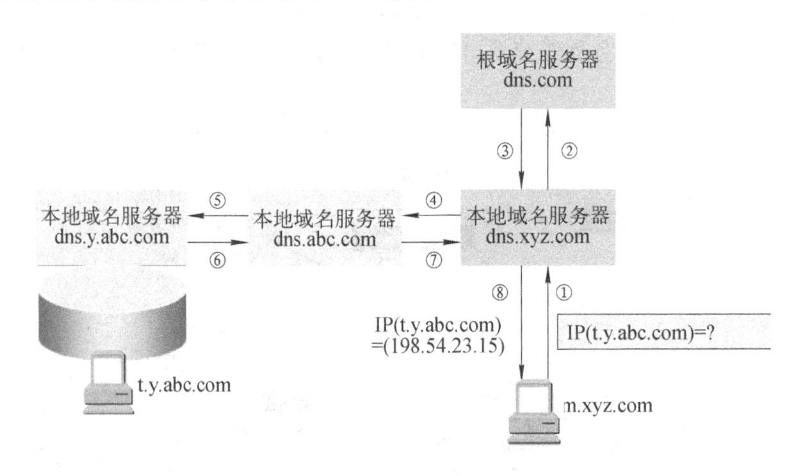


图 7-6　递归与迭代相结合的查询示意图

为了提高 DNS 查询效率，并减轻根域名服务器的负荷和减少因特网上的 DNS 查询报文数量，在域名服务器中广泛地使用了高速缓存（有时也称为高速缓存域名服务器）。每个域名服务器都维护一个高速缓存，存放最近用过的名称以及从何处获得名称映射信息的记录。为保证高速缓存中的内容正确，域名服务器应为每项内容设置计时器，并删除超过合理时间的项（例如，每个项目只存放两天）。当权限域名服务器回答一个查询请求时，在响应中都指明绑定有效存在的时间值。显然，增加此时间值可减少网络开销，而减少此时间值可提高域名转换的准确性。

# 7.2　远程终端协议 Telnet

## 7.2.1　Telnet 协议概述

Telnet 协议是 TCP/IP 协议族中的一员，是 Internet 远程登录服务的标准协议和主要方式。它为用户提供了在本地计算机上完成远程主机工作的功能。在终端使用者的计算机上使用 Telnet 程序，用它连接到服务器。终端使用者可以在 Telnet 程序中输入命令，这些命令会在服务器上运行，就像直接在服务器的控制台上输入一样，可以在本地控制服务器。开始一个 Telnet 会话，必须输入用户名和密码登录服务器。Telnet 是常用的远程控制 Web 服务器的方法。

它最初是由 ARPANET 开发，但是现在主要用于 Internet 会话。Telnet 的基本功能是允许用户登录进入远程主机系统。起初，它只是让用户的本地计算机与远程计算机连接，从而成为远程主机的一个终端。它的一些较新的版本可以在本地执行更多的处理，提供更好的响应，并且减少了通过链路发送到远程主机的信息数量。

Telnet 服务属于客户机/服务器模型的服务，在本地系统运行 Telnet 客户进程，而在远程主机运行 Telnet 服务器进程。它更大的意义在于实现了基于 Telnet 协议的远程登录（远程交互式计算）。分时系统允许多个用户同时使用一台计算机，为了保证系统的安全和记账方便，系统要求每个用户有单独的账号作为登录标识，系统还为每个用户指定了一个口令。用户在使用该系统之前要输入标识和口令，这个过程称为登录。远程登录是指用户使用 Telnet 命令，使自己的计算机暂时成为远程主机的一个仿真终端的过程。仿真终端等效于一个非智能的机器，它只负责把用户输入的每个字符传递给主机，再将主机输出的每个信息回显在屏幕上。

可以先构想一个提供远程文字编辑的服务，这个服务的实现需要一个接收编辑文件请求和数据的服务器以及一个发送此请求的客户机。客户机将建立一个从本地机到服务器的 TCP 连接，当然这需要服务器的应答，然后向服务器发送键入的信息（文件编辑信息），并读取从服务器返回的输出。这就是一个标准而普通的客户机/服务器模型的服务。

有了客户机/服务器模型的服务，似乎一切远程问题都可以解决，然而实际并非如此，如果仅需要远程编辑文件，那么刚才所构想的服务完全可以胜任，但如果想实现远程用户管理、远程数据录入、远程系统维护，想实现一切可以在远程主机上实现的操作，那么将需要大量专用的服务器程序并为每一个可计算服务都使用一个服务器进程，随之而来的问题是远程机器会很快对服务器进程应接不暇，并淹没在进程的海洋里（这里排除最专业化的远程机器）。那么有没有办法解决？可以用远程登录来解决这一切。用户在远程机器上建立一个登录会话，然后通过执行命令来实现更一般的服务，就像在本地操作。这样就可以访问远程系统上所有可用的命令，并且系统设计员无须提供多个专用的服务器程序。

要实现远程登录并不简单，不考虑网络设计的计算机系统期望用户只从直接相连的键盘和显示器上登录，在这种机器上增加远程登录功能需要修改机器的操作系统，这是极其艰巨的也是尽量避免的，应该集中力量构造远程登录服务器软件，虽然这样也是比较困难的。例如，一般操作系统会为一些特殊按键分配特殊的含义，比如本地系统将【Ctrl+C】组合键解释为“终止当前运行的命令进程”。假设已经运行了远程登录服务器软件，【Ctrl+C】组合键命令也有可能无法传送到远程机器，如果客户机真的将【Ctrl+C】组合键命令传到了远程机器，那么【Ctrl+C】这个命令有可能不能终止本地的进程，也就是说在这里很可能会产生混乱，而且这仅仅是遇到的难题之一。

尽管有技术上的困难，系统编程人员还是设法构造了能够应用于大多数操作系统的远程登录服务器软件，并构造了充当客户机的应用软件。通常，客户机软件取消了除某个键以外所有快捷键的本地解释，并将这些本地解释相应地转换为远程解释，这就使得客户机软件与远程机器的交互如同用户坐在远程主机面前，从而避免了上述所提到的混乱。而那个唯一例外的快捷键，可以使用户回到本地环境。

将远程登录服务器设计为应用级软件，还有另一个要求，就是需要操作系统提供对伪终端（Pseudo Terminal）的支持。我们用伪终端描述操作系统的入口点，它允许像 Telnet 服务器一样的程序向操作系统传送字符，并且使得字符像是来自本地键盘一样。只有使用这样的操作系统，才能将远程登录服务器设计为应用级软件（如 Telnet 服务器软件），否则，本地操作系统和远程系统传送将不能识别从对方传送过来的信息（因为它们仅能识别从本地键盘输入的信息），远程登录将宣告失败。将远程登录服务器设计为应用级软件虽然有其显著的优点：比将代码嵌入操作系统更易修改和控制服务器，但其效率不高，由于用户输入信息的速率不高，这种设计还是可以接受的。

### 7.2.2　Telnet 协议基本工作原理

Telnet 协议是 TCP/IP 协议族中的一员，是 Internet 远程登录服务的标准协议。应用 Telnet 协议能够把本地用户所使用的计算机变成远程主机系统的一个终端。它提供了三种基本服务：

① Telnet 定义一个网络虚拟终端为远程系统提供一个标准接口。客户机程序不必详细了解远程系统，他们只需构造使用标准接口的程序。

② Telnet 包括允许客户机和服务器协商选项的机制，而且它还提供一组标准选项。

③ Telnet 对称处理连接的两端，即 Telnet 不强迫客户机从键盘输入，也不强迫客户机在屏幕上显示输出。

为了解决异构计算机系统互连中存在的问题，Telnet 协议引入网络虚拟终端（Network Virtual Terminal，NVT）的概念，它提供一种专门的键盘定义，用来屏蔽不同计算机系统对键盘输入的差异性，同时定义客户与远程服务器之间的交互过程。一旦用户成功地实现远程登录，用户计算机就可以像一台与远程计算机直接相连的本地终端一样工作。因此，Telnet 协议又称为网络虚拟终端协议、终端仿真协议或远程终端协议。

如图 7-7 所示，它的应用过程如下：对于发送的数据，客户机软件把来自用户终端的数据和命令序列转换为 NVT 格式，并发送到服务器，服务器软件将收到的数据和命令，从 NVT 格式转换为远程系统需要的格式。对于返回的数据：远程服务器将数据从远程机器的格式转换为 NVT 格式，而本地客户机将接收到的 NVT 格式数据再转换为本地的格式。

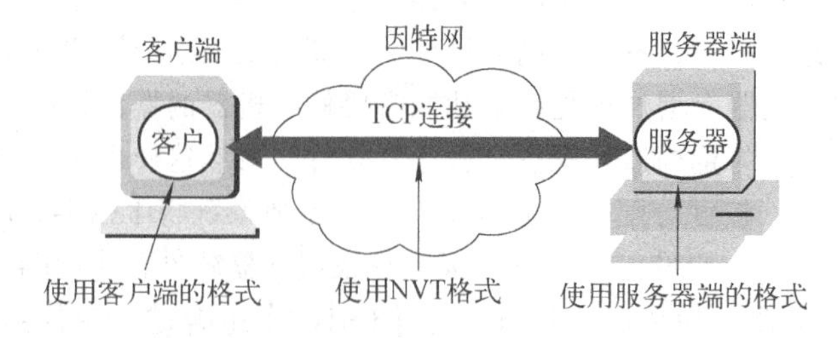


图 7-7　NVT 应用示意图

绝大多数操作系统都提供各种快捷键来实现相应的控制命令，当用户在本地终端输入这些快捷键时，本地系统将执行相应的控制命令，而不把这些快捷键作为输入。Telnet 同样使用 NVT 来定义如何从客户机将控制功能传送到服务器。ASCII 字符集包括 95 个可打印字符和 33 个控制码。当用户从本地输入普通字符时，NVT 将按照其原始含义传送；当用户按下快捷键（组合键）时，NVT 将把它转化为特殊的 ASCII 字符传送，并在其到达远程机器后转化为相应的控制命令。

将正常 ASCII 字符集与控制命令区分的原因为：

① 这种区分意味着 Telnet 具有更大的灵活性，它可在客户机与服务器间传送所有可能的 ASCII 字符以及所有控制功能。

② 这种区分使得客户机可以无二义性地指定信令，而不会产生控制功能与普通字符的混乱。

将 Telnet 设计为应用级软件有一个缺点，即效率不高。数据信息被用户从本地键盘输入并通过操作系统传到客户机程序，客户机程序将其处理后返回操作系统，并由操作系统经过网络传送到远程机器，远程操作系统将所接收数据传给服务器程序，并经服务器程序再次处理后返回到操作系统上的伪终端入口点，最后，远程操作系统将数据传送到用户正在运行的应用程序，这便是一次完整的输入过程；输出将按照同一通路从服务器传送到客户机。因为每一次的输入和输出，计算机将多次切换进程环境，开销昂贵。由于用户的输入速率并不算高，这个缺点仍然能够接受。

应该考虑到这样一种情况：假设本地用户运行了远程机器的一个无休止循环的错误命令或程序，且此命令或程序已经停止读取输入，那么操作系统的缓冲区可能因此而被占满，如果这样，远程服务器也无法再将数据写入伪终端，并且最终导致停止从 TCP 连接读取数据，TCP 连接的缓冲区最终也会被占满，从而导致阻止数据流流入此连接，那么本地用户将失去对远程机器的控制。

为了解决此问题，Telnet 协议必须使用外带信令以便强制服务器读取一个控制命令。我们知道 TCP 用紧急数据机制实现外带数据信令，那么 Telnet 只要再附加一个称为数据标记（Date Mark）的保留八位组，并通过让 TCP 发送已设置紧急数据比特的报文段通知服务器即可，携带紧急数据的报文段将绕过流量控制直接到达服务器。作为对紧急信令的相应，服务器将读取并抛弃所有数据，直到找到了一个数据标记。服务器在遇到了数据标记后将返回正常的处理过程。

由于 Telnet 两端的机器和操作系统的异构性，使得 Telnet 不可能也不应该严格规定每一个 Telnet 连接的详细配置，否则将大大影响 Telnet 的适应异构性。因此，Telnet 采用选项协商机制来解决这一问题。Telnet 选项的范围很广，一些选项扩充了大方向的功能，而一些选项则涉及一些微小细节。例如，有一个选项可以控制 Telnet 是在半双工还是全双工模式下工作（大方向）；还有一个选项允许远程机器上的服务器决定用户终端类型（小细节）。

Telnet 选项的协商方式也很特殊，它对于每个选项的处理都是对称的，即任何一端都可以发出协商申请；任何一端都可以接受或拒绝这个申请。另外，如果一端试图协商另一端不了解的选项，接受请求的一端可拒绝协商。因此，有可能将比较新、复杂的 Telnet 客户机服务器与较老的、不太复杂的版本进行交互操作。如果客户机和服务器都理解新的选项，可能会对交互有所改善。否则，它们将一起转到效率较低但可工作的方式下运行。所有的这些设计，都是为了增强适应异构性，可见 Telnet 的适应异构性对其的应用和发展是多么重要。

### 7.2.3 Telnet 协议工作过程

使用 Telnet 协议进行远程登录时需要满足以下条件：在本地计算机上必须装有包含 Telnet 协议的客户程序；必须知道远程主机的 IP 地址或域名；必须知道登录标识与口令。

Telnet 远程登录服务分为以下四个过程：

① 本地与远程主机建立连接。该过程实际上是建立一个 TCP 连接，用户必须知道远程主机的 IP 地址或域名。

② 将本地终端上输入的用户名和口令及以后输入的任何命令或字符以 NVT 格式传送到远程主机。该过程实际上是从本地主机向远程主机发送一个 IP 数据包。

③ 将远程主机输出的 NVT 格式的数据转化为本地所接受的格式送回本地终端，包括输入命令回显和命令执行结果。

④ 最后，本地终端对远程主机进行撤销连接。该过程是撤销一个 TCP 连接。

Telnet 连接的双方首先进行选项协商。协商 Telnet 工作的环境、工作方式等。Telnet 在连接时，需要发送一系列的指令来协商通信，协商流程如图 7-8 所示。

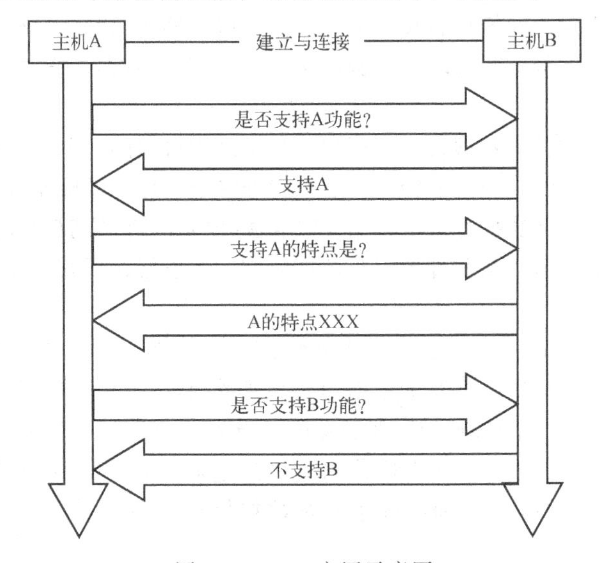


图 7-8　NVT 应用示意图

具体的命令就是 Telnet 的命令格式（见表 7-1），选项协商需要 3 个字节：1 个 IAC 字节，接着 1 个字节是 WILL、DO、WON' T 或 DON' T 这四个中的一个，最后 1 个 ID 字节为激活或禁止的选项。协商中的终端类型、终端类型速率等的协商、需要附加的信息，比如终端类型和协商需要附加字符来表明终端的类型，终端的速率需要附加数字来表明终端的速率，这些信息需要进一步附加数字或字符串的协商，要用子协商来定义。

表 7-1　Telnet 命令格式

| IAC: | <命令代码> | 选项码 |
|---|---|---|

① IAC：命令解释符，每条指令的前缀，固定值 255（11111111 B）。

② 命令代码：一系列定义，如表 7-2 所示。

表 7-2　Telnet 命令码

| 名称 | 代码（十进制） | 描　　述 |
| --- | --- | --- |
| EOF | 236 | 文件结束符 |
| SUSP | 237 | 挂起当前进程（作业控制） |
| ABORT | 238 | 异常中止进程 |
| EOR | 239 | 记录结束符 i |
| SE | 240 | 自选项结束 |
| NOP | 241 | 无操作 |
| DM | 242 | 数据标记 |
| BRK | 243 | 中断 |
| IP | 244 | 中断进程 |
| AO | 245 | 异常中止输出 |
| AYT | 246 | 对方是否还在运行 |
| EC | 247 | 转义字符 |
| EL | 248 | 删除行 |
| GA | 249 | 继续进行 |
| SB | 250(FA) | 子选项开始 |
| WILL | 251(FB) | 同意启动（enable）选项 |
| WONT | 252(FC) | 拒绝启动选项 |
| DO | 253(FD) | 认可选项请求 |
| DONT | 254(FE) | 拒绝选项请求 |

对于任何给定的选项，连接的任何一方都可以发送以下四种请求的任意 1 个：

① WILL：发送方本身将激活选项。

② DO：发送方希望接收端激活选项。

③ WON'T：发送方希望使某选项无效。

④ DON'T：发送方希望接收端禁止选项。

表 7-3 给出了 Telnet 选项协商的六种情况。

表 7-3　Telnet 选项协商

| 发　送　者 | 接　收　者 | 说　　明 |
| --- | --- | --- |
| WILL | DO | 发送者想激活某选项，接受者接收改选项请求 |
| WILL | DON'T | 发送者想激活某选项，接受者拒绝该选项 |
| DO | WILL | 发送者希望接收者激活某选项，接受者接受该请求 |
| DO | DON'T | 发送者希望接收者激活某选项，接受者拒绝该请求 |
| WON'T | DON'T | 发送者希望使某选项无效，接受者必须接受该请求 |
| DON'T | WON'T | 发送者希望对方使某选项无效，接受者必须接受该请求 |

选项码的定义如表 7-4 所示。

表 7-4　选项码含义

| 选项标识 | 名　　称 | 选项标识 | 名　　称 |
|---|---|---|---|
| 1 | 回显 | 31 | 窗口大小 |
| 3 | 抑制继续进行 | 32 | 终端速度 |
| 5 | 状态 | 33 | 远程流量控制 |
| 6 | 定时标记 | 34 | 行方式 |
| 24 | 终端类型 | 36 | 环境变量 |

Telnet 已经成为 TCP/IP 协议族中一个最基本协议。即使用户从来没有直接调用 Telnet 协议，但是 E-mail、FTP 与 Web 服务都是建立在 Telnet NVT 基础上的。

# 7.3　主机配置与动态主机配置 DHCP

## 7.3.1　DHCP 报文类型

在大型企业网络中，会有大量的主机或设备需要获取 IP 地址等网络参数。如果采用手工配置，工作量大且不好管理，如果用户擅自修改网络参数，还有可能造成 IP 地址冲突等问题。使用动态主机配置协议（Dynamic Host Configuration Protocol，DHCP）分配 IP 地址等网络参数，不仅可以减少管理员的工作量，避免用户手工配置网络参数时出现失误，并能集中管理。

DHCP 使用客户端/服务器模式，请求配置信息的计算机称为 DHCP 客户端，而提供信息的称为 DHCP 的服务器。DHCP 为客户端分配地址的方法有三种：手工配置、自动配置、动态配置。

DHCP 最重要的功能就是动态分配。除了 IP 地址，DHCP 分组还为客户端提供其他的配置信息，如子网掩码。这使得客户端能自动配置连接网络，如图 7-9 所示。

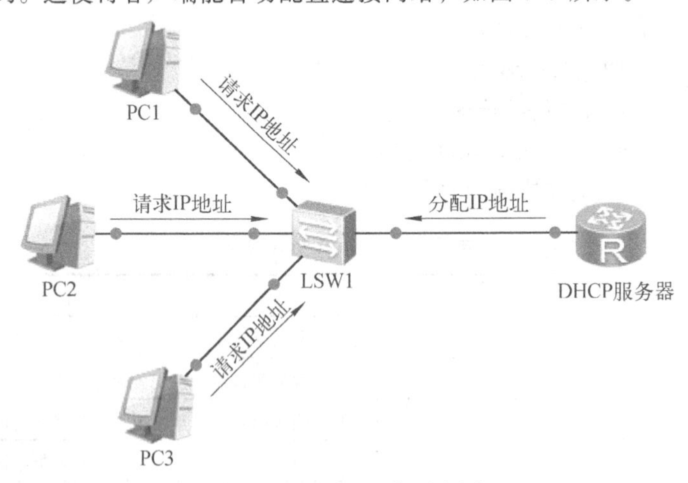


图 7-9　DHCP 工作示意图

DHCP 的报文类型如表 7-5 所示。

表 7-5　DHCP 报文类型

| 报文类型 | 含　义 |
|---|---|
| DHCP DISCOVER | 客户端用于发现 DHCP 服务器 |
| DHCP OFFER | DHCP 服务器用于响应 DHCP DISCOVER 报文，此报文携带了各种配置信息 |
| DHCP REQUEST | 客户端请求配置确认，或者续借租期 |
| DHCP ACK | 服务器对 REQUEST 报文的确认响应 |
| DHCP NAK | 服务器对 REQUEST 报文的拒绝响应 |
| DHCP RELEASE | 客户端要释放地址时用于通知服务器 |

## 7.3.2　DHCP 的工作流程

为了获取 IP 地址等配置信息，DHCP 客户端需要和 DHCP 服务器进行报文交互。DHCP 的工作流程可分为以下七个阶段：

### 1. 发现阶段

即 DHCP 客户机寻找 DHCP 服务器的阶段。DHCP 客户机以广播方式（因为 DHCP 服务器的 IP 地址对于客户机来说是未知的）发送 DHCP DISCOVER 发现信息来寻找 DHCP 服务器，即向地址 255.255.255.255 发送特定的广播信息。网络上每一台安装了 TCP/IP 协议的主机都会接收到这种广播信息，但只有 DHCP 服务器才会做出响应。

### 2. 提供阶段

即 DHCP 服务器提供 IP 地址的阶段。在网络中接收到 DHCP DISCOVER 发现信息的 DHCP 服务器都会做出响应，它从尚未出租的 IP 地址中挑选一个分配给 DHCP 客户机，向 DHCP 客户机发送一个包含出租的 IP 地址和其他设置的 DHCP OFFER 提供信息。

### 3. 选择阶段

即 DHCP 客户机选择某台 DHCP 服务器提供的 IP 地址的阶段。如果有多台 DHCP 服务器向 DHCP 客户机发来的 DHCP OFFER 提供信息，则 DHCP 客户机只接受第一个收到的 DHCP OFFER 提供信息，然后它就以广播方式回答一个 DHCP REQUEST 请求信息，该信息中包含向它所选定的 DHCP 服务器请求 IP 地址的内容。之所以要以广播方式回答，是为了通知所有的 DHCP 服务器，它将选择某台 DHCP 服务器所提供的 IP 地址。

### 4. 确认阶段

即 DHCP 服务器确认所提供的 IP 地址的阶段。当 DHCP 服务器收到 DHCP 客户机回答的 DHCP REQUEST 请求信息之后，它便向 DHCP 客户机发送一个包含它所提供的 IP 地址和其他设置的 DHCP ACK 确认信息，告诉 DHCP 客户机可以使用它所提供的 IP 地址。然后 DHCP 客户机便将其 TCP/IP 协议与网卡绑定，另外，除 DHCP 客户机选中的服务器外，其他的 DHCP 服务器都将收回曾提供的 IP 地址。

### 5. 重新登录

之后 DHCP 客户机每次重新登录网络时，不需要再发送 DHCP DISCOVER 发现信息，而是直接发送包含前一次所分配的 IP 地址的 DHCP REQUEST 请求信息。当 DHCP 服务器收到这一信息后，它会尝试让 DHCP 客户机继续使用原来的 IP 地址，并回答一个 DHCP ACK 确认信息。如果此 IP 地址已无法再分配给原来的 DHCP 客户机使用（如此 IP 地址已分配给其他 DHCP 客户机使用），则 DHCP 服务器给 DHCP 客户机回答一个 DHCP NAK 否认信息。当原来的 DHCP 客户机收到此 DHCP NAK 否认信息后，它就必须重新发送 DHCP DISCOVER 发现信息来请求新 IP 地址。

**6. 更新租约**

DHCP 服务器向 DHCP 客户机出租的 IP 地址一般都有一个租借期限，期满后 DHCP 服务器便会收回出租的 IP 地址。如果 DHCP 客户机要延长其 IP 租约，则必须更新其 IP 租约。DHCP 客户机启动时和 IP 租约期限过一半时，DHCP 客户机都会自动向 DHCP 服务器发送更新其 IP 租约的信息。

**7. IP 地址释放**

如果 IP 租约到期前都没有收到服务器响应，客户端停止使用此 IP 地址。如果 DHCP 客户机不再使用分配的 IP 地址，也可以主动向 DHCP 服务器发送 DHCP RELEASE 报文，释放该 IP 地址。

### 7.3.3 DHCP 的报文格式

DHCP 的报文格式如图 7-10 所示，其中字段含义分别如下：

| OP（8 位） | Htype（8 位） | Hlen（8 位） | Hops（8 位） |
|---|---|---|---|
| Transaction ID（32 位） | | | |
| Seconds（16 位） | | Flags（16 位） | |
| Ciaddr（32 位） | | | |
| Yiaddr（32 位） | | | |
| Siaddr（32 位） | | | |
| Giaddr（32 位） | | | |
| Chaddr（128 位） | | | |
| Sname（512 位） | | | |
| File（1024 位） | | | |
| Options（variable） | | | |

图 7-10 DHCP 的报文格式

① OP：若是客户机送给服务器的封包，设为 1，反向为 2。

② Htype：硬件类别，以太网为 1。

③ Hlen：硬件长度，以太网为 6。

④ Hops：若数据包需经过路由器传送，每站加 1，若在同一网内为 0。

⑤ Transaction ID：事务 ID，是个随机数，用于客户和服务器之间匹配请求和相应消息。

⑥ Seconds：由用户指定的时间，指开始地址获取和更新进行后的时间。

⑦ Flags：最左一位为 1 时表示服务器将以广播方式传送封包给客户机，其余尚未使用。

⑧ Ciaddr：用户 IP 地址。

⑨ Yiaddr：客户 IP 地址。

⑩ Siaddr：用于 Bootstrap 过程中的 IP 地址。

⑪ Giaddr：转发代理（网关）IP 地址。

⑫ Chaddr：服务器的硬件地址。

⑬ Sname：可选客户机的名称，以 0x00 结尾。

⑭ File：启动文件名。

⑮ Options：厂商标识，可选的参数字段。

# 7.4　文件传输协议

## 7.4.1　FTP 基本工作原理

文件传送协议（File Transfer Protocol，FTP）是因特网上使用最广泛的协议。FTP 提供交互式的访问，允许客户指明文件的类型与格式，并允许文件具有存取权限。FTP 屏蔽了各计算机系统的细节，因而适合于在异构网络中任意计算机之间传送文件。RFC 959 很早就作为因特网的正式标准。

在因特网发展的早期阶段，用 FTP 传送文件约占整个因特网通信量的 1/3，而由电子邮件和域名系统所产生的通信量小于 FTP 所产生的通信量。只是到了 1995 年，WWW 的通信量才首次超过了 FTP。

网络环境中的一项基本应用就是将文件从一台计算机中复制到另一台可能相距很远的计算机中。表面上，在两个主机之间传送文件是很简单的事情，其实这往往非常困难。原因是众多的计算机厂商研制出的文件系统多达数百种，且差别很大。

网络环境下复制文件的复杂性在于：

① 计算机存储数据的格式不同。

② 文件的目录结构和文件命名的规定不同。

③ 对于相同的文件存取功能，操作系统使用的命令不同。

④ 访问控制方法不同。

文件传送协议（FTP）只提供文件传送的一些基本的服务，它使用 TCP 可靠的运输服务。FTP 的主要功能是减少或消除在不同操作系统下处理文件的不兼容性。

FTP 使用客户/服务器方式。一个 FTP 服务器进程可同时为多个客户进程提供服务。FTP 的服务器进程由两大部分组成：一个主进程，负责接受新的请求；另外有若干个从属进程，负责处理单个请求。

主进程的工作步骤如下：

① 打开熟知端口（端口号为 21），使客户进程能够连接。

② 等待客户进程发出连接请求。

③ 启动从属进程处理客户进程发来的请求。从属进程对客户进程的请求处理完毕后即终止，但从属进程在运行期间根据需要还可能创建其他一些子进程。

④ 回到等待状态，继续接受其他客户进程发来的请求。主进程与从属进程的处理是并发地进行。

FTP 的工作情况如图 7-11 所示。图中的服务器端有两个从属进程：控制进程和数据传送进程。在客户端除控制进程和数据传送进程外，还有一个用户界面进程用来和用户接口。在 FTP 的客户和服务器之间要建立两个连接：控制连接和数据连接。控制连接在整个会话期间一直保持打开，FTP 客户发出的传送请求通过控制连接发送给服务器端的控制进程，但控制连接不用于传送文件。实际用于传输文件的是传送进程和数据连接，用于连接客户端和服务器端的数据传送进程。数据传送进程实际完成文件的传送，在传送完毕后关闭数据传送连接并结束运行。

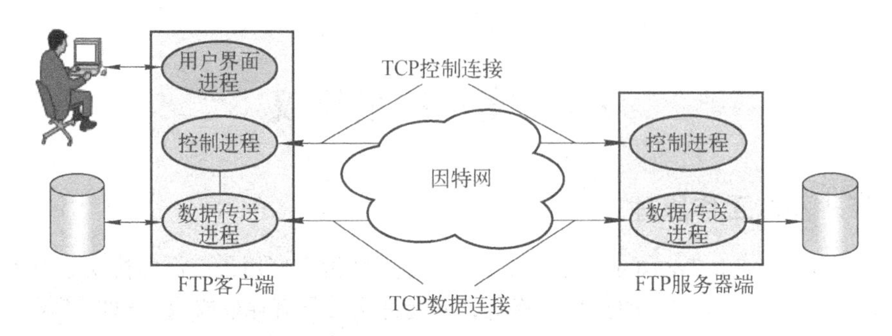


图 7-11　FTP 的两个 TCP 连接

FTP 的基本工作过程如下。

（1）FTP 的客户首先向 FTP 服务器的 21 端口发起一个 TCP 连接请求，建立控制连接，同时还要告诉服务器进程自己的另一个端口号码，用于建立数据传送连接。

（2）FTP 客户通过该控制连接发送用户的标识和口令，也发送改变远程目录等命令。

（3）当 FTP 服务器从该连接上收到一个文件传送的命令后（无论是上传还是下载），就从 20 端口发起一个到客户的数据连接，与客户进程所提供的端口号码建立数据连接。

需要注意的是，如果在同一个会话期间，用户还需要传送另一个文件，则需要打开另一个数据连接。因而在 FTP 应用中，控制连接贯穿了整个用户会话期间，但是针对会话中的每一次文件传送都需要建立一个新的数据连接，即数据连接是非持续的。

由于 FTP 使用了两个不同的端口号，所以数据连接与控制连接不会发生混乱。同时使协议更加简单和更容易实现。在传输文件时还可以利用控制连接（例如，客户发送请求终止传输）。

FTP 的传输有两种方式：ASCII 传输模式和二进制数据传输模式。

#### 1. ASCII 传输方式

假定用户正在复制的文件包含简单 ASCII 码文本，如果在远程机器上运行的不是 UNIX，当文件传输时 FTP 通常会自动地调整文件的内容以便于把文件解释成另外那台计算机存储文本文件的格式。但是常常有这样的情况，即用户正在传输的文件包含的不是文本文件，它们可能是程序、数据库、字处理文件或者压缩文件（尽管字处理文件包含的大部分是文本，其中也包含有指示页尺寸，字库等信息的非打印符）。在复制任何非文本文件之前，用 binary 命令告诉 FTP 逐字复制，不必对这些文件进行处理，这也是下面要讲的二进制传输。

#### 2. 二进制传输模式

在二进制传输中，保存文件的位序，以便原始和复制的是逐位一一对应的。即使目的地机器上包含位序列的文件是没意义的，传输仍可进行。例如，Macintosh 以二进制方式传送可执行文件到 Windows 系统，在对方系统上，此文件不能执行。如果在 ASCII 方式下传输二进制文件，即使不需要也仍会转译。这会使传输速率变慢，也会损坏数据。在大多数计算机上，ASCII 方式一般假设每一字符的第一有效位无意义，因为 ASCII 字符组合不使用它。如果传输二进制文件，所有的位都是重要的。如果知道这两台机器是同样的，则二进制方式对文本文件和数据文

件都是有效的。

FTP 支持两种工作模式，一种模式称为 Standard（也就是 PORT 方式，主动方式），一种是 Passive（也就是 PASV，被动方式）。Standard 模式下 FTP 的客户端发送 PORT 命令到 FTP 服务器。Passive 模式下 FTP 的客户端发送 PASV 命令到 FTP Server。

Port 模式下 FTP 客户端首先和 FTP 服务器的 TCP21 端口建立连接，通过这个通道发送命令，客户端需要接收数据时在这个通道上发送 PORT 命令。PORT 命令包含客户端用什么端口接收数据。在传送数据时，服务器端通过自己的 TCP20 端口连接至客户端的指定端口发送数据。FTP Server 必须和客户端建立一个新的连接传送数据。

Passive 模式在建立控制通道时和 Standard 模式类似，但建立连接后发送的不是 Port 命令，而是 Pasv 命令。FTP 服务器收到 Pasv 命令后，随机打开一个高端端口（端口号大于 1024）并且通知客户端在这个端口上传送数据的请求，客户端连接 FTP 服务器此端口，然后 FTP 服务器将通过这个端口进行数据的传送，此时 FTP Server 不再需要建立一个新的连接。

很多防火墙在设置时都不允许接受外部发起的连接，所以许多位于防火墙后或内网的 FTP 服务器不支持 PASV 模式，因为客户端无法穿过防火墙打开 FTP 服务器的高端端口；而许多内网的客户端不能用 PORT 模式登录 FTP 服务器，因为从服务器的 TCP20 无法和内部网络的客户端建立一个新的连接，造成无法工作。

## 7.4.2　FXP 文件交换协议

FXP（File Exchange Protocol，文件交换协议）是一个 FTP 客户端控制两个 FTP 服务器，在两个 FTP 服务器之间传送文件。可以认为 FXP 本身其实就是 FTP 的一个子集，因为 FXP 方式实际上就是利用了 FTP 服务器的 Proxy 命令，不过它的前提条件是 FTP 服务器要支持 PASV，且支持 FXP 方式。FXP 传送时，文件并不下载至本地，本地只是发送控制命令，故 FXP 传送时的速度只与两个 FTP 服务器之间的网络速度有关，而与本地速度无关。因 FXP 方式本地只发送命令，故在开始传送后，只要本地不发送停止的命令，即使本地关机，FXP 仍在传送，直至一个文件传送完成或文件传送出错，FTP 服务器只有在等待本地发送命令时，才会因不能接收到命令而终止 FXP 传送。

因为上述原因，FXP 传送出错时，本地的用户进程还留在 FTP 服务器中，并没有退出，如果此时再次连接 FTP 服务器，可能会因用户线程超过允许，FTP 服务器提示客户已登录并拒绝客户端的连接，直至服务器中的傀儡进程因超时或其他原因被 FTP 服务器杀死后，才能再次连接 FTP 服务器。

操作成功 FXP 有两个必要条件：①两个 FTP 服务器均支持 FXP；②两个 FTP 服务器均支持 PASV 方式。操作成功 FXP 还和本地与 FTP 服务器的网络状况有关，因此有时会出现同样的两个 FTP，一个可以使用 FXP 传送，而另一个不可以传送的情况。

## 7.4.3　简单文件传输协议

TFTP（Trivial File Transfer Protocol，简单文件传输协议）是一个很小且易于实现的文件传送协议。TFTP 使用客户/服务器方式和使用 UDP 数据报，因此 TFTP 需要有自己的差错改正措施。TFTP 只支持文件传输而不支持交互。TFTP 没有一个庞大的命令集，没有列目录的功能，也不能对用户进行身份鉴别。

TFTP 传输 8 位数据。传输中有三种模式：netascii，这是 8 位的 ASCII 码形式；另一种是 octet，这是 8 位源数据类型；最后一种 mail 已经不再支持，它将返回的数据直接返回给用户而不是保存为文件。

TFTP 的主要特点是：

① 每次传送的数据 PDU 中有 512 B 的数据，但最后一次可不足 512 B。

② 数据 PDU 也称为文件块（Block），每个块按序编号，从 1 开始。

③ 支持 ASCII 码或二进制传送。

④ 可对文件进行读或写。

⑤ 使用很简单的首部。

TFTP 的工作类似于停止等待协议：发送完一个文件块后就等待对方的确认，确认时应指明所确认的块编号；发完数据后在规定时间内收不到确认就要重发数据 PDU；发送确认 PDU 的一方若在规定时间内收不到下一个文件块，也要重发确认 PDU。这样就可保证文件的传送不致因某一个数据报的丢失而失败。

TFTP 的工作流程分如下四步：

① 在一开始工作时，TFTP 客户进程发送一个读请求 PDU 或写请求 PDU 给 TFTP 服务器进程，其熟知端口号码为 69。

② TFTP 服务器进程要选择一个新的端口和 TFTP 客户进程进行通信。

③ 若文件长度恰好为 512 B 的整数倍，则在文件传送完毕后，还必须在最后发送一个只含首部而无数据的数据 PDU。

④ 若文件长度不是 512 B 的整数倍，则最后传送数据 PDU 的数据字段一定不满 512 B，这正好可作为文件结束的标志。

任何传输始于一个读取或写入文件的请求，这个请求也是连接请求。如果服务器批准此请求，则服务器打开连接，数据以定长 512 B 传输。每个数据包包括一块数据，服务器发出下一个数据包以前必须得到客户对上一个数据包的确认。如果一个数据包小于 512 B，则表示传输结构。如果数据包在传输过程中丢失，发出方会在超时后重新传输最后一个未被确认的数据包。通信的双方都是数据的发出者与接收者，一方传输数据接收应答，另一方发出应答接收数据。大部分的错误会导致连接中断，错误由一个错误的数据包引起。这个包不会被确认，也不会被重新发送，因此另一方无法接收到。如果错误包丢失，则使用超时机制。错误主要是由下面三种情况引起的：不能满足请求；收到的数据包内容错误，而这种错误不能由延时或重发解释；对需要资源的访问丢失（如硬盘无存储空间）。TFTP 只在一种情况下不中断连接，这种情况是源端口不正确，在这种情况下，指示错误的包会被发送到源主机。这个协议限制很多，这都是为了实现起来比较方便而进行的。

初始连接时候需要发出 WRQ（请求写入远程系统）或 RRQ（请求读取远程系统），收到一个确定应答，一个确定可以写出的包或应该读取的第一块数据。通常确认包包括要确认的包的包号，每个数据包都与一个块号相对应，块号从 1 开始而且是连续的。因此对于写入请求的确定是一个比较特殊的情况，因此它的包的包号是 0。如果收到的包是一个错误的包，则这个请求被拒绝。创建连接时，通信双方随机选择一个 TID，由于是随机选择的，因此两次选择同一个 ID 的可能性就很小。每个包包括两个 TID，发送者 ID 和接收者 ID。这些 ID 用于在 UDP 通信时选择端口，请求主机选择 ID 的方法前文已经介绍，此处不再赘述，在第一次请求时它会

将请求发到 TID69，也就是服务器的 69 端口上。应答时，服务器使用一个选择好的 TID 作为源 TID，并用上一个包中的 TID 作为目的 ID 进行发送。这两个被选择的 ID 在随后的通信中会被一直使用。

# 实 训 练 习

## 实训 1　DNS 服务器的配置

### 实训目的

① 掌握 Windows Server 2008 下 DNS 服务器的安装与配置。

② 掌握 DNS 服务器的使用方法。

### 实训内容

Windows Server 2008 下 DNS 服务器的安装、配置与使用。

### 实训条件

① 计算机两台。操作系统分别为 Windows Server 2008 与 Windows 7 或 Windows XP。

② 双绞线两根。

③ 交换机一台。

### 实训步骤

① 安装 DNS 服务器。如果没有安装 DNS 服务器，执行“开始”→“管理工具”→“服务器管理器”命令，在“服务器管理器”面板中单击“角色”，然后单击“添加角色”。在“添加角色向导”对话框中选择“DNS 服务器”，单击“下一步”并安装，如图 7-12 所示。

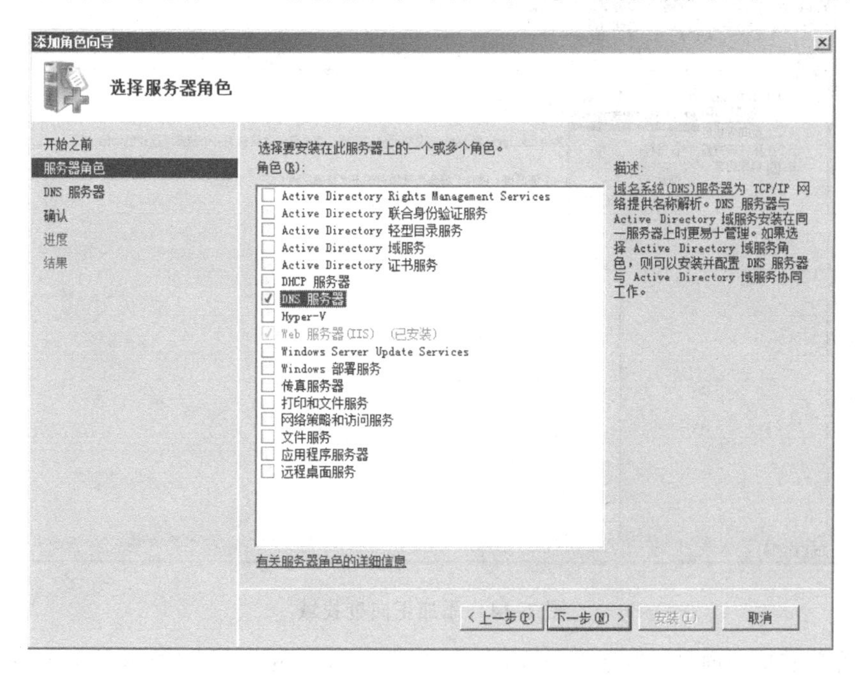


图 7-12　选择 DNS 服务器并安装

② 配置新的 DNS 服务器。

a. 执行“开始”→“管理工具”命令，在“管理工具”中选择“DNS”，打开“DNS 管理器”窗口，如图 7-13 所示。

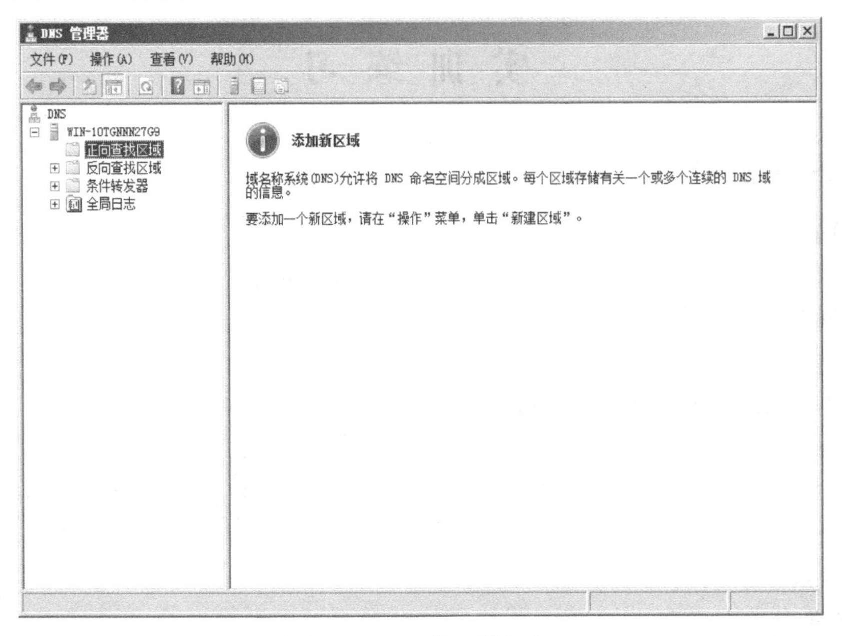


图 7-13 “DNS 管理器”窗口

b. 右击“正向查找区域”，选择“新建区域”命令，如图 7-14 所示。

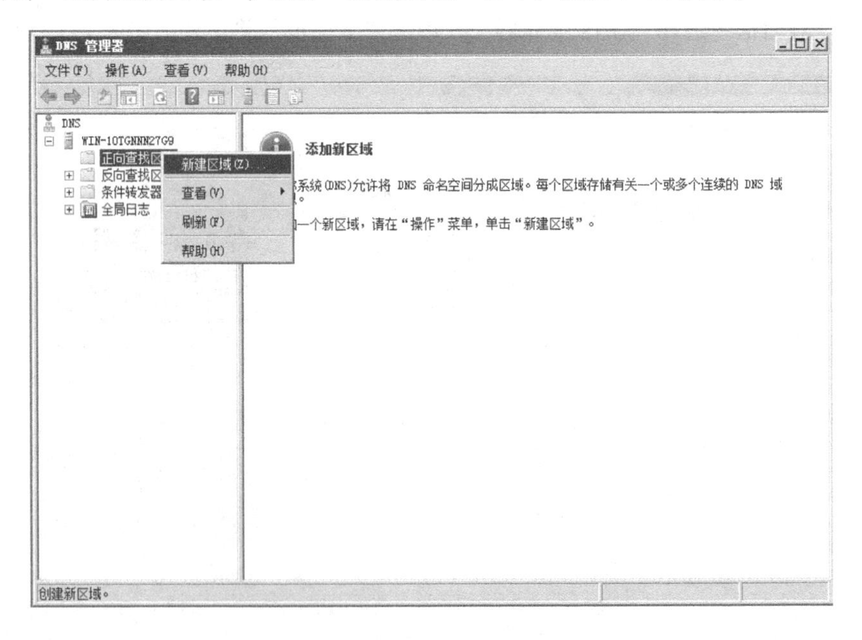


图 7-14 添加正向查找域

c. “在新建区域向导”对话框中输入区域名称“abc.com”，创建文件并不允许自动更新，如图 7-15 所示。

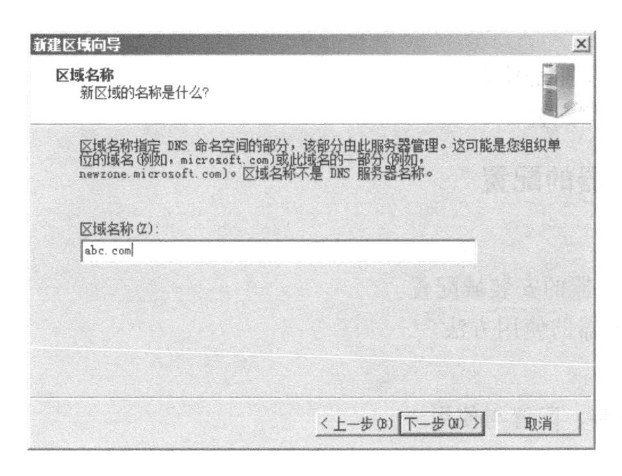


图 7-15　输入区域名称

d. 右击新区域“abc.com”，选择“新建主机”命令，在弹出的对话框中输入名称“www”，IP 地址输入 Web 服务器地址，如图 7-16 所示。

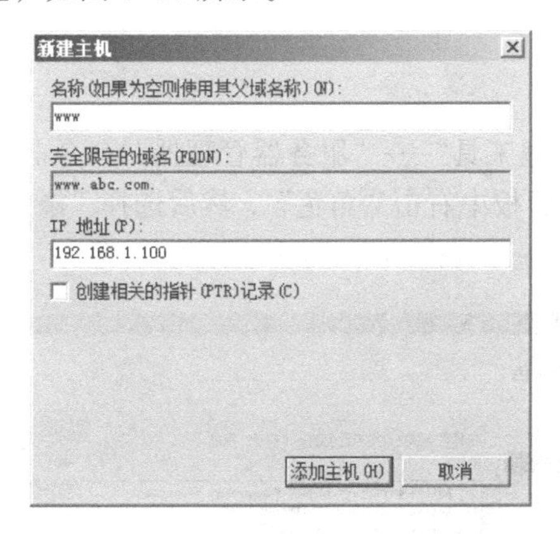


图 7-16　新建主机记录

③ 测试验证 DNS。利用 CMD 命令提示符界面 ping 完整域名，以测试 DNS 服务器是否生效，如图 7-17 所示。

```
管理员: 命令提示符
Microsoft Windows [版本 6.0.6002]
版权所有 (C) 2006 Microsoft Corporation。保留所有权利。

C:\Users\Administrator>ping www.abc.com

正在 Ping www.abc.com [192.168.1.100] 具有 32 字节的数据:
来自 192.168.1.100 的回复: 字节=32 时间=1ms TTL=128
来自 192.168.1.100 的回复: 字节=32 时间<1ms TTL=128
来自 192.168.1.100 的回复: 字节=32 时间<1ms TTL=128
来自 192.168.1.100 的回复: 字节=32 时间=1ms TTL=128

192.168.1.100 的 Ping 统计信息:
    数据包: 已发送 = 4，已接收 = 4，丢失 = 0 (0% 丢失)，
往返行程的估计时间(以毫秒为单位):
    最短 = 0ms，最长 = 1ms，平均 = 0ms

C:\Users\Administrator>_
```

图 7-17　ping 命令测试验证 DNS

**问题与思考**

① DNS 服务器的功能是什么？

② DNS 客户端如何配置？

## 实训 2　FTP 服务器的配置

**实训目的**

① 掌握 FTP 服务器的安装域配置。

② 掌握 FTP 服务器的使用方法。

**实训内容**

FTP 服务器的安装、配置与使用

**实训条件**

① 计算机两台。操作系统分别为 Windows server 2008 与 Windows 7 或 Windows XP。

② 双绞线两根。

③ 交换机一台。

**实训步骤**

① 安装 FTP 服务器。

a. 执行“开始”→“管理工具”→“服务器管理器”命令。

b. 在“服务器管理器”面板中右击“角色”，然后选择“添加角色”命令，弹出如图 7-18 所示的对话框。

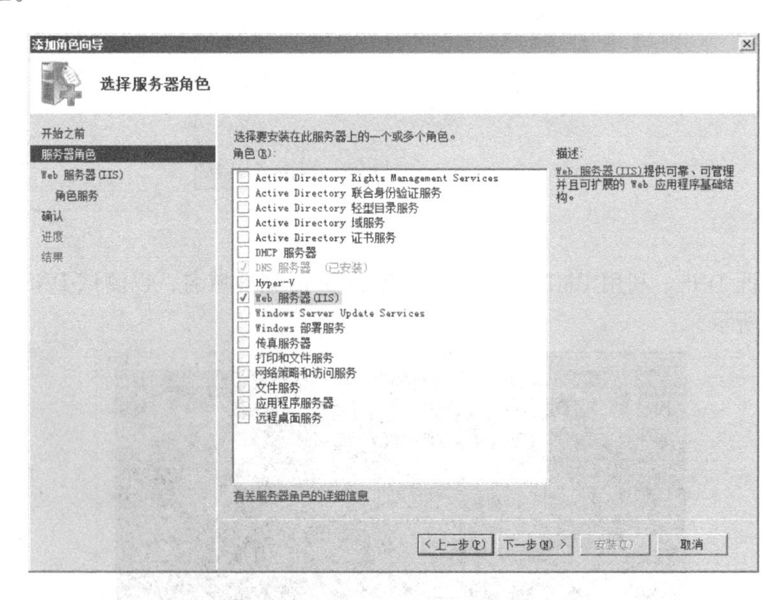


图 7-18　安装 Web 服务器（IIS）

c. 选择“Web 服务器（IIS）”并勾选“FTP 服务器”和“FTP 管理控制台”复选框，单击“下一步”按钮并安装，如图 7-19 所示。

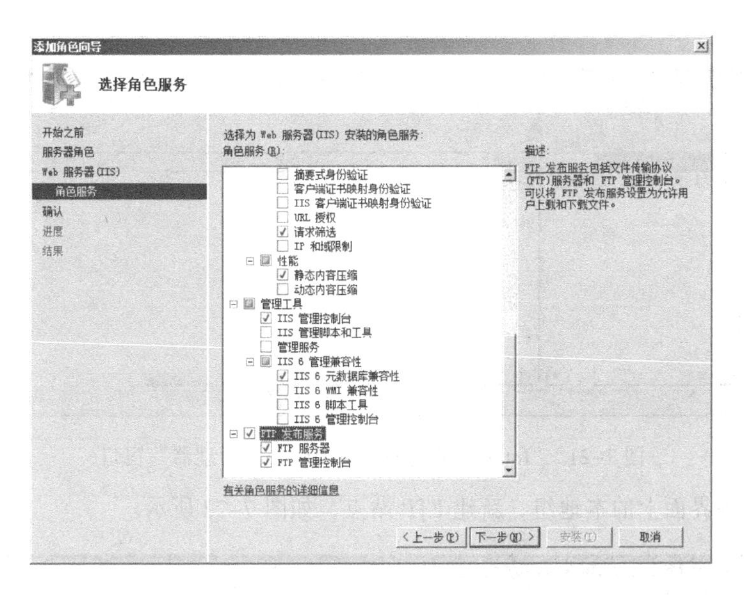


图 7-19　安装 FTP 服务器

如果已经安装 IIS 服务却未安装 FTP 服务请在“服务器管理”界面右击“Web 服务器( IIS )”，选择“添加角色服务”命令，如图 7-20 所示。勾选“FTP 服务器”和“FTP 管理控制台”复选框后进行安装即可。

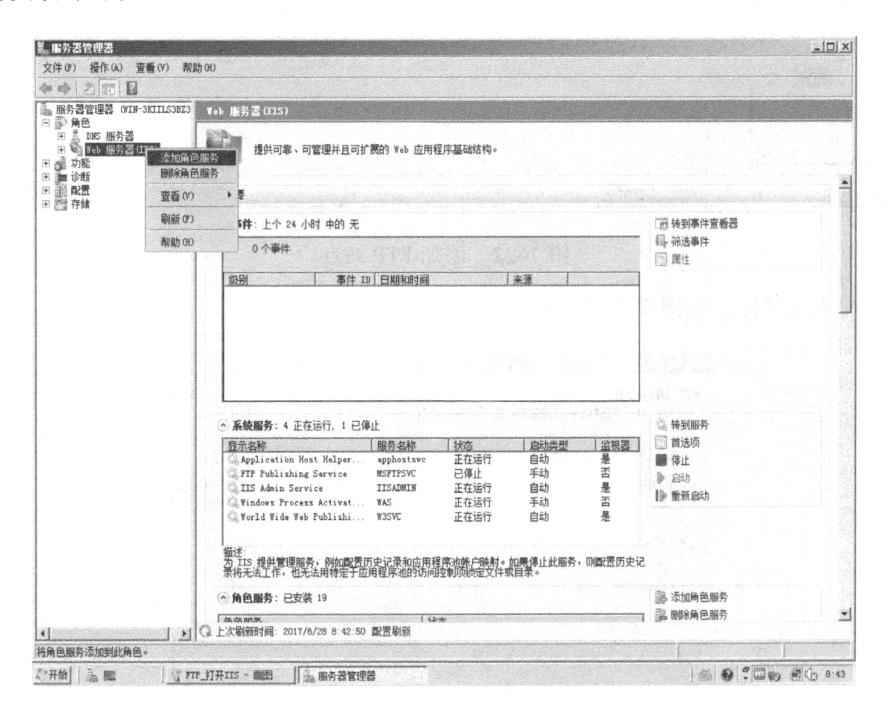


图 7-20　添加角色服务

② 配置 FTP 服务器。

a. 执行“开始”→“管理工具”命令，打开“Internet 信息服务（IIS）6.0 管理器”窗口，如图 7-21 所示。

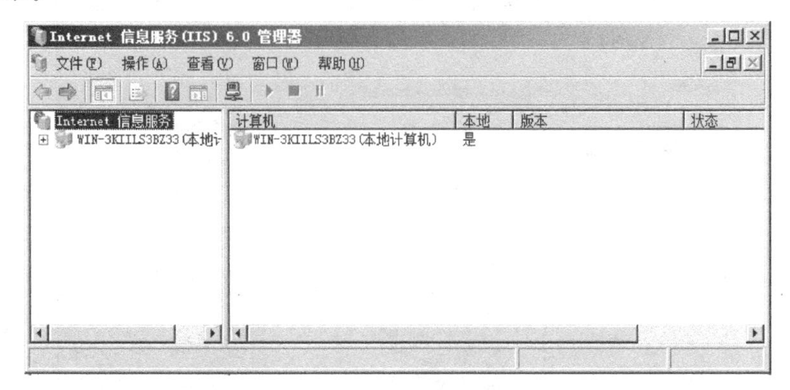


图 7-21 “Internet 信息服务（IIS）6.0 管理器”窗口

b. 右击管理界面上的本地组，新建 FTP 站点，如图 7-22 所示。

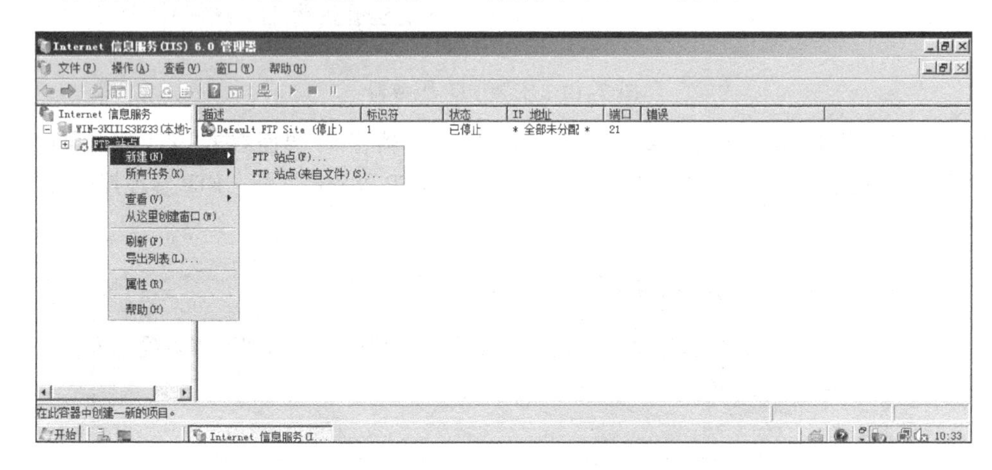


图 7-22 添加 FTP 站点

c. 输入站点名称，如图 7-23 所示。

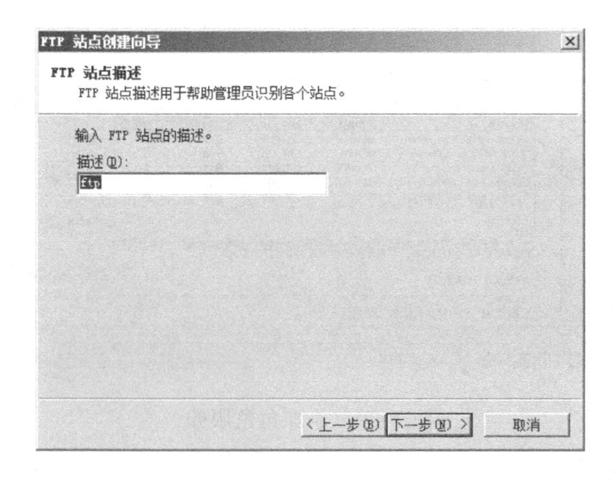


图 7-23 输入站点名称以及选择站点路径

d. 绑定 IP 地址和端口号，如图 7-24 所示。

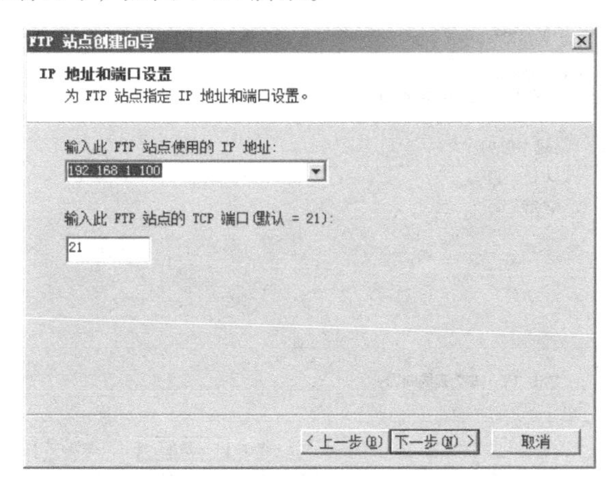


图 7-24 绑定 IP 地址和端口号

e. 配置隔离信息，选择“不隔离用户”，如图 7-25 所示。

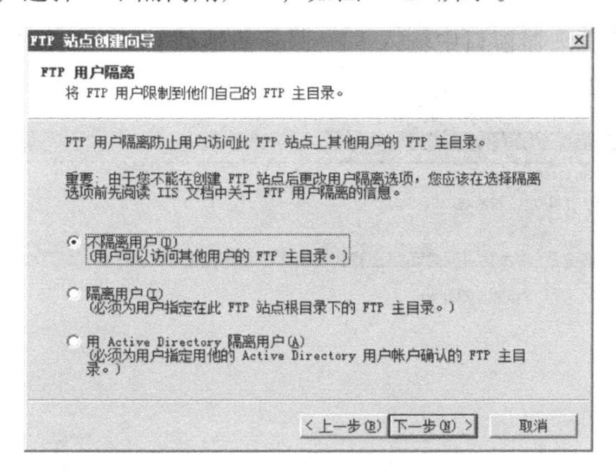


图 7-25 配置隔离信息

f. 设置主目录路径，如图 7-26 所示。

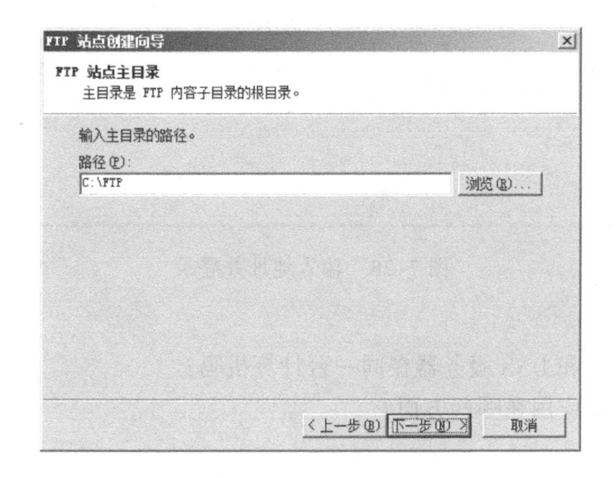


图 7-26 设置主目录路径

g. 设置访问权限，如图 7-27 所示。

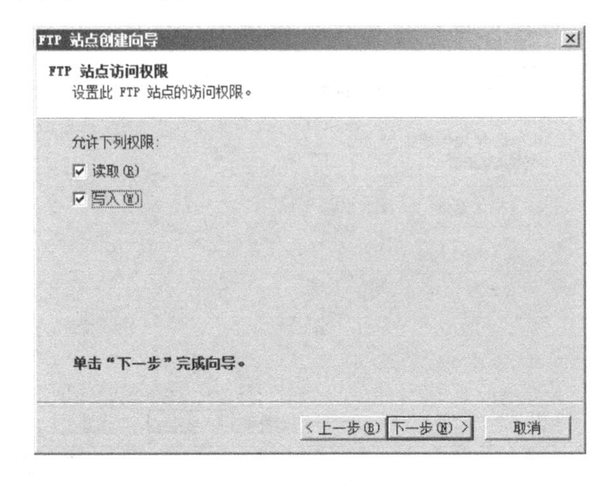


图 7-27　设置访问权限

③ 测试验证 FTP。

a. 在客户机的资源管理器窗口中输入 FTP 服务器地址 ftp://192.168.1.100，登录并查看 FTP 服务器中文件，如图 7-28 所示。

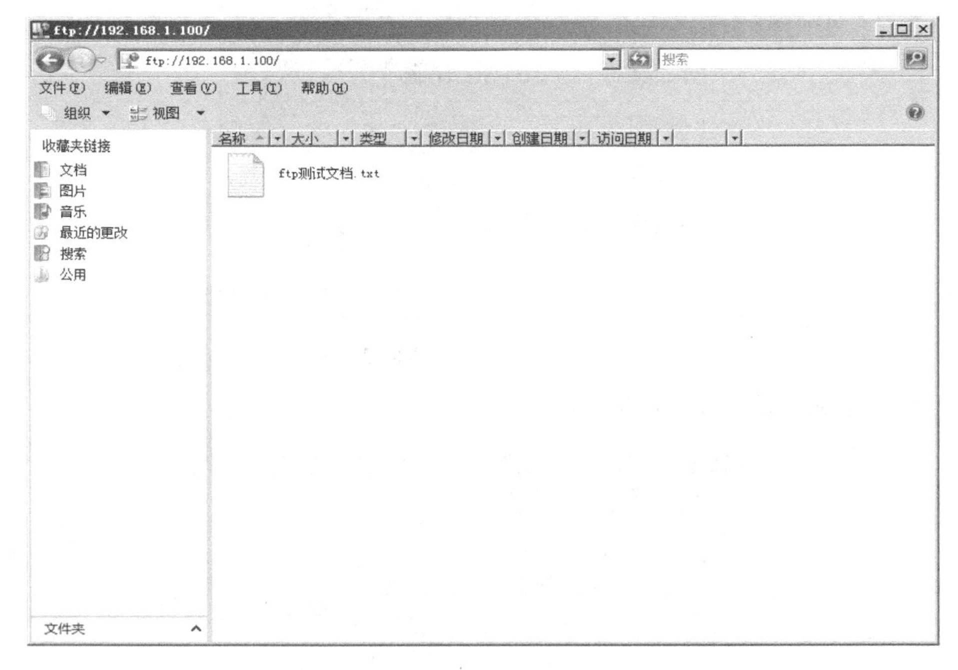


图 7-28　输入地址并登录

问题与思考

① FTP 服务器可以和 DNS 服务器在同一台计算机吗？

② FTP 站点的主要应用在哪些方面？

# 小　　结

本章对应用层协议的特点进行了简单介绍，对 DNS、Telnet、DHCP、FTP 四种常见应用层协议的工作过程、基本原理以及报文结构进行的简要介绍。

# 习　　题

## 一、选择题

1. Internet 中使用 DNS 进行主机名字与 IP 地址之间的自动转换，这里的 DNS 指（　　）。
   A. 域名服务器　　B. 动态主机
   C. 发送邮件的服务器　　D. 接收邮件的服务器
2. Telnet 协议实现的基本功能是（　　）。
   A. 域名解析　　B. 文件传输　　C. 远程登录　　D. 密钥交换
3. DHCP 简称（　　）。
   A. 静态主机配置协议　　B. 动态主机配置协议
   C. 主机配置协议　　D. Internet 配置协议
4. FTP 默认使用的控制协议端口是（　　）。
   A. 20　　B. 21　　C. 22　　D. 25
5. 关于 FTP 协议，下面的描述中不正确的是（　　）。
   A. FTP 协议使用多个端口号　　B. FTP 可以上传文件，也可以下载文件
   C. FTP 报文通过 UDP 报文传送　　D. FTP 是应用层协议
6. Telnet 协议主要应用于（　　）。
   A. 应用层　　B. 传输层　　C. 网际层　　D. 网络层

## 二、填空题

1. DNS 需要实现以下三个主要功能________、________、________。
2. DNS 三个组成部分是________、________、________。
3. DHCP 为客户端分配地址的三种方法是________、________、________。
4. Internet 中的用户远程登录，是指用户使用________命令，使自己的计算机暂时成为远程计算机的一个仿真终端的过程。
5. 使用 FTP 协议时，客户端和服务器之间要建立________连接和________连接。

## 三、问答题

1. 简述应用层协议的特点。
2. DNS 如何保证域名的唯一性？
3. Telnet 登录不成功的原因有哪些？
4. DHCP 协议中，如果地址分配完毕会出现什么情况？

# 第 8 章 网络新技术

【教学提示】

信息技术的发展日新月异，计算机网络也在不断地变化和发展，不断涌现新的网络技术和网络应用。物联网、大数据、云计算、互联网+等新的专业名词和技术相继进入人们的视野。本章主要介绍了当前较为流行的移动互联网技术和物联网技术，侧重于对两种网络新技术的起源、定义、体系结构和关键技术的概要性知识介绍。

【教学要求】

了解移动互联网技术和物联网技术两种新技术的起源；理解这两种新技术的定义和体系结构；了解这两种网络新技术的相关关键技术。

## 8.1 移动互联网技术

### 8.1.1 移动互联网的定义

移动互联网（Mobile Internet，MI）是互联网与移动通信各自独立发展后互相融合的新兴市场，目前呈现出互联网产品移动化强于移动产品互联网化的趋势，移动互联网已成为全球关注的热点。如同移动语音是相对于固定电话而言的，移动互联网是相对固定互联网而言的。虽然目前业界对移动互联网并没有一个统一定义，但对其概念却有一个基本的判断，即从网络角度来看，移动互联网是指以宽带 IP 为技术核心，可同时提供语音、数据、多媒体等业务服务的开放式基础电信网络；从用户行为角度来看，移动互联网是指采用移动终端通过移动通信网络访问互联网并使用互联网业务，这里对于移动终端的理解既可以是手机也可以是包括手机在内的上网本、PDA、数据卡方式的笔记本电脑等多种类型，其中前者是对移动互联网的狭义理解，后者是对移动互联网的广义理解。移动互联网具有以下几个特点：

#### 1. 终端移动性

移动互联网业务使得用户可以在移动状态下接入和使用互联网服务，移动的终端便于用户随身携带和随时使用。

**2．业务使用的私密性**

在使用移动互联网业务时，所使用的内容和服务更私密，如手机支付业务等。

**3．终端和网络的局限性**

移动互联网业务在便携的同时，也受到了来自网络能力和终端能力的限制：在网络能力方面，受到无线网络传输环境、技术能力等因素限制；在终端能力方面，受到终端大小、处理能力、电池容量等的限制。无线资源的稀缺性决定了移动互联网必须遵循按流量计费的商业模式。

**4．业务与终端、网络的强关联性**

由于移动互联网业务受到了网络及终端能力的限制，因此，其业务内容和形式也需要适合特定的网络技术规格和终端类型。

## 8.1.2　移动互联网的体系结构与参考模型

移动互联网的核心是互联网，因此一般认为移动互联网是桌面互联网的补充和延伸，应用和内容仍是移动互联网的根本。移动互联网是一种通过智能移动终端，采用移动无线通信方式获取业务和服务的新兴业务，移动互联网包含终端、软件和应用三个层面。终端层包括智能手机、平板电脑、电子书、MID 等；软件包括操作系统、中间件、数据库和安全软件等。应用层包括休闲娱乐类、工具媒体类、商务财经类等不同应用与服务。随着技术和产业的发展，未来 LTE（长期演进，4G 通信技术标准之一）和 NFC（近场通信，移动支付的支撑技术）等网络传输层关键技术也将被纳入移动互联网的范畴之内。从宏观角度来看，移动互联网是由移动终端和移动子网、接入网络、核心网络三部分组成，如图 8-1 所示。

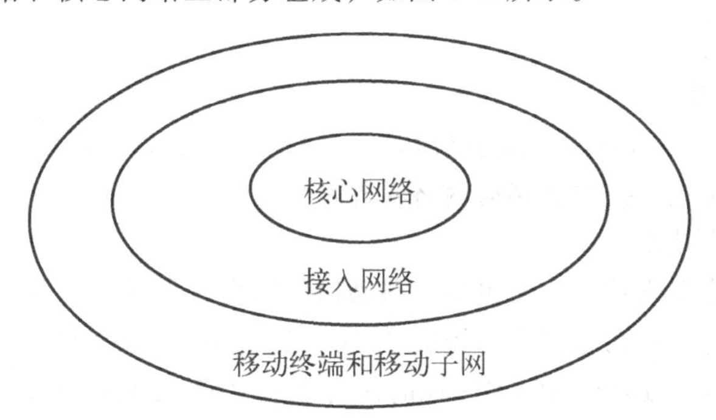


图 8-1　移动互联网的体系结构

移动互联网的参考模型如图 8-2 所示。

<table>
<tr><td colspan="2">APP</td><td colspan="2">APP</td><td colspan="2">APP</td></tr>
<tr><td colspan="6">开放 API</td></tr>
<tr><td colspan="3" rowspan="2">用户交互支持</td><td colspan="3">移动中间件</td></tr>
<tr><td colspan="3">互联网协议族</td></tr>
<tr><td colspan="6">操作系统</td></tr>
<tr><td colspan="6">计算与通信硬件/固件</td></tr>
</table>

图 8-2　移动互联网的参考模型

### 8.1.3 移动互联网的关键技术

纵览移动互联网的发展历史和演进趋势，其关键技术主要包括终端先进制造技术、终端硬件平台技术、终端软件平台技术、网络服务平台技术、应用服务平台技术和网络安全控制技术，如图 8-3 所示。

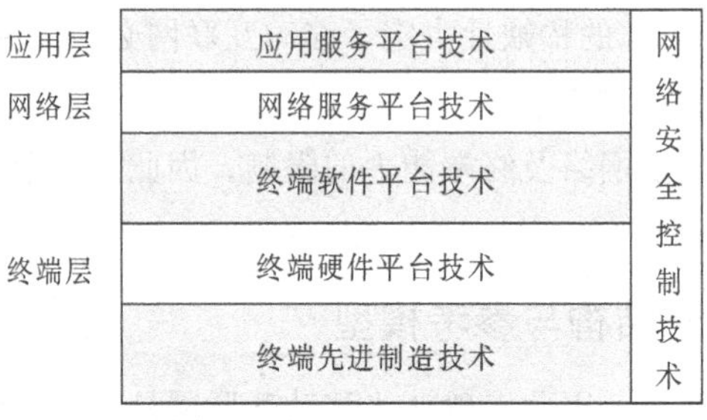


图 8-3 移动互联网关键技术

**1. 终端技术**

移动终端技术主要包括终端先进制造技术、终端硬件平台技术和终端软件平台技术三类。终端先进制造技术是一类集成了机械工程、自动化、信息、电子技术等形成的技术、设备和系统的统称。终端硬件平台技术是实现移动互联网信息输入、信息输出、信息存储与处理等技术的统称，一般分为处理器芯片技术、人机交互技术等。终端软件平台技术是指通过用户与硬件间的接口界面与移动终端进行数据或信息交换的技术统称，一般分为移动操作系统、移动中间件及移动应用程序等技术。

**2. 网络服务平台技术**

网络服务平台技术是指将两台或多台移动互联网终端设备接入互联网的计算机信息技术的统称，包括移动网络接入技术和移动网络管理技术。

（1）移动网络接入技术

移动互联网的网络接入技术主要包括：移动通信网络、无线局域网、无线 MESH 网络、异构无线网络融合技术等。移动通信网络经历了 1G、2G、3G 时代，正在大力部署 4G 网络，并在加快研发 5G 技术。4G 能够以 100 Mbit/s 的速度下载数据，20 Mbit/s 的速度上传数据。5G 的目标是到 2020 年，相对于当前而言，数据流量增长 1 000 倍，用户数据速率提升 100 倍，速率提升至 10 Gbit/s 以上，入网设备数量增加 100 倍，电池续航时间增加 10 倍，端到端时延缩短 5 倍。目前正在发展 AC-AP 架构的 WLAN 解决技术，即无线控制器负责管理无线网络的接入和 AP（接入点）的配置与监测、漫游管理及安全控制等，AP 只负责 802.11 报文的加解密。另外，802.11ad 标准提出了利用 60 GHz 频段进行无线通信的技术，传输速率达到 6.76 Gbit/s，并降低了天线的尺寸，提高了抗干扰能力。MESH 网络是一种自组织、自配置的多跳无线网络技术，MESH 路由器通过无线方式构成无线主干网，少数作为网关的 MESH 路由器以有线方式连接到互联网。此外，针对多种无线接入技术，正在发展异构无线网络融合技术。异构无线网络架构分为紧耦合技术和松耦合技术两类。紧耦合技术的网络架构是指无线接入系统之间存在主从关系，松耦合技术网络架构是指无线接入系统之间不存在主从关系。

（2）移动网络管理技术

移动网络管理技术主要有 IP 移动性管理和媒体独立切换协议两类。IP 移动性管理技术能

够使移动终端在异构无线网络中漫游，是一种网络层的移动性管理技术，目前正在发展移动 IPv6 技术，移动 IPv6 协议有着足够大的地址空间和较高的安全性，能够实现自动的地址配置并有效解决三角路由问题。媒体独立切换协议也就是 IEEE 802.21 协议，能解决异构网络之间的切换与互操作的问题。

3. 应用服务平台技术

应用服务平台技术是指通过各种协议把应用提供给移动互联网终端的技术统称，主要包括云计算、HTML5.0、Widget（微件）、Mashup、RSS（聚合内容）、P2P（点到点）等。

4. 网络安全控制技术

移动网络安全技术主要分为移动终端安全、移动网络安全、移动应用安全和位置隐私保护等技术。移动终端安全主要包括终端设备安全及其信息内容的安全，防止以下情况的发生，如信息内容被非法篡改和访问，或通过操作系统修改终端的有用信息，使用病毒和恶意代码对系统进行破坏，也可能越权访问各种互联网资源、泄漏隐私信息等，主要包括用户信息的加密存储技术、软件签名技术、病毒防护技术、主机防火墙技术等。移动网络安全技术重点关注接入网及 IP 承载网/互联网的安全，主要关键技术包括数据加密、身份识别认证、异常流量监测与控制、网络隔离与交换、信令及协议过滤、攻防与溯源等技术。移动应用安全可分解为云计算安全技术和不良信息监测技术。云计算安全技术重点解决数据安全、隐私保护、虚拟化运行环境安全、动态云安全服务等问题。不良信息监测技术重点解决检测算法准确率不高、处理及审核流程不同、网站通过代理逃避封堵等问题。位置隐私保护是当前移动用户最关心的问题，也是移动互联网安全的重要组成部分。位置隐私保护技术主要包括制定高效的位置信息存储和访问标准、隐藏用户身份及与位置的关系、位置匿名等。

### 8.1.4 移动 IP 技术

移动 IP 技术是移动结点（计算机/服务器/网段等）以固定的网络 IP 地址，实现跨越不同网段的漫游功能，并保证了基于网络 IP 的网络权限在漫游过程中不发生任何改变，实现数据的无缝和不间断的传输。简单地讲，就是保证网络结点在移动的同时不断开连接，并且还能正确收发数据包。总的来说，移动 IP 技术应能满足以下的基本要求：

① 移动结点在改变网络接入点之后仍然能够与 Internet 上的其他结点通信。

② 移动结点无论连接到任何接入点，能够使用原来的 IP 地址进行通信。

③ 移动结点应该能够与 Internet 上的其他不具备移动 IP 功能的结点通信，而不需要修改协议。

④ 考虑到移动结点通常是使用无线方式接入，涉及无线信道带宽、误码率与电池供电等因素，应尽量简化协议，减少协议开销，提高协议效率。

⑤ 移动结点不应该比 Internet 上的其他结点受到更大的安全威胁。

移动 IP 技术通过移动结点、外地代理、家乡代理三个功能实体完成代理搜索、注册、包传输这三个基本功能来协同完成移动结点的路由问题。

移动 IP 技术的工作机制如下：

① 在移动 IP 协议中，每个移动结点都有一个唯一的本地地址，当移动结点移动时，它的本地地址是不变的，在本地网络链路上每一个本地结点还有一个本地代理维护当前的位置信息，即转交地址。当移动结点连接到外地网络链路上时，转交地址就用来标示移动结点现在所在的

位置，以便进行路由选择。移动结点的本地地址与当前转交地址的联合称为移动绑定或绑定。当移动结点得到一个新的转交地址时，通过绑定向本地代理进行注册，以便让本地代理即时了解结点的当前位置。

② 当移动结点连接在外地网络链路上时，移动结点使用一个称为“代理发现”的规程在外地链路上发现一个外地代理，并向这个外地代理进行注册，把这个外地代理的 IP 地址作为自己的转交地址，移动结点获得转交地址后，再通过注册规程把自己的转交地址告诉本地代理。这样当有发往移动结点本地地址的数据包时，本地代理便截取该数据包，并根据注册的转交地址，通过隧道将数据包传给移动结点。

③ 代理发现机制。该机制能够使移动结点检测出它是在本地网络链路还是在外地网络链路上，并且当移动结点移动到一个新的网络链路上时，代理发现机制还能为它找到一个合适的外地代理。代理有两种消息：一是代理发送的周期性的代理广告消息，二是移动结点发送的代理请求消息。

④ 注册机制。一旦移动结点发现它的网络接入点从一条链路切换到另一条链路，就需要注册，完成的任务主要有：移动结点通过注册可以得到外地链路上外地代理的路由服务；把它的转交地址通知本地代理；动态得到本地代理的地址；本地代理把发往移动结点本地地址的数据包通过隧道发往移动结点的转交地址。注册包括注册请求和注册应答两种注册消息。

⑤ 隧道技术。该技术是移动 IP 技术中的重要内容，有三种方式：IP 的 IP 封装、IP 的最小封装和通用路由封装。IP 的 IP 封装用于将整个原始的 IPv4 数据包放在另一个 IPv4 数据报净荷部分中，它在原始 IPv4 数据包的现有报头前插了一个外层 IP 报头，外层报头的源地址和目的地址分别标示隧道中的两个边界结点；内层 IP 报头中源地址和目的地址分别标示原始数据包的发送结点和接收结点。移动 IP 要求本地代理和外地代理实现 IP 的 IP 封装，以实现从本地代理至转交地址的隧道。IP 的最小封装是通过将 IP 的 IP 封装中内层 IP 报头和外层 IP 报头的冗余部分去掉，以减少实现隧道所需的额外字节数。但使用这种封装技术有一个前提，就是原始的数据包不能被分片，因为 IP 的最小封装技术在新的 IP 报头和净荷之间插入了一个最小转发报头，它不保存有关分片的情况。通用路由封装是除了 IP 协议，它可以支持其他网络层协议，允许一种协议的数据包封装在另一种协议数据包的净荷中。

## 8.2 物联网技术

### 8.2.1 物联网的起源与发展

物联网是在互联网的基础上，利用射频识别（Radio Frequency Identification，RFID）技术、无线数据通信技术、传感器技术等，构造一个覆盖世界上万事万物的“Internet of Things，IoT”。在这个网络中，物品能够彼此进行“交流”，而无须人的干预。其实质是利用 RFID 等相关技术，通过计算机互联网实现物品的自动识别和信息的互联与共享。RFID 技术是能够让物品“开口说话”的一种技术。在物联网的构想中，RFID 标签中存储着规范而且具有互用性的信息，通过无线通信网络把它们自动采集到中央信息系统，实现对物品的识别，进而通过开放性的计算机网络实现信息交换和共享，实现对物品的“透明”管理。物联网的示意图如图 8-4 所示。

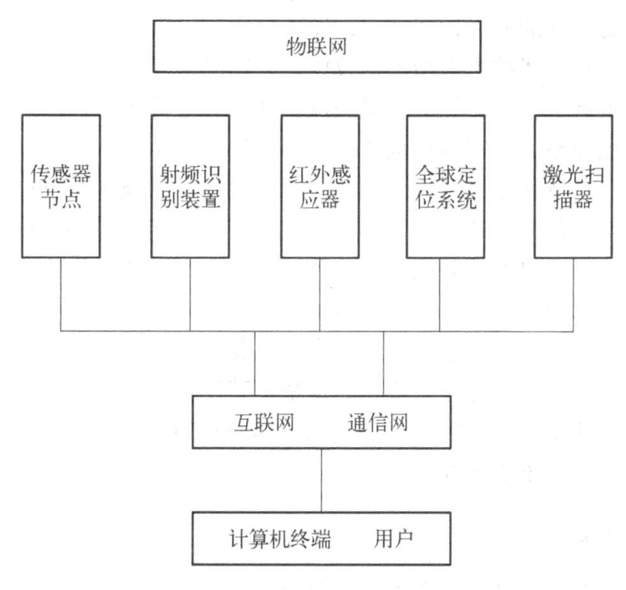


图 8-4　物联网示意图

物联网的实践最早可以追溯到1990年施乐公司的网络可乐贩售机 Networked Coke Machine，1991 年，美国麻省理工学院（MIT）的 Kevin Ash-ton 教授首次提出物联网的概念，比尔·盖茨 1995 年出版的《未来之路》一书中提出了“物 - 物”相连的物联网雏形，只是当时受限于无线网络、硬件及传感器设备的发展，并未引起世人的重视。

1999 年，美国 Auto-ID 提出“物联网”的概念，主要是建立在物品编码、射频识别技术和互联网的基础上。这时对物联网的定义很简单，主要是指把所有物品通过射频识别等信息传感设备与互联网连接起来，实现智能化识别和管理。也就是说，物联网是指各类传感器和现有的互联网相互衔接的一种新技术。

2003 年，美国《技术评论》提出传感网络技术将是未来改变人们生活的十大技术之首。

2004 年，日本总务省（MIC）提出 u-Japan 计划，该战略力求实现人与人、物与物、人与物之间的连接，希望将日本建设成一个随时、随地、任何物体、任何人均可连接的泛在网络社会。

2005 年，国际电信联盟（ITU）在《ITU 互联网报告 2005：物联网》中，正式提出了物联网的概念。该报告指出，无所不在的物联网通信时代即将来临，世界上所有的物体从轮胎到牙刷、从房屋到纸巾都可以通过互联网主动进行交换，射频识别技术、传感器技术、纳米技术、智能嵌入技术将得到更加广泛的应用。物联网的定义和范围已经发生了变化，覆盖范围有了较大的拓展，不再只是指基于 RFID 技术的物联网。

2006 年韩国确立了 u-Korea 计划，该计划旨在建立无所不在的社会（Ubiquitous Society），在民众的生活环境里建设智能型网络（如 IPv6、BCN、USN）和各种新型应用（如 DMB、Telematics、RFID），让民众可以随时随地享有科技智慧服务。2009 年韩国通信委员会出台了《物联网基础设施构建基本规划》，将物联网确定为新增长动力，提出到 2012 年实现“通过构建世界最先进的物联网基础设施，打造未来广播通信融合领域超一流信息通信技术强国”的目标。

2008 年 3 月，在苏黎世举行了全球首个国际物联网会议“物联网 2008”，探讨了物联网的新理念和新技术，以及如何推进物联网发展。奥巴马就任美国总统后，与美国工商业领袖举行了一次圆桌会议，作为仅有的两名代表之一，IBM 首席执行官彭明盛首次提出“智慧地球”的概念，建议新政府投资新一代的智慧型基础设施，并阐明了其短期和长期效益。“智慧地球”的概念一经提出，就得到了美国各界的高度关注，甚至有分析认为，IBM 公司的这一构想将有可能上升至美国的国家战略，并在世界范围内引起轰动。

2009 年 8 月 7 日，我国国家领导在无锡视察中科院物联网技术研发中心时指出，要尽快突破核心技术，把传感技术和 TD-SCDMA 的发展结合起来，提出建设感知中国中心，大力发展传感网、物联网。这标志着政府对物联网产业的关注和支持力度已提升到国家战略层面。之后，“传感网”“物联网”成为热门名词术语。2010 年初，物联网等新兴战略性产业写入了政府工作报告。2010 年 6 月 29 日，首次中国物联网大会在北京举行，大会凝练出物联网概念的最新共识，即物联网是物联化、互联化和智能化的网络，其技术发展目标是：全面感知、可靠传送和智能处理。在国家中长期科学与技术发展规划（2006—2020）和新一代宽带移动无线通信网重大专项中均将传感网列入重点研究领域。

### 8.2.2 物联网的定义

近几年来，物联网技术受到了人们的广泛关注，物联网被称为继计算机、互联网之后，世界信息产业的第三次浪潮。在不同的阶段或从不同的角度出发，对物联网有了不同的理解和解释。目前，有关物联网定义的争议还在进行之中，尚不存在一个世界范围内认可的权威定义。为了尽量准确地表达物联网内涵，需要比较全面地分析其实质性技术要素，以便给出一个较为客观的诠释。

目前，物联网的精确定义并未统一。关于物联网比较准确的定义是：物联网是通过各种信息传感设备及系统（传感网、射频识别系统、红外感应器、激光扫描器等）、条码与二维码、全球定位系统，按约定的通信协议，将物与物、人与物、人与人连接起来，通过各种接入网、互联网进行信息交换，以实现智能化识别、定位、跟踪、监控和管理的一种信息网络。这个定义的核心是，物联网的主要特征是每一个物件都可以寻址，每一个物件都可以控制，每一个物件都可以通信。

物联网的上述定义包含以下三个主要方面：

① 物联网是指对具有全面感知能力的物体及人的互联集合。两个或两个以上物体如果能交换信息即可称为物联。使物体具有感知能力需要在物品上安装不同类型的识别装置，如电子标签、条码与二维码等，或通过传感器、红外感应器等感知其存在。同时，这一概念也排除了网络系统中的主从关系，能够自组织。

② 物联必须遵循约定的通信协议，并通过相应的软、硬件实现。互联的物品要互相交换信息，就需要实现不同系统中实体的通信。为了成功地通信，它们必须遵守相关的通信协议，同时需要相应的软件、硬件来实现这些规则，并可以通过现有的各种接入网与互联网进行信息交换。

③ 物联网可以实现对各种物品（包括人）进行智能化识别、定位、跟踪、监控和管理等功能。这也是组建物联网的目的。

也就是说，物联网是指通过接口与各种无线接入网相连，进而接入互联网，从而给物体赋予智能，可以实现人与物体的沟通和对话，也可以实现物体与物体相互间的沟通和对话，即物体具有全面感知能力，对数据具有可靠传送和智能处理能力的连接物与物的信息网络。

## 8.2.3 物联网的层次结构

物联网应该具备三个特征：一是全面感知，即利用 RFID 标签、传感器、二维码等随时随地获取物体的信息；二是可靠传递，通过各种电信网络与互联网的融合，将物体的信息实时准确地传递出去；三是智能处理，利用云计算、模糊识别等各种智能计算技术，对海量数据和信息进行分析和处理，对物体实施智能化的控制。作为一种形式多样的聚合性复杂系统，物联网涉及了信息技术自上而下的每一个层面，业界公认物联网有三个层次，底层是感知数据的感知层，第二层是数据传输的传输层，最上层则是内容应用层。物联网层次结构如图 8-5 所示。

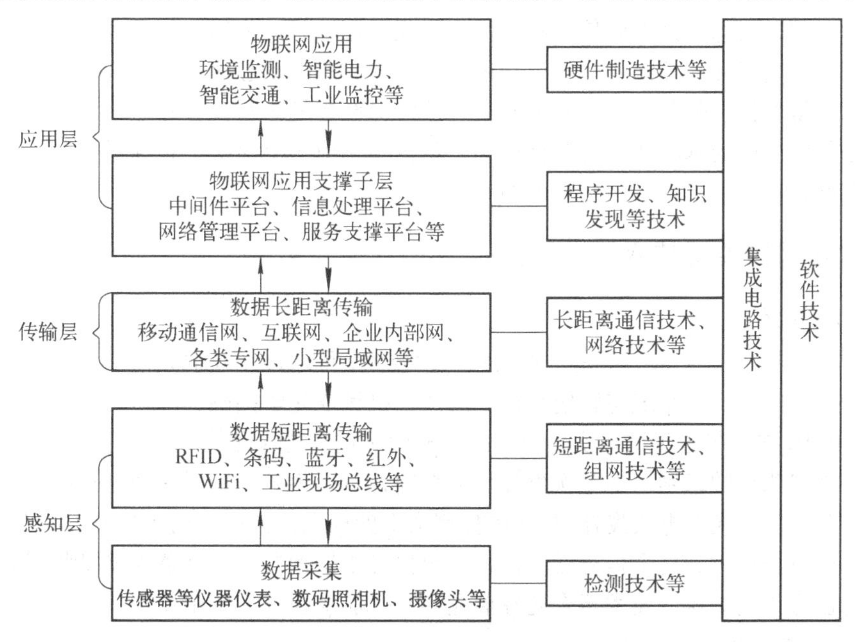


图 8-5 物联网层次结构

### 1. 感知层

感知层是物联网的核心，是信息采集的关键部分。感知层位于物联网三层结构中的最底层，其功能为“感知”，即通过传感网络获取环境信息。感知层包括二维码标签和识读器、RFID 标签和读写器、摄像头、GPS、传感器（如温度感应器、声音感应器、振动感应器、压力感应器等）、M2M 终端、传感器网关等，主要功能是识别物体、采集信息，与人体结构中皮肤和五官的作用类似。感知层解决的是人类世界和物理世界的数据获取问题。它首先通过传感器、数码相机、摄像头等设备，采集外部物理世界的数据，然后通过 RFID、条码、工业现场总线、蓝牙、红外、Wi-Fi 等短距离传输技术传递数据。感知层所需要的关键技术包括检测技术、短距离无线通信技术等。

### 2. 传输层

传输层又称网络层，解决的是感知层所获得的数据在一定范围内（通常是长距离）的传输问题，主要完成接入和传输功能，是进行信息交换、传递的数据通路，包括接入网与传输网两种。传输网由公网与专网组成，典型传输网络包括电信网（固网、移动网）、广电网、互联网、电力通信网、专用网（数字集群）。接入网包括光纤接入、无线接入、以太网接入、卫星接入等各类接入方式，实现底层的传感器网络、RFID 网络的“最后一公里”的接入。

3. 应用层

应用层又称处理层，解决的是信息处理和人机界面的问题。网络层传输的数据在这一层里进入各类信息系统进行处理，并通过各种设备与人进行交互。处理层由业务支撑平台（中间件平台）、网络管理平台（如 M2M 管理平台）、信息处理平台、信息安全平台、服务支撑平台等组成，完成协同、管理、计算、存储、分析、挖掘以及提供面向行业和大众用户的服务等功能，典型技术包括中间件技术、虚拟技术、高可信技术，云计算服务模式、SOA（Service-Oriented Architecture，面向服务架构）系统架构方法等先进技术和服务模式。

在各层之间，信息不是单向传递的，可有交互、控制等，传递的信息多种多样，包括在特定应用系统范围内能唯一标识物品的识别码和物品的静态与动态信息。尽管物联网在智能工业、智能交通、环境保护、公共管理、智能家庭、医疗保健等经济和社会各个领域的应用特点千差万别，但是每个应用的基本架构都包括感知、传输和应用三个层次，各种行业和各种领域的专业应用子网都是基于三层基本架构构建的。

### 8.2.4 物联网的关键技术

1. RFID 技术

RFID 技术即射频识别技术，是一种无线通信技术，可通过无线射频信号识别特定目标并读写相关数据，无须在识别系统与特定目标之间建立机械或光学接触，即是一种非接触式的自动识别技术。RFID 技术起源于第二次世界大战时期的飞机雷达探测技术。雷达应用电磁能量在空间的传播实现对物体的识别。第二次世界大战期间，英军为了区别盟军和德军的飞机，在盟军的飞机上装备了一个无线电收发器。战斗中控制塔上的探询器向空中的飞机发射一个询问信号，当飞机上的收发器接收到这个信号后，回传一个信号给探询器，探询器根据接收到的回传信号识别是否为己方飞机。这一技术至今还在商业和私人航空控制系统中使用。

（1）RFID 的优势

与条形码等其他自动识别技术相比，RFID 技术有以下优势：

① 操作方便、读写速度快。由于采用非接触射频通信技术，读写器在几厘米至几十米范围内就可以对 RFID 标签进行读写操作，不需要像磁卡或者接触式 IC 卡那样进行插拔工作。条形码只能被逐个扫描，而 RFID 读写器可同时读取多个 RFID 标签，标签读取的数量和 RFID 系统所使用的具体协议有关。

② RFID 标签体积小型化、形状多样化。RFID 标签在读取上并不受尺寸大小与形状的限制，无须为了读取精确度而配合纸张的固定尺寸和印刷品质。此外，RFID 标签可向小型化与多样形态发展，以应用于不同产品。

③ 抗污染能力更强、耐久性更好。传统条形码的载体是纸张，因此容易受到污染，但 RFID 标签对水、油和化学药品等物质具有很强的抵抗性。此外，由于条形码是附于塑料袋或外包装纸箱上，所以特别容易受到折损；RFID 标签是将数据存储在芯片中，因此可以免受污损。

④ 可重复使用。条形码印刷之后就无法更改，而 RFID 标签则可以被重复地新增、修改、删除其内部存储的数据，方便信息的更新。

⑤ 穿透性好、无屏障读写。在被覆盖的情况下，RFID 系统中的射频信号能够穿透纸张、木材、塑料等非金属或非透明的材质，能够进行穿透性通信。而条形码扫描机必须在近距离而

且没有物体阻挡的情况下，才可以辨读条形码。

⑥ 数据的记忆容量大、一卡多用。一维条形码的容量是 50 B，二维条形码最大的容量可存储 2～3 000 字符，而 RFID 标签最大的容量则有数 MB。随着记忆载体的发展，其数据容量也有不断扩大的趋势。未来物品所需携带的数据量会越来越大，对 RFID 标签所能扩充容量的需求也相应增加。通常，射频卡（RFID 标签的其中一种封装方式）中有多个分区，每个分区又各自有自己的密码，所以可以将不同的分区用于不同的应用，实现一卡多用。

⑦ 安全性更高。由于 RFID 标签承载的是电子式信息，其数据内容可经由密码保护，使其内容不易被伪造及变造。

（2）RFID 的组成

简单来讲，基本的 RFID 系统包含电子标签和阅读器两个必不可少的组成部分，如图 8-6 所示。

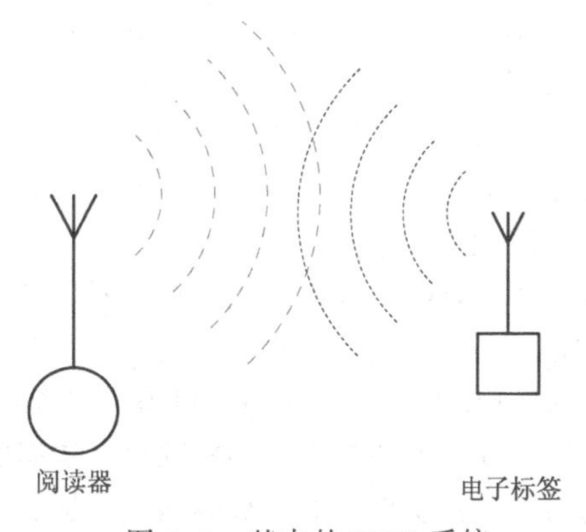


图 8-6　基本的 RFID 系统

通常来讲，典型的 RFID 系统由电子标签、阅读器、数据管理系统三部分组成，如图 8-7 所示。

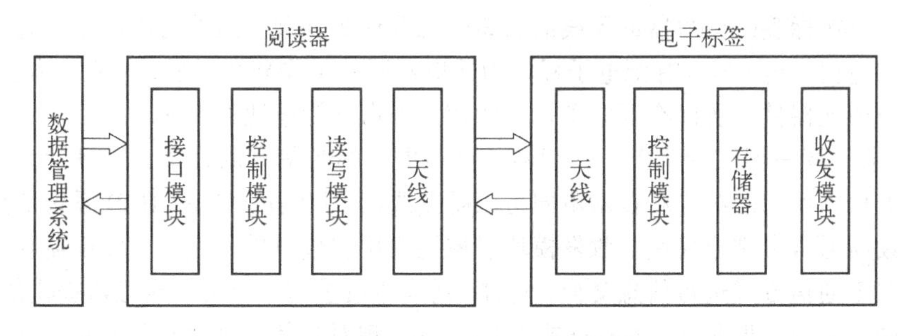


图 8-7　典型的 RFID 系统

① 电子标签。电子标签由耦合元件及芯片组成，其中包含带加密逻辑、串行 EEPROM（电可擦除及可编程式只读存储器）、微处理器 CPU 以及射频收发及相关电路。电子标签具有智能读写和加密通信等功能，它是通过无线电波与读写设备进行数据交换。通常电子标签是安装在被识别对象上，存储被识别对象相关信息。标签存储器中的信息可由读写器进行非接触读写。标签可以是卡，也可以是其他形式的装置，非接触 IC 卡中的远耦合识别卡就属于射频识别标签。

电子标签的分类有多种方式，根据电子标签工作方式分为主动式、被动式和半被动式三种类型。用自身的射频能量主动地发射数据给读写器的标签是主动式标签，因此主动式标签内部一定带有电源。阅读器首先发射信号，接收到该信号之后才进入通信状态的标签称为被动式标签。被动式标签通信能量从阅读器发射的电磁波中获得，它既有不带电源的标签，也有带电源的标签。带有电源的标签，电源只为芯片运转提供能量，而标签和阅读器之间通信所用的能量从阅读器发送的信号中提取。也有人把这样的标签称为半被动式标签。

根据内部使用存储器类型的不同，标签可分为只读型标签与可读写型标签。在识别过程中，内容只能读出不可写入的标签是只读型标签；而如果阅读器不仅可以对标签中的数据进行读取，而且还可以对标签中的数据进行修改，那么该标签就属于读写型标签。只读标签内部只有只读存储器（Read Only Memory，ROM）和随机存储器（Random Access Memory，RAM）。

ROM用于存储发射器操作系统说明和安全性要求较高的数据，它与内部的处理器或逻辑处理单元完成内部的操作控制功能，如响应延迟时间控制、数据流控制、电源开关控制等。另外，只读标签的 ROM 中还存储有标签的标识信息。这些信息可以在标签制造过程中由制造商写入ROM中，也可以在标签开始使用时由使用者根据特定的应用目的写入特殊的编码信息。这种信息可以只简单地代表二进制中的“0”或者“1”，也可以像二维条码那样，包含复杂的相当丰富的信息。但这种信息只能是一次写入，多次读出。只读标签中的 RAM 用于存储标签反应和数据传输过程中临时产生的数据。另外，只读标签中除了 ROM 和 RAM 外，一般还有缓冲存储器，用于暂时存储调制后等待天线发送的信息。

可读写标签内部的存储器除了 ROM、RAM 和缓冲存储器之外，还有非活动可编程记忆存储器。这种存储器除了存储数据功能外，还具有在适当的条件下允许多次写入数据的功能。非活动可编程记忆存储器有许多种，EEPROM（电可擦除可编程只读存储器）是比较常见的一种，这种存储器在加电的情况下，可以实现对原有数据的擦除以及数据的重新写入。

根据电子标签有无电源可分为无源标签和有源标签两类。标签中不含有电池的标签称为无源标签。无源标签工作时一般距读写器的天线比较近，无源标签使用寿命长。无源电子标签自身不带有电源，所需能量直接从阅读器发出的射频电磁波束中获取。标签中带有电池的标签称为有源标签。有源标签距读写器的天线的距离较无源标签要远。虽然有源电子标签的特点是通过自身带有的电池供电，但是有源电子标签为适应不同的工作环境需要，一般均为密闭性结构，出厂后不可更换元器件，所以有源电子标签的使用寿命即为电池的寿命。

② 阅读器（读写器或读头）。阅读器是读写电子标签信息的设备，可设计为手持式或固定式，阅读器根据使用的结构和技术不同可以是读或读/写装置，它是 RFID 系统信息控制和处理中心。阅读器通常由耦合模块、收发模块、控制模块和接口单元组成。阅读器和应答器之间一般采用半双工通信方式进行信息交换，同时，阅读器通过耦合给无源应答器提供能量和时序。在实际应用中，可进一步通过 Ethernet 或 WLAN 等实现对物体识别信息的采集、处理及远程传送等管理功能。

③ 后台数据管理系统。后台数据管理系统主要完成数据信息的存储及管理、对电子标签进行读/写控制等。

RFID 系统工作原理如下：阅读器将要发送的信息编码后加载在某一频率的载波信号上经天线向外发送，进入阅读器工作区域的电子标签接收此脉冲信号，标签芯片中的有关电路对此信号进行调制、解码、解密，然后对命令请求、密码、权限等进行判断；若为读命令，控制逻辑电路则从存储器中读取有关信息，经加密、编码、调制后通过卡内天线再发送给阅读器，阅读器对接收到的信号进行解调、解码、解密后送至后台数据管理系统进行有关数据处理；若为修

改信息的写命令，有关控制逻辑引起的内部电荷泵提升工作电压，提供擦写 EEPROM 中的内容进行改写；若经判断其对应的密码和权限不符，则返回出错信息。

虽然 RFID 技术有很多的优点，但是目前还存在一些问题，例如，标准不统一的问题、成本和应用软件问题、安全与隐私问题、技术瓶颈问题等。

2．无线传感网

无线传感网是由一组有感知能力的传感器结点以自组织方式组成的无线网络，目的是协作的感知、收集和处理传感网所覆盖的地理区域中感知对象的信息，并传递给观察者。无线传感网的三个要素为传感器、感知对象和观察者。

无线传感网可以借助于结点中内置的传感器测量周边环境中的热、红外、声纳、雷达和地震波信号，从而探测包括温度、湿度、噪声、光强度、压力、土壤成分、移动物体的速度和方向等物理现象。集分布式信息采集、传输和处理技术于一体的网络信息系统，以其低成本，微型化，低功耗和灵活的组网方式、铺设方式以及适合移动目标等特点受到广泛重视。M2M 中，GSM/GPRS/UMTS 是主要的远距离连接技术，其近距离连接技术主要有 802.11b/g、BlueTooth、Zigbee、RFID 和 UWB。此外，还有一些其他技术，如 XML 和 Corba，以及基于 GPS、无线终端和网络的位置服务技术。无线传感网具有以下几个特点：

（1）集感知、处理、传输为一体

无线传感网结点是集传感器、处理器单元、短距离无线通信模块于一体的综合系统，通过综合的处理，完成数据采集、转换和传输，同时由于集成，它实现了结点的微型化，应用领域大大扩展。

（2）自适应通信能力

为了准确、及时获取信息，必须依靠结点间的协作。传感器网络作为一个自治系统，涉及定位及时间同步、协同信号处理等诸多问题。因此通过自适应性机制，才能更好地解决快速响应、可靠性与能耗之间的矛盾。

（3）电源能量有限

无线传感网络结点由电池供电，其特殊领域决定了使用过程中不能给电池充电或更换电池，一旦电池能量用完，这个结点也就失去了作用。因此在传感器网络设计过程中，任何技术和协议都要以节能为前提。

（4）多跳路由

由于无线传感网络中结点的通信能力有限，一般在几百米范围内，所以结点只能与它的邻居直接通信。如果希望与其射频覆盖范围外的结点进行通信，则需要通过中间结点进行路由选择。由于无线传感网中的结点集信息接收、处理、发送等任务于一体，因此无线传感网中的多跳路由是由普通结点完成的。每个结点既是信息发起者，也是信息转发者。

（5）动态性

无线传感网是一个动态的网络，结点可以随处移动。一个结点可能会因为电池能量耗尽或其他故障退出网络运行，一个结点也能由于工作的需要而被添加到网络中，这些都会使网络的拓扑结构随时发生变化，因此网络应该具有动态拓扑组织功能。

目前，面向物联网的无线传感网主要涉及以下几项技术：测试及网络化测控技术、智能化传感网结点技术、传感网组织结构及底层协议、对传感网自身的检测与自组织、传感网安全等。

3. 传感器技术

传感器是机器感知物质世界的“感觉器官”，用来感知信息采集点的环境参数，它可以感知热、力、光、电、声、位移等信号，为物联网系统的处理、传输、分析和反馈提供最原始的信息。传感器一般是利用物理、化学和生物等学科的某些效应或原理按照一定的制造工艺研制出来的。因此，传感器的组成将随不同的情况而有较大差异。但是，总的来说，传感器是由敏感元件、转换元件、信号调节与转换电路以及其他辅助电路组成，如图 8-8 所示。

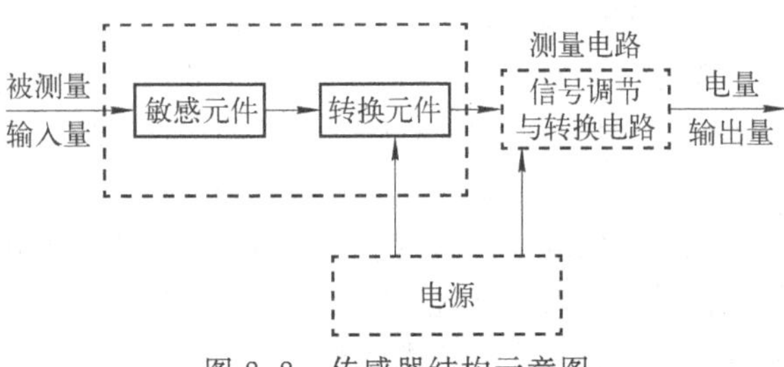


图 8-8　传感器结构示意图

敏感元件是直接感受非电量，并按一定规律转换成与被测量有确定关系的其他量（一般仍为非电量），例如，应变式压力传感器的弹性膜片就是敏感元件，它的作用是将压力转换成膜片的变形。

转换元件又称变换器，一般情况下，它不直接感受被测量，而是将敏感元件输出的量转换成为电量输出的元件，如应力式压力传感器的应变片，它的作用是将弹性膜片的变形转换成电阻值的变化，电阻应变片就是传感元件。

这种划分并无严格的界限，并不是所有的传感器必须包含敏感元件和传感元件。如果敏感元件直接输出的是电量，它同时兼为传感元件；如果传感元件能直接感受被测非电量并输出与之成确定关系的电量，此时，传感器就是敏感元件。例如，压电晶体、热电偶、热敏电阻、光电器件等。

信号调节与转换电路一般是指能把传感元件输出的电信号转换为便于显示、记录、处理和控制的有用电信号电路。信号调节与转换的电路选择要视传感元件的类型而定，常用的电路有弱信号放大器、电桥、振荡器、阻抗变换器等。

辅助电路通常包括电源，有些传感器系统常采用电池供电。

随着电子技术的不断进步，传统的传感器正逐步实现微型化、智能化、信息化、网络化，同时，我们也正经历着一个从传统传感器到智能传感器再到嵌入式 Web 传感器不断发展的过程。

4. M2M 技术

通常来讲，M2M 是机器对机器通信（Machine to Machine）的简称，但广义上的 M2M 还可代表人对机器（Man to Machine）、机器对人（Machine to Man）、移动网络对机器（Mobile to Machine）之间的连接与通信，涵盖了所有实现在人、机器、系统之间建立通信连接的技术和手段。移动通信网络由于其网络的特殊性，终端则不需要人工布线，可以提供移动性支撑，有利于节约成本，并可以满足在危险环境下的通信需求，使得以移动通信网络作为承载的 M2M 服务得到了业界的广泛关注。

M2M 作为物联网在现阶段最普遍的应用形式，在欧洲、美国、韩国、日本等国家实现了商业化应用。主要应用在安全监测、机械服务和维修业务、公共交通系统、车队管理、工业自动化、城市信息化等领域。提供 M2M 业务的主流运营商包括英国的 BT（英国电信集团公司）和 Vodafone（沃达丰）、德国的 T-Mobile、日本的 NTT-DoCoMo、韩国 SK 等。中国的 M2M 应用起步较早，目前正处于快速发展阶段，各大运营商都在积极研究 M2M 技术，尽力拓展 M2M 的应用市场。

国际上各大标准化组织与 M2M 相关研究和标准制定工作也在不断推进。几大主要标准化组织按照各自的工作职能范围，从不同角度开展了针对性研究。ETSI 从典型物联网业务用例，

如智能医疗、电子商务、自动化城市、智能抄表和智能电网的相关研究入手，完成对物联网业务需求的分析、支持物联网业务的概要层体系结构设计以及相关数据模型、接口和过程的定义。3GPP/3GPP2 以移动通信技术为工作核心，重点研究 3G，LTE/CDMA 网络针对物联网业务提供而需要实施的网络优化相关技术，研究涉及业务需求、核心网和无线网优化、安全等领域。CCSA（China Communications Standards Association，中国通信标准化协会）早在 2009 年就完成了 M2M 的业务研究报告，与 M2M 相关的其他研究工作已经展开。

M2M 应用市场正在全球范围快速增长，随着包括通信设备、管理软件等相关技术的深化、M2M 产品成本的下降，M2M 业务将逐渐走向成熟。目前，在美国和加拿大等国已经实现安全监测、机械服务、维修业务、自动售货机、公共交通系统、车队管理、工业流程自动化、电动机械、城市信息化等领域的应用。

5. 数据融合与智能技术

物联网结点采集的数据存在大量冗余信息，这些冗余信息会浪费大量的通信带宽和宝贵的能量资源。此外，还会降低信息的收集效率，影响信息采集的及时性，所以需要采用数据融合与智能技术进行处理。

所谓数据融合，是指将多种数据或信息进行处理，组合出高效且符合用户需求的数据的过程。海量信息智能分析与控制是指依托先进的软件工程技术，对物联网的各种信息进行海量存储与快速处理，并将处理结果实时反馈给物联网的各种控制部件。

智能技术是为了有效地达到某种预期的目的，利用知识分析后所采用的各种方法和手段。通过在物体中植入智能系统，可使物体具备一定的智能性，能够主动或被动地实现与用户的沟通，这也是物联网的关键技术之一。

根据物联网的内涵可知，要真正实现物联网，需要感知、传输、控制及智能等多项技术。物联网的研究将带动整个产业链或者说推动产业链的共同发展。信息感知技术、网络通信技术、数据融合与智能技术、云计算等技术的研究与应用，将直接影响物联网的发展与应用，只有综合研究解决这些关键技术问题，物联网才能得到快速推广，造福于人类社会，实现智慧地球的美好愿望。

# 实 训 练 习

## 实训 1　学习配置和规划 WLAN

**实训目的**

掌握无线网卡间 Ad-Hoc 连接模式配置方法。

**实训内容**

① 技术原理。无线局域网可分为两大类：有固定基础设施的（Infrastructure）无线局域网和无固定基础设施的无线局域网。固定基础设施是指预先建立起来的、能覆盖一定范围的一批固定基站。802.11 是无线以太网的标准，它使用星状拓扑结构，其中心叫作接入点 AP（Access Point），802.11 标准规定无线局域网的最小构件是基本服务集（Basic Service Set，BSS）。一个 BSS 包括一个基站和若干个移动站，所有的站在本 BSS 内部可以直接通信，但在与本 BSS 以外的站通信时都必须通过本 BSS 基站（AP 就是 BSS 内的基站），安装 AP 时，必须为该 AP 分

配一个不超过 32 字节的服务集标识符（Service Set Identifier，SSID）和一个信道。一个 BSS 所覆盖的地理范围叫作一个基本服务区（Base Service Area，BSA），无线局域网的 BSA 的范围直径一般不超过 100 m。一个 BSS 可以是孤立的，也可以通过 AP 连接到一个分配系统(Distuibution System，DS)，然后再连接到另一个基本服务集，从而构成一个扩展的服务集(Extended Service Set，ESS)。无固定基础设施的无线局域网又叫自组网络（Ad-Hoc Network），自组网络没有 BSS 中的接入点 AP，而是由一些处于平等状态的移动站之间相互通信组成的临时网络，服务范围通常是受限的。

② 本实验实现第二种即自组网络的无线网络互连。在两台 PC 上分别安装无线网卡并设置其属性，并实现它们之间的互通。

③ 实验拓扑如图 8-9 所示。

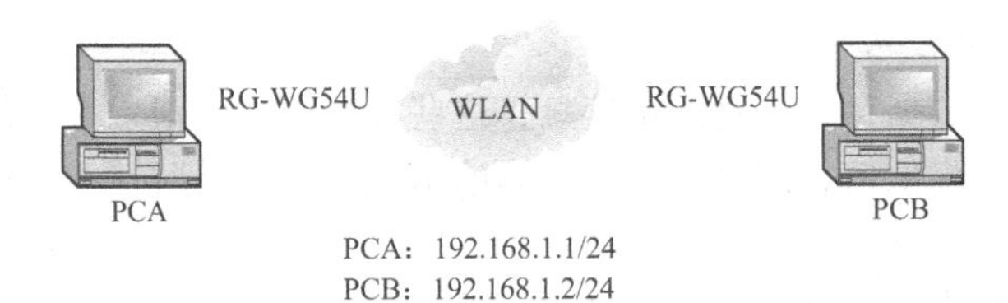


图 8-9　无线网卡间 Ad-Hoc 连接模式配置拓扑图

**实训条件**

计算机（2 台）、RG-WG54U 无线局域网外置 USB 网卡（2 块）。

**实训步骤**

① 在 PCA 上安装无线网卡。

把 RG-WG54U 适配器插入到计算机的 USB 端口，系统会自动搜索到新硬件并且提示安装设备的驱动程序，如图 8-10 所示，单击“下一步”按钮。在图 8-11 所示的界面中选择“从列表或指定位置安装”单选按钮并插入驱动光盘，单击“下一步”按钮。在图 8-12 所示的界面中选择驱动程序所在的相应位置，单击“下一步”按钮。计算机将会找到设备的驱动程序并进行安装，在图 8-13 所示的界面中单击“完成”按钮结束安装。

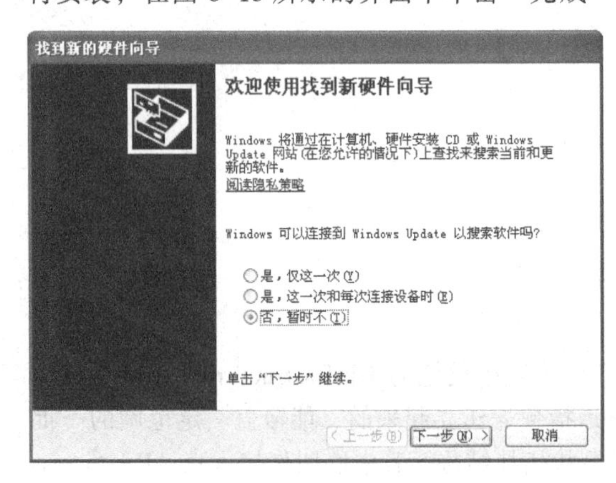


图 8-10　安装网卡驱动程序向导 1

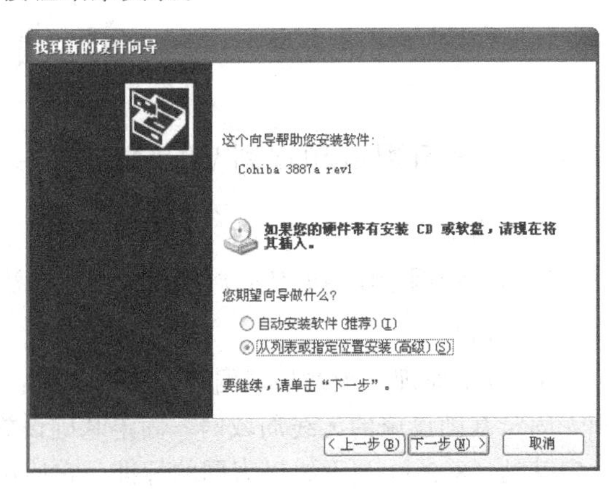


图 8-11　安装网卡驱动程序向导 2

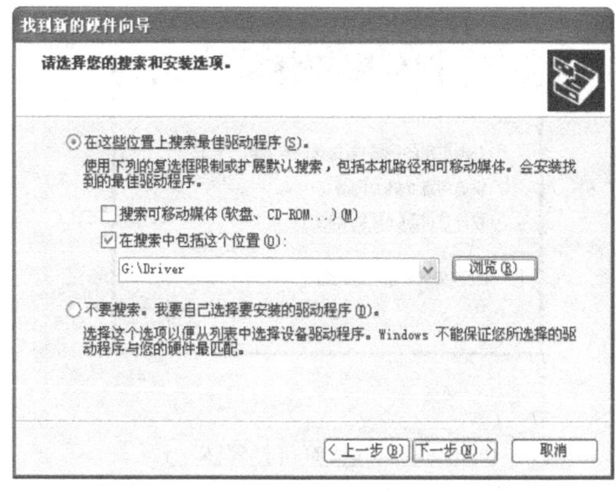


图 8-12　安装网卡驱动程序向导 3

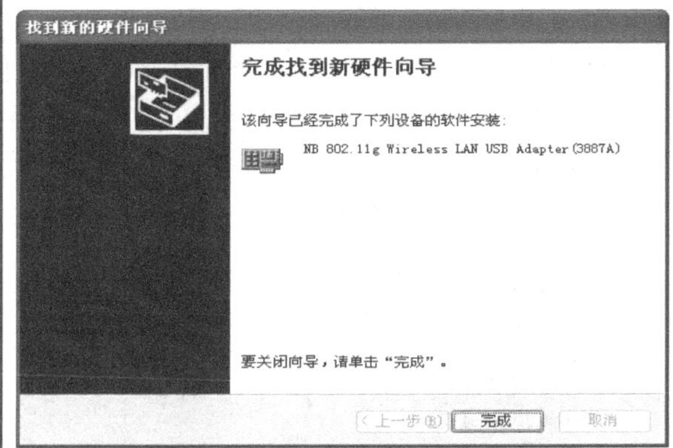


图 8-13　安装网卡驱动程序向导 4

② 设置 PCA 的网络属性。

a. 打开"无线网络连接 属性"对话框，选择"常规"选项卡，将 IP 设为 192.168.1.1，子网掩码设为 255.255.255.0，如图 8-14 所示；选择"无线网络配置"选项卡（见图 8-15），单击"添加"按钮，弹出"无线网络属性"对话框，如图 8-16 所示，设置"网络名"和"网络密钥"，勾选"这是一个计算机到计算机（特定的）网络；没有使用无线访问点"复选框，单击"确定"按钮。

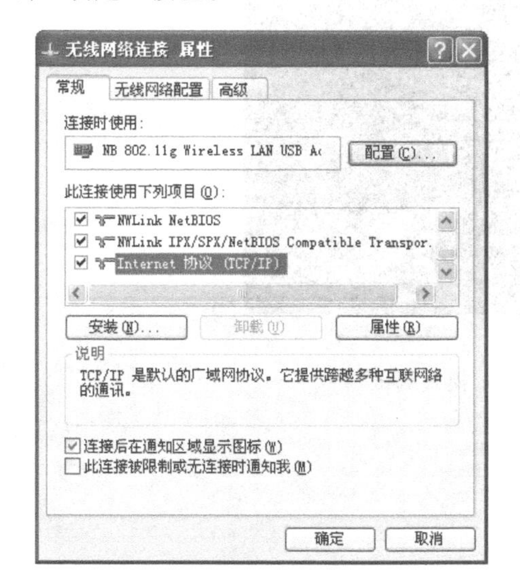


图 8-14　"无线网络连接属性"对话框

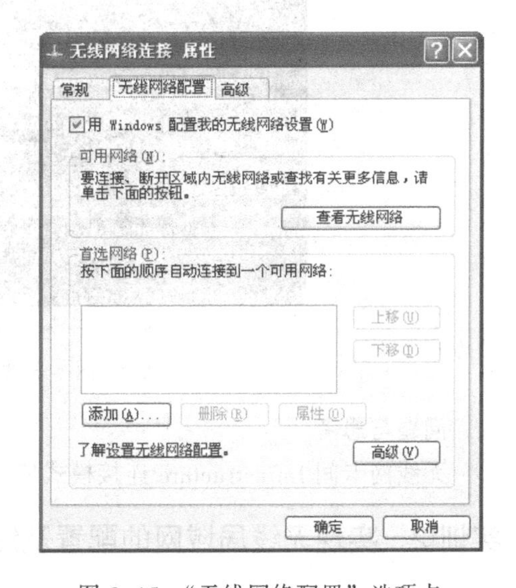


图 8-15　"无线网络配置"选项卡

b. 单击"高级"按钮，弹出如图 8-17 所示的对话框，选中"仅计算机到计算机（特定）"单选按钮。

③ 在 PCB 上安装无线网卡并设置网络属性。除 IP 地址设为 192.168.1.2/24 外，其他操作应与 PCA 完全相同（略）。

④ 测试。PCA 可以 ping 通 PCB，如图 8-18 所示。

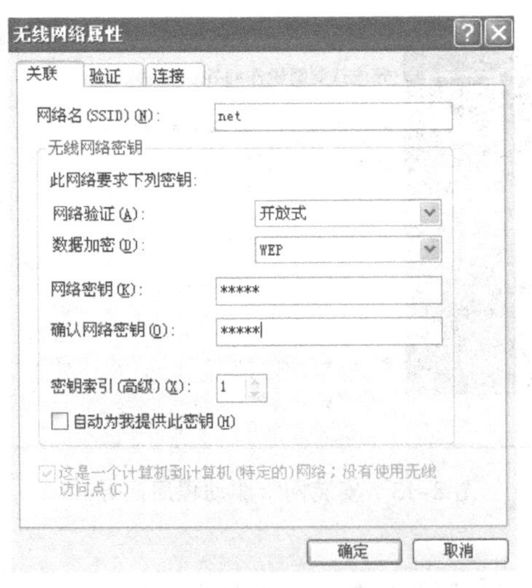


图 8-16 “无线网络属性”对话框

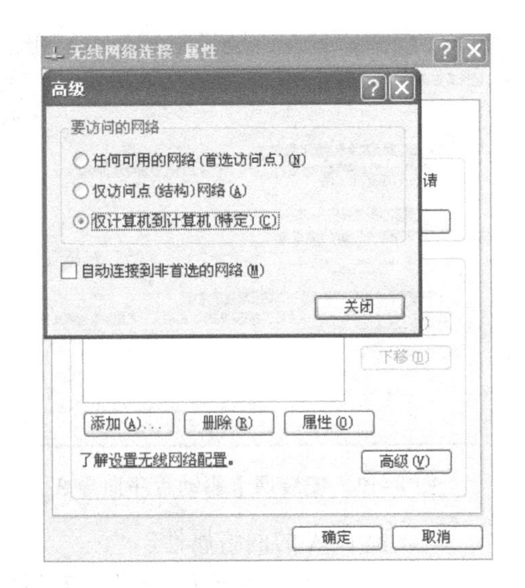


图 8-17 高级属性

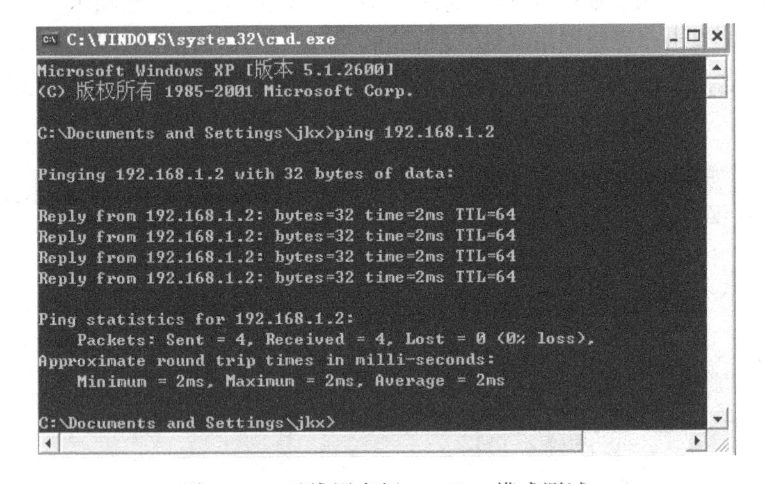


图 8-18 无线网卡间 Ad-Hoc 模式测试

**问题与思考**

无线网卡间 Infrastructure 连接模式应如何设置?

## 实训 2 实现无线局域网的配置及组建

**实训目的**

① 掌握无线 AP 的配置要点。

② 掌握无线宽带路由器的配置要点。

③ 掌握 SSID 的概念。

**实训内容**

利用 Packet Tracer 模拟器实现利用无线宽带路由器连接四台无线 PC 和一台有线 PC 的互通。实训拓扑如图 8-19 所示。

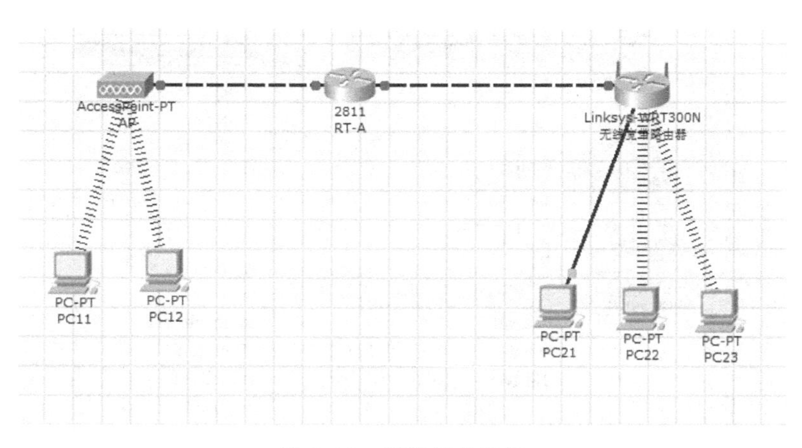


图 8-19　网络拓扑结构

**实训条件**

Packet Tracer、无线路由器二台、有线路由一台，PC 工作站五台。

**实训步骤**

① 配置路由器 RT-A：FastEthernet0/0 的接口 IP 地址为 210.10.10.1/24、FASTETHERNET0/1 的接口 IP 地址为 220.10.10.1/24。

a. 单击路由器 RT-A，在弹出的对话框中选择“配置”选项卡。

b. 选择 FastEthernet0/0 项目，如图 8-20 所示。

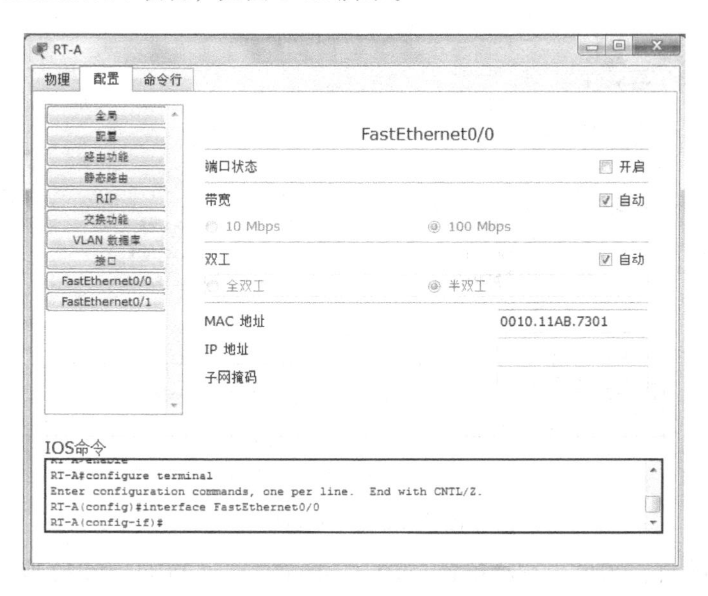


图 8-20　路由配置

c. “端口状态”选择开启；“IP 地址”填写“210.10.10.1”；“子网掩码”需要经过计算，已知前 24 位是网络前缀，故应填写“255.255.255.0”，如图 8-21 所示。

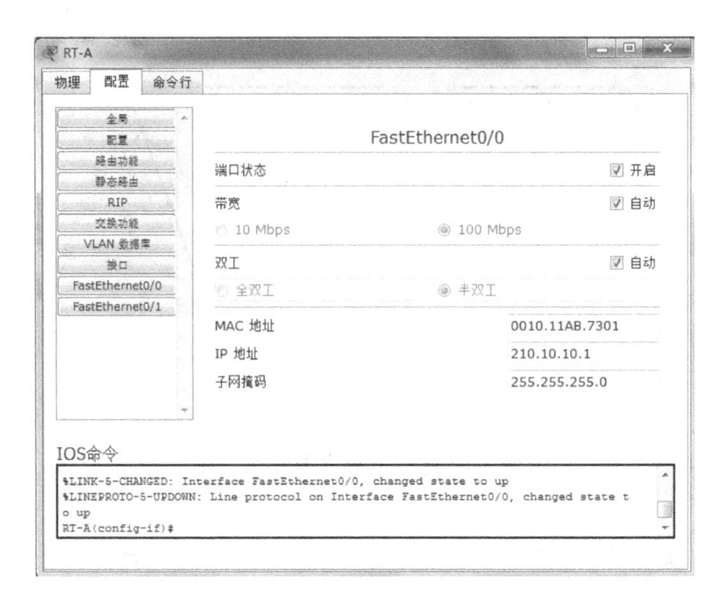


图 8-21　f0/0ip 配置

d. 选择 FastEthernet0/1 项目，按照同样的方法进行配置，如图 8-22 所示。

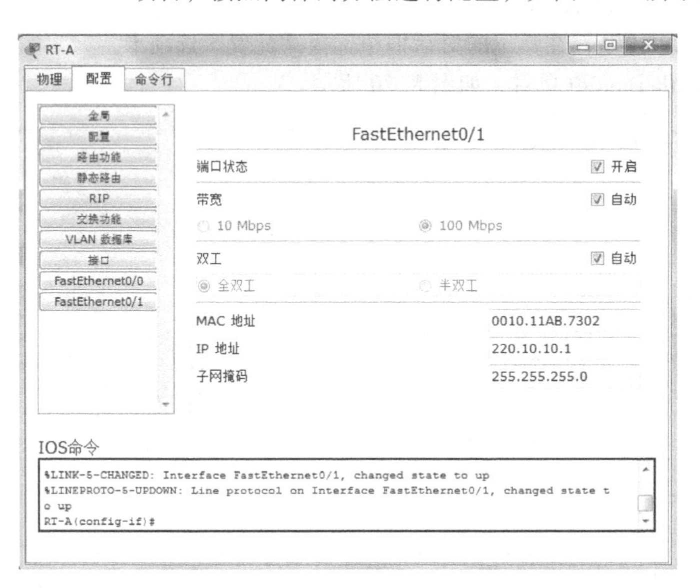


图 8-22　F0/1ip 配置

② 在 AP、PC11、PC12 上同样配置 SSID="ipdata"，确保 PC11、PC12 能够与 AP 建立正确无线连接，如图 8-23 所示。

a. 单击无线设备 AP，在弹出的对话框中选择“配置”选项卡。

b. 选择 Port 1 项目，“SSID”填写“ipdata”。

c. 单击无线设备 PC11，在弹出的对话框中选择“配置”选项卡。

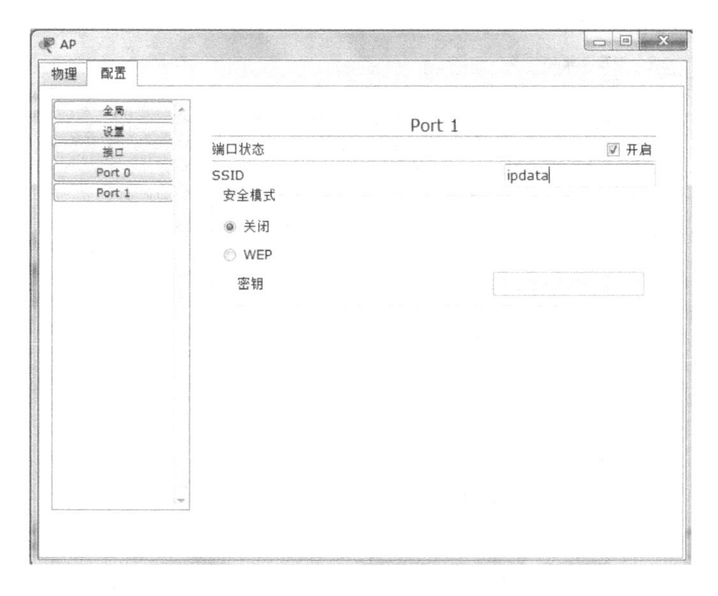


图 8-23　AP 配置

d. 选择 Wireless 项目，“SSID”填写“ipdata”，如图 8-24 所示。

e. 单击无线设备 PC12，做同样的修改，如图 8-25 所示。

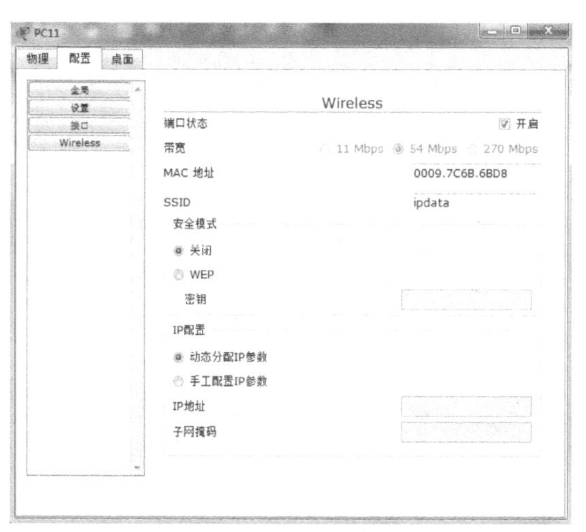


图 8-24　PC11 的 Wireless 设置

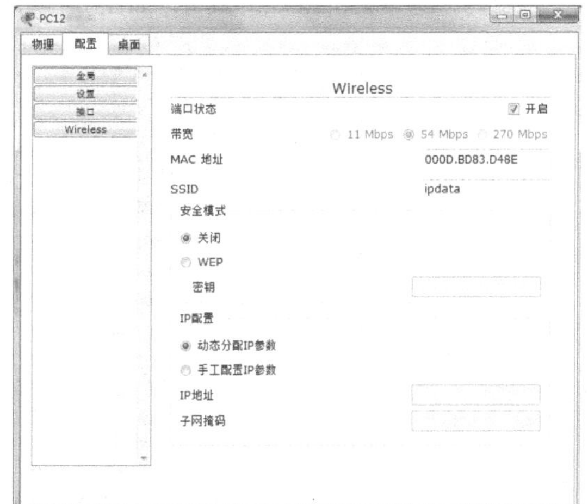


图 8-25　PC12 的 Wireless 设置

③ PC11、PC12 的 IP 地址分别配置为“210.10.10.11”“210.10.10.12”，PC11、PC12 互相 ping 测试，PC11、PC12 ping 路由器的接口地址（网关），确保所有 ping 测试正确。

a. 单击无线设备 PC11，在弹出的对话框中选择“配置”选项卡。

b. 选择 Wireless 项目，“IP 配置”选择“手工配置 IP 参数”；“IP 地址”填写“210.10.10.11”，“子网掩码”根据 RT-A 所填一致即可，即为“255.255.255.0”，如图 8-26 所示。

c. 单击无线设备 PC12，在弹出的对话框中选择“配置”选项卡，进行同样的设置。

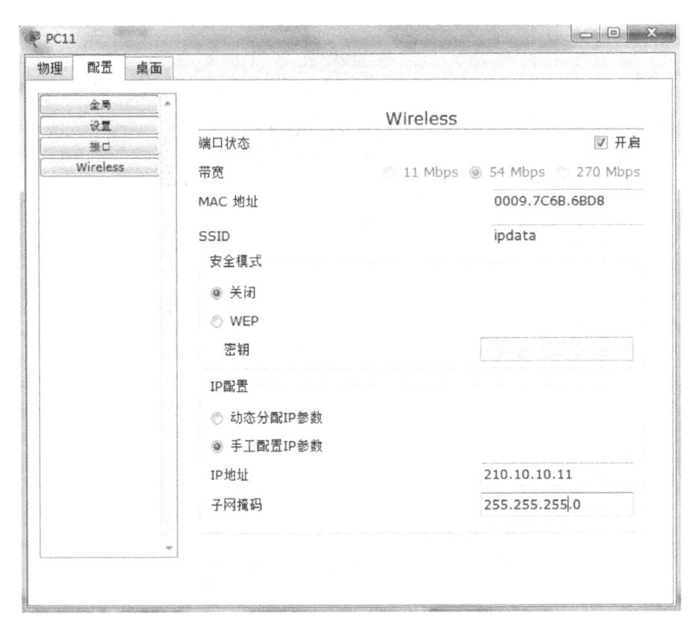


图 8-26　PC11 的 IP 配置

d. 选择 Wireless 项目，“IP 配置”选择“手工配置 IP 参数”；“IP 地址”填写“210.10.10.12”，“子网掩码”为“255.255.255.0”，如图 8-27 所示。

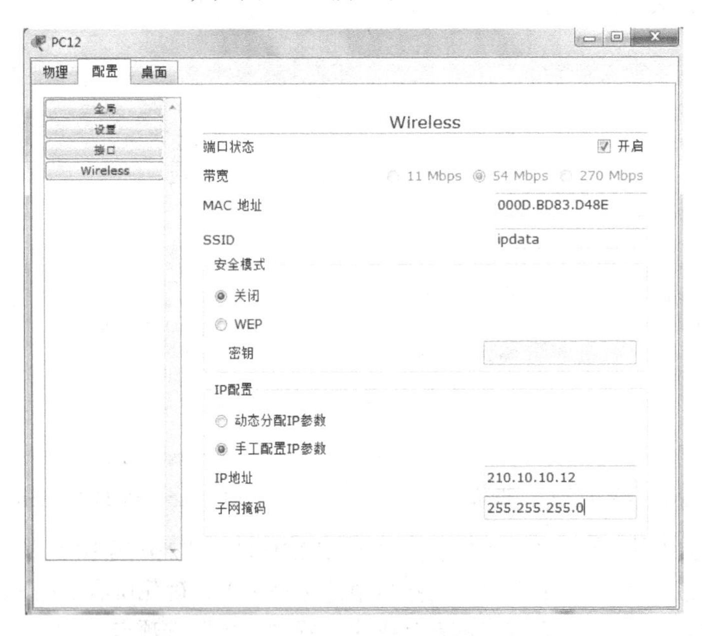


图 8-27　PC12 的 IP 配置

e. 下面进行 ping 测试。单击无线设备 PC11，在弹出的对话框中选择“桌面”选项卡，单击“命令提示符”，输入命令“ping 210.10.10.12”，显示如图 8-28 所示。

```
Packet Tracer PC Command Line 1.0
PC>ping 210.10.10.12

Pinging 210.10.10.12 with 32 bytes of data:

Reply from 210.10.10.12: bytes=32 time=160ms TTL=128
Reply from 210.10.10.12: bytes=32 time=18ms TTL=128
Reply from 210.10.10.12: bytes=32 time=16ms TTL=128
Reply from 210.10.10.12: bytes=32 time=80ms TTL=128

Ping statistics for 210.10.10.12:
    Packets: Sent = 4, Received = 4, Lost = 0 (0% loss),
Approximate round trip times in milli-seconds:
    Minimum = 16ms, Maximum = 160ms, Average = 68ms

PC>
```

图 8-28　ping 测试 1

如图 8-28 所示，发送 4 个包，收到 4 个确认，没有丢失包，说明 IP 为“210.10.10.11”的终端与 IP 为“210.10.10.12”可以互联。

f. 用 PC12 ping PC11 的步骤一样，结果如图 8-29 所示。

```
Packet Tracer PC Command Line 1.0
PC>ping 210.10.10.11

Pinging 210.10.10.11 with 32 bytes of data:

Reply from 210.10.10.11: bytes=32 time=70ms TTL=128
Reply from 210.10.10.11: bytes=32 time=25ms TTL=128
Reply from 210.10.10.11: bytes=32 time=80ms TTL=128
Reply from 210.10.10.11: bytes=32 time=13ms TTL=128

Ping statistics for 210.10.10.11:
    Packets: Sent = 4, Received = 4, Lost = 0 (0% loss),
Approximate round trip times in milli-seconds:
    Minimum = 13ms, Maximum = 80ms, Average = 47ms

PC>
```

图 8-29　ping 测试 2

g. 下面用 PC11 ping 路由器接口地址。单击无线设备 PC11，在弹出的对话框中选择“桌面”选项卡，单击“命令提示符”，输入命令“ping 210.10.10.1”，如图 8-30 所示。

```
PC>ping 210.10.10.1

Pinging 210.10.10.1 with 32 bytes of data:

Reply from 210.10.10.1: bytes=32 time=110ms TTL=255
Reply from 210.10.10.1: bytes=32 time=16ms TTL=255
Reply from 210.10.10.1: bytes=32 time=51ms TTL=255
Reply from 210.10.10.1: bytes=32 time=28ms TTL=255

Ping statistics for 210.10.10.1:
    Packets: Sent = 4, Received = 4, Lost = 0 (0% loss),
Approximate round trip times in milli-seconds:
    Minimum = 16ms, Maximum = 110ms, Average = 51ms

PC>
```

图 8-30　PC11 与路由器连接正常

h. 同样，用 PC12 ping 路由器接口地址，结果如图 8-31 所示。

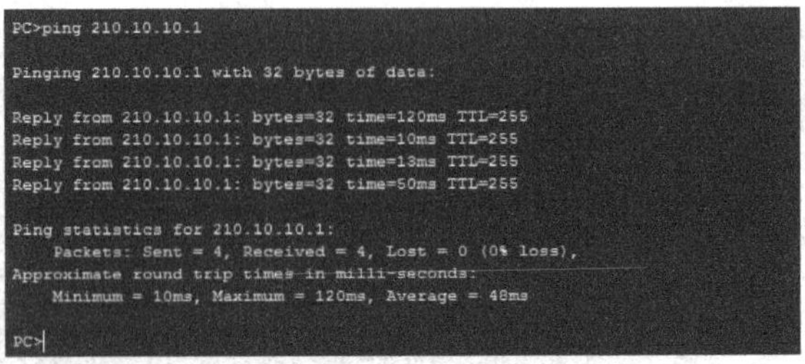

```
PC>ping 210.10.10.1

Pinging 210.10.10.1 with 32 bytes of data:

Reply from 210.10.10.1: bytes=32 time=120ms TTL=255
Reply from 210.10.10.1: bytes=32 time=10ms TTL=255
Reply from 210.10.10.1: bytes=32 time=13ms TTL=255
Reply from 210.10.10.1: bytes=32 time=50ms TTL=255

Ping statistics for 210.10.10.1:
    Packets: Sent = 4, Received = 4, Lost = 0 (0% loss),
Approximate round trip times in milli-seconds:
    Minimum = 10ms, Maximum = 120ms, Average = 48ms

PC>
```

图 8-31　PC12 与路由器连接正常

④ 在无线宽带路由器、PC22、PC23 同样配置 SSID="CCNA"，确保 PC22、PC23 能够与无线宽带路由器建立正确无线连接。

a. 单击无线宽带路由器，在弹出的对话框中选择“配置”选项卡。

b. 选择“无线网”项目，“SSID”填写“CCNA”，如图 8-32 所示。

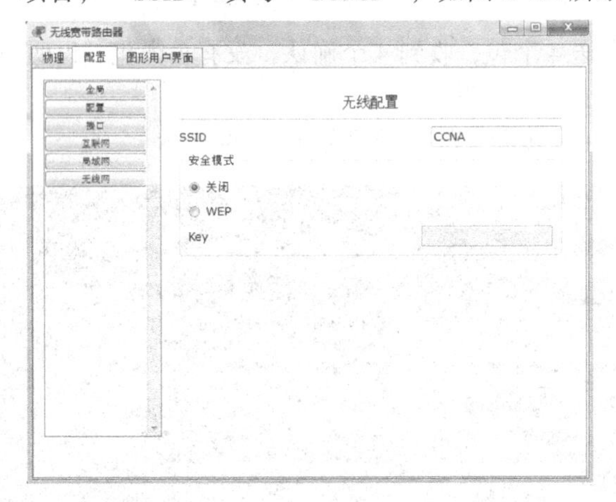


图 8-32　无线路由器的 SSID 配置

c. 单击 PC22，在弹出的对话框中选择“配置”选项卡，选择 Wireless 项目，“SSID”填写“CCNA”，如图 8-33 所示。

d. 同样的方法设置 PC23，如图 8-34 所示。

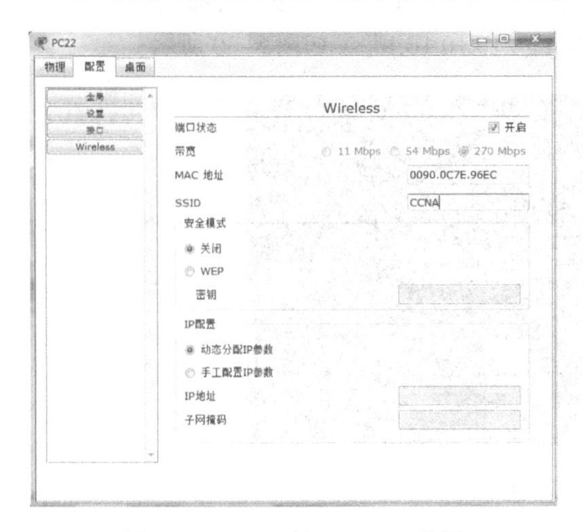


图 8-33　PC22 的 Wireless 设置

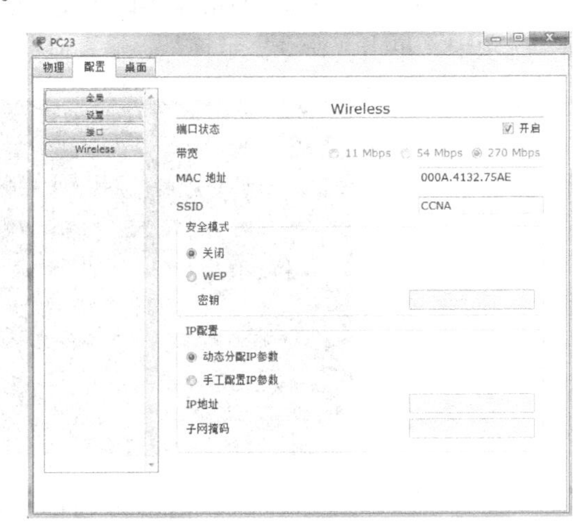


图 8-34　PC23 的 Wireless 设置

⑤ 配置无线宽带路由器的 internet 接口的 IP 地址为 220.10.10.2，配置无线宽带路由器的内网（LAN）为 DHCP 分配模式，内网的网段是 192.168.1.1/24。

a. 单击无线宽带路由器，在弹出的对话框中选择“配置”选项卡，选择“互联网”项目，“连接类型”选择“Static”；默认网关填写“220.10.10.1”；IP 地址填写“220.10.10.2”；子网掩码填写“255.255.255.0”，如图 8-35 所示。

b. 选择“局域网”项目，“IP 地址”填写“192.168.1.1”；“子网掩码”根据计算，得到“255.255.255.0”，如图 8-36 所示。

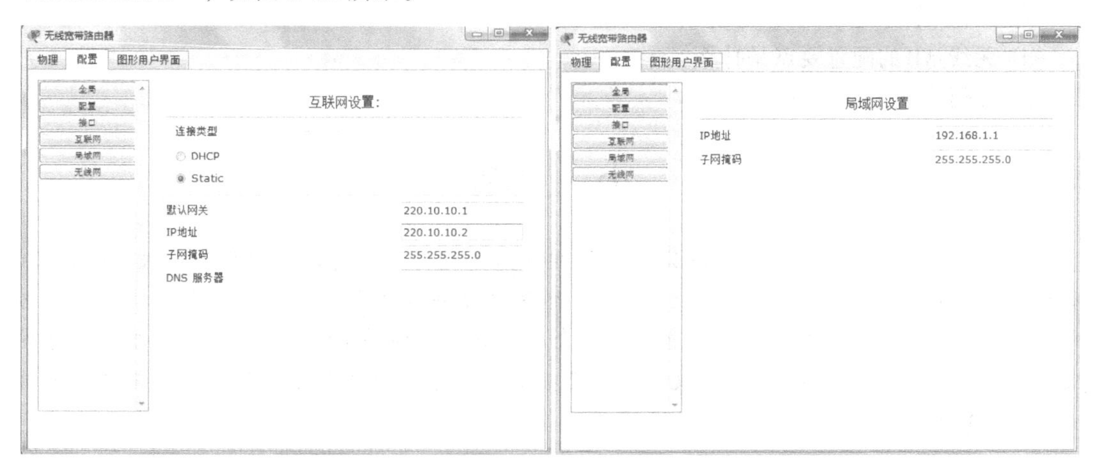


图 8-35　互联网设置　　　　图 8-36　局域网设置

⑥ 查看 PC21、PC22、PC23 三台设备通过 DHCP 方式获得的 IP 地址情况。

a. 查看 PC21。单击 PC21，按照之前的方法，进入命令提示符，输入命令“ipconfig”查询 PC21 的 IP 地址，结果如图 8-37 所示。

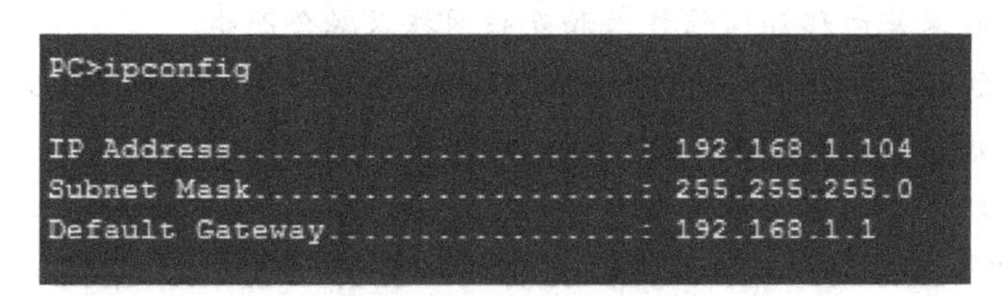


图 8-37　PC21 成功获取 IP

b. 查看 PC22，结果如图 8-38 所示。

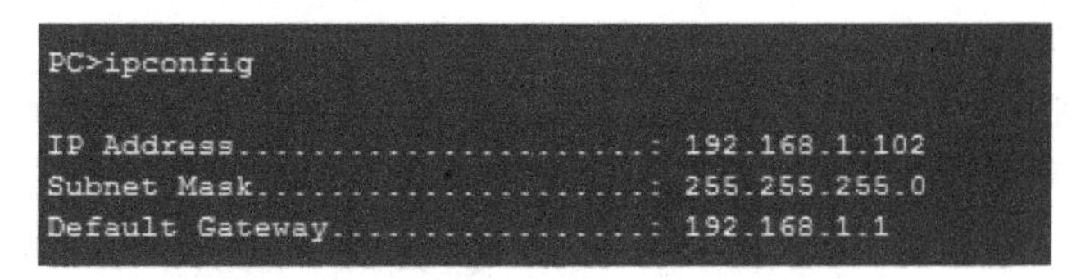


图 8-38　PC22 成功获取 IP

c. 查看 PC23，结果如图 8-39 所示。

```
PC>ipconfig

IP Address......................: 192.168.1.103
Subnet Mask.....................: 255.255.255.0
Default Gateway.................: 192.168.1.1
```

图 8-37　PC23 成功获取 IP

⑦ PC22 分别 ping 192.168.1.1、220.10.10.2、210.10.10.1、210.10.10.11，结果均可 PING 通。

**问题与思考**

① 无线 AP 的配置要点是什么？

② 如何理解 SSID 的概念？

# 小　　结

本章对移动互联网技术和物联网技术的相关知识进行了讲解，包括移动互联网的定义、体系结构与参考模型、终端先进制造技术、终端硬件平台技术、终端软件平台技术、网络服务平台技术、应用服务平台技术和网络安全控制技术、移动 IP 技术、RFID 技术、传感器技术、无线传感网、M2M 技术、数据融合与智能技术等。为读者进一步学习相关的网络新技术奠定基础。

# 习　　题

**一、选择题**

1. 下面关于移动互联网的描述不正确的是（　　）。
   A. 移动互联网是由移动通信技术和互联网技术融合而生
   B. 移动互联网需要实现用户在移动过程中通过移动设备随时随地访问互联网
   C. 移动互联网由接入技术、核心网、互联网服务三部分组成
   D. 移动互联网指的是互联网在移动
2. 物联网的全球发展形势可能提前推动人类进入“智能时代”，也称（　　）。
   A. 计算时代　　B. 信息时代　　C. 互联时代　　D. 物联时代
3. （　　）是物联网的基础。
   A. 互联化　　B. 网络化　　C. 感知化　　D. 智能化
4. 作为物联网发展的排头兵，（　　）技术是市场最为关注的技术。
   A. 射频识别　　B. 传感器　　C. 智能芯片　　D. 无线传输网络
5. 感知层是物联网体系架构的（　　）层。
   A. 第一层　　B. 第二层　　C. 第三层　　D. 第四层
6. 物联网体系架构中，应用层相当于人的（　　）。
   A. 大脑　　B. 皮肤　　C. 社会分工　　D. 神经中枢

**二、填空题**

1. 移动互联网组成的三个部分分别是________、________、________。

2．物联网应该具备的三个特征是________、________、________。

3．RFID 系统的三个重要组成部分是________、________、________。

## 三、问答题

1. 如何理解移动互联网的定义，移动互联网的特点是什么？
2. 移动互联网有哪些关键技术？
3. 如何理解物联网的定义？
4. 物联网应该具备哪些特征？
5. 物联网的关键技术有哪些？
6. 请查阅文献资料，对现实中的一种物联网应用的实例进行分析。

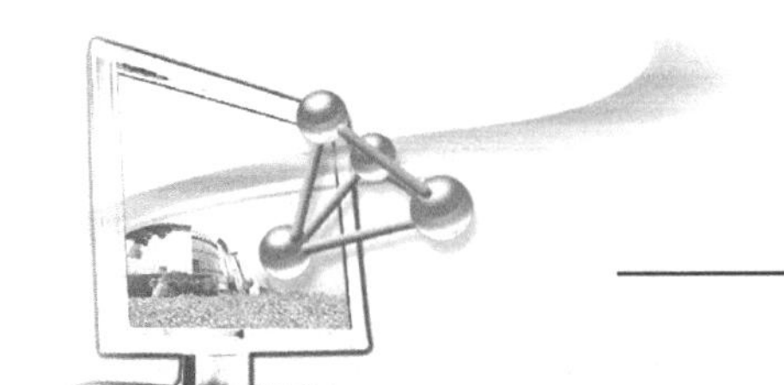

# 第 9 章 网络安全

【教学提示】

互联网是人类文明的巨大成就，它在给人们带来巨大便利的同时，也隐藏着许多安全方面的隐患，保证网络中计算机和信息的安全是一个系统工程。本章概要地介绍了网络与信息安全的标准及一般问题，介绍了几种常用的网络安全技术，如加密技术、VPN 技术、防火墙技术和入侵检测技术。

【学习要求】

理解网络系统的安全目标；了解加密技术在网络安全中的应用；了解 VPN 技术；了解防火墙技术的分类；了解入侵检测技术的概念。

## 9.1 网络安全概述

从技术角度看，网络安全是一个涉及网络技术、计算机科学、通信技术、密码技术、信息安全技术、应用数学、数论、信息论等多种学科的边缘性综合学科。

计算机网络是由计算结点和传输网络的软、硬件构成的，并完成数据的处理、存储、传输等功能。网络安全是指将计算机网络的服务与共享资源的脆弱性降到最低限度。网络安全是为数据处理系统建立和采取的技术和管理的安全保护，保护计算机网络硬件、软件数据不因偶然和恶意的原因而遭到破坏、更改和泄露，保障系统连续正常运行。为了保证计算机网络信息的安全性，网络系统的安全目标主要包括五个方面。

1．可用性（Availability）

可用性指得到授权的实体在需要时可访问资源和服务。可用性是指无论何时，只要用户需要，信息系统必须是可用的，也就是说信息系统不能拒绝服务。网络最基本的功能是向用户提供所需的信息和通信服务，而用户的通信要求是随机的、多方面的（话音、数据、文字和图像等），有时还要求时效性。网络必须随时满足用户通信的要求。攻击者通常采用占用资源的手段阻碍授权者的工作，可以使用访问控制机制阻止非授权用户进入网络，从而保证网络系统的可用性。增强可用性还包括如何有效地避免因各种灾害（战争、地震等）造成的系统失效。

2．可靠性（Reliability）

可靠性是指系统在规定条件下和规定时间内、完成规定功能的概率。可靠性是网络安全最基本的要求之一，网络不可靠，事故不断，也就谈不上网络的安全。目前，对于网络可靠性的研究基本上偏重于硬件可靠性方面。研制高可靠性元器件设备，采取合理的冗余备份措施仍是最基本的可靠性对策，然而，有许多故障和事故，则与软件可靠性、人员可靠性和环境可靠性有关。

3．完整性（Integrity）

完整性是指信息不被偶然或蓄意地删除、修改、伪造、乱序、重放、插入等破坏的特性。只有得到允许的用户才能修改实体或进程，并且能够判别出实体或进程是否已被篡改。即信息的内容不能被未授权的第三方修改。信息在存储或传输时不被修改、破坏，不出现信息包的丢失、乱序等。

4．保密性（Confidentiality）

保密性是指确保信息不暴露给未授权的实体或进程。即信息的内容不会被未授权的第三方所知。这里所指的信息不但包括国家秘密，而且包括各种社会团体、企业组织的工作秘密及商业秘密，个人的秘密和个人私密（如浏览习惯、购物习惯）。防止信息失窃和泄露的保障技术称为保密技术。

5．不可抵赖性（Non-Repudiation）

不可抵赖性又称不可否认性。不可抵赖性是面向通信双方（人、实体或进程）信息真实同一的安全要求，它包括收发双方均不可抵赖。一是源发证明，它提供给信息接收者以证据，这将使发送者谎称未发送过这些信息或者否认内容的企图不能得逞；二是交付证明，它提供给信息发送者以证明这将使接收者谎称未接收过这些信息或者否认内容的企图不能得逞。

除此之外计算机网络信息系统的其他网络安全的目标还包括以下内容：

1．可控性

可控性就是对信息及信息系统实施安全监控。管理机构对危害国家信息的来往、使用加密手段从事非法的通信活动等进行监视审计，对信息的传播及内容具有控制能力。

2．可审查性

使用审计、监控、防抵赖等安全机制，使得使用者（包括合法用户、攻击者、破坏者、抵赖者）的行为有证可查，并能够对网络出现的安全问题提供调查依据和手段。审计是通过对网络上发生的各种访问情况记录日志，并对日志进行统计分析，是对资源使用情况进行事后分析的有效手段，也是发现和追踪事件的常用措施。审计的主要对象为用户、主机和结点，主要内容为访问的主体、客体、时间和成败情况等。

3．认证

保证信息使用者和信息服务者都是真实声称者，防止冒充和重演的攻击。

4．访问控制

保证信息资源不被非授权地使用。访问控制根据主体和客体之间的访问授权关系，对访问过程做出限制。

安全工作的目的是在安全法律、法规、政策的支持与指导下，通过采用合适的安全技术与安全管理措施，维护网络安全。我们应当保障计算机及其相关的和配套的设备、设施（含网络）

的安全，运行环境的安全，保障信息的安全，保障计算机功能的正常发挥，以维护计算机信息系统的安全运行。

## 9.2 加密技术

计算机密码学是研究计算机中数据的加密及其变换的科学，它是集数学、计算机科学、电子与通信等诸多学科于一身的交叉学科。

在今天的信息社会中，通信安全保密问题的研究已不仅仅是出于军事、政治和外交上的需要。由于计算机网络技术的迅速发展，公共和私人部门的一些机构越来越多地应用计算机实现办公自动化，将信息存储在数据库中，因此防止这些信息非法泄露、删除、篡改等就成了必须要解决的问题，密码学也就得到了前所未有的广泛重视，并在计算机及其网络系统中得到广泛的应用，如淘宝网的支付宝，是一个电子资金传输系统，该系统是一个由通信网络互相联结的金融机构，通过网络传输大量资金，这是密码通信面向民用的典型例子。

密码技术包括密码算法设计、密码分析、安全协议、身份认证、消息确认、数字签名、密钥管理、密钥托管等，可以说密码技术是保护大型通信网络上信息安全传输的唯一有效手段，是保障信息安全的核心技术。它不仅能够保证机密性信息的加密，而且能完成数字签名、身份认证等功能。所以，使用密码技术不仅可以保证信息的机密性，而且可以保证信息的完整性和准确性，防止信息被篡改、伪造和假冒，这对信息安全起到极其重要的作用。

### 9.2.1 密码学概述

通常，将需要加密的信息（文字、数字、可执行的程序或其他类型的信息）称为明文，将用某种方法隐藏明文的内容的过程称为加密，将加了密的信息称为密文，而把密文转换为明文的过程称为解密。

加密时可以使用一组含有参数 $k$ 的变换 $E$，通过变 $E$，得密文，称此参数 $k$ 为加密密钥。$k$ 可以是很多数值里的任意值。密钥 $k$ 可能值的范围称为密钥空间。不是所有含参数 $k$ 的变换都可以作为加密算法，它要求计算密文不困难，而且若第三人不掌握密钥 $k$，即使截获了密文，也无法从密文推出明文。加密算法 $E$ 确定之后，由于密钥 $k$ 不同，密文也不同。从密文回复明文的过程称为解密，解密算法是加密算法的逆运算，解密算法也是包含参数 $k$ 的变换，如图 9-1 所示。

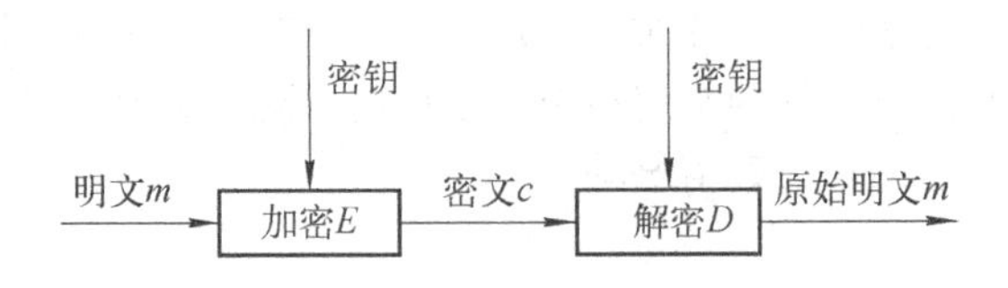


图 9-1　使用一个密钥的加/解密示意图

明文用 $m$（消息）表示，密文用 $c$ 表示。加密函数 $E$ 作用于 $m$ 得到密文 $c$，可以表示为 $E(m)=c$。相反地，解密函数 $D$ 作用于 $c$ 产生 $m$：$D(c)=m$。

先加密后再解密消息，原始的明文将恢复出来，故有：$D(E(m))=m$。

如果加密和解密运算都使用这个密钥（即运算都依赖于密钥，并用 $k$ 作为下标表示），这样，加/解密函数即变成：

$$E_k(m)=c$$

$$D_k(c)=m$$

这些函数具有 $D_k(E_k(m))=m$ 的特性。

例如，已知明文 $m$ 为“this is a beautiful pictrue”，现将明文以每 5 个字母为一组得到“thisi sabea utifu lpict rue”，再将每组按相反顺序排序，于是得密文 $c$ 如下：“isiht aebas ufitu tcipl eur”。

这里加密算法便是将明文先分组再逆序书写，密钥是每组的字符个数，本例 $k=5$。若不知道加密算法，密文相对于明文面目全非，从而达到加密的目的。当然这个加密算法不是很安全的，可轻松破译。

一个密码体制是满足以下条件的五元组（$P$，$C$，$K$，$E$，$D$）：

① $P$ 表示所有可能的明文组成的有限集（明文空间）。

② $C$ 表示所有可能的密文组成的有限集（密文空间）。

③ $K$ 表示所有可能的密钥组成的有限集（密钥空间）

④ 对任意的 $k \in K$，都存在一个加密算法 $E_k \in E$ 和相应的解密算法 $D_k \in D$，并且对每一个 $E_k$：$P \to C$ 和 $D_k$：$C \to P$，对任意的明文 $x \in P$，均有 $D_k(E_k(x))=x$。

对密码体系的评价可以从以下几个方面：

① 保密强度。所需要的安全程度与数据的重要性有关。保密强度大的系统，开销往往也较大。

② 密钥的长度。密钥太短，就会降低保密强度，然而，密钥太长又不便于传送、保管和记忆。密钥必须经常变换，每次更换新密钥时，通信双方传送新密钥的通道必须保密和安全。

③ 算法的复杂度。复杂度要有限度，否则开销太大。

④ 差错的传播性。不应由于一点差错致使整个通信失败。

⑤ 加密后信息长度的增加程度。信息长度的增加将导致通信效率的降低。

## 9.2.2 对称密钥算法

对称算法就是加密密钥能够从解密密钥中推算出来，反过来也成立。在大多数对称算法中，加/解密密钥是相同的。这些算法也叫秘密密钥算法或单密钥算法，它要求发送者和接收者在安全通信之前，商定一个密钥。对称算法的安全性依赖于密钥，泄漏密钥就意味着任何人都能对消息进行加/解密。

对称算法可分为两类：序列密码（流密码）与分组密码。

### 1. 序列密码

序列密码一直是作为军方和政府使用的主要密码技术之一，它的主要原理是，通过伪随机序列发生器产生性能优良的伪随机序列，使用该序列加密信息流，逐比特加密得到密文序列，所以，序列密码算法的安全强度完全决定于伪随机序列的好坏。伪随机序列发生器是指输入真随机的、较短的，密钥通过某种复杂的运算产生大量的伪随机位流。

序列密码算法将明文逐位转换成密文。该算法最简单的应用如图 9-2 所示。密钥流发生器输出一系列比特流：$K_1$，$K_2$，$K_3$，…，$K_i$。密钥流跟明文比特流 $P_1$，$P_2$，$P_3$，…，$P_i$，进行异或运算产生密文比特流。

$$C_i=P_i \oplus K_i$$

在解密端，密文流与完全相同的密钥流异或运算恢复出明文流。

$$P_i = C_i \oplus K_i$$

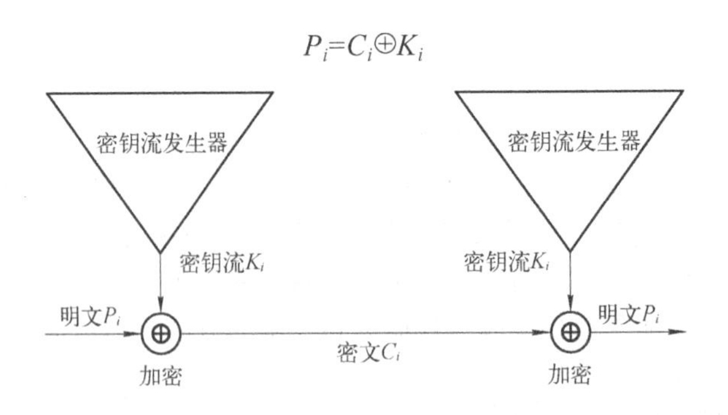


图 9-2　序列密码

对于一个序列，如果对所有的 $i$ 总有 $K_{i+p}=K_i$，则序列是以 $p$ 为周期的，满足条件的最小的 $p$ 称为序列的周期。密钥流发生器产生的序列周期应该足够长，如 $2^{50}$。

基于移位寄存器的序列密码应用十分广泛。一个反馈移位寄存器由两部分组成：移位寄存器和反馈函数。移位寄存器的长度用位表示，如果是 $n$ 位长，称为 $n$ 位移位寄存器。移位寄存器每次向右移动一位，新的最左边的位根据反馈函数计算得到，移位寄存器输出的位是最低位，如图 9-3 所示。

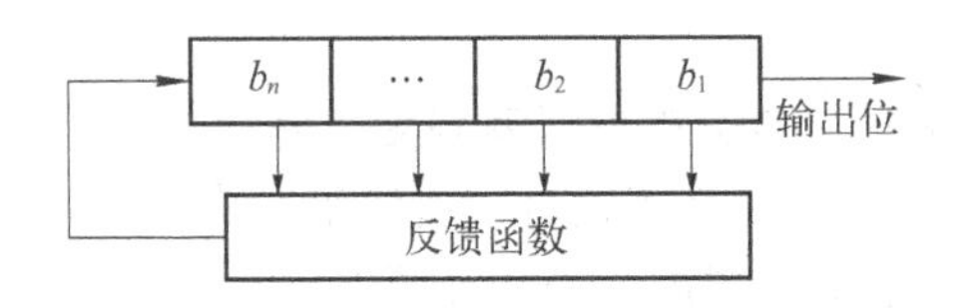


图 9-3　反馈移位寄存器

最简单的反馈移位寄存器是线性反馈移位寄存器，反馈函数是寄存器中某些位的简单异或，如图 9-4 所示。

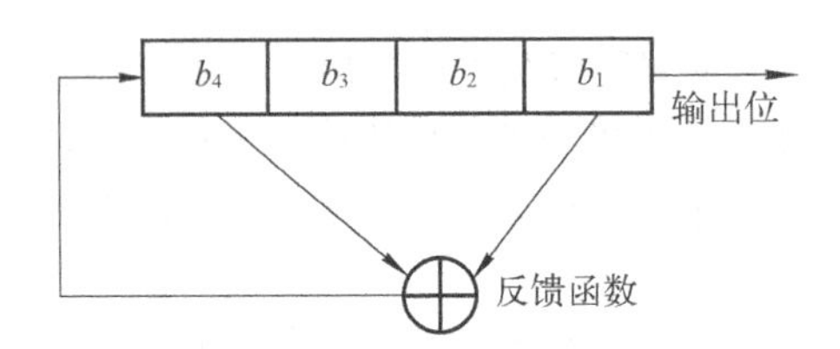


图 9-4　4 位线性反馈移位寄存器

产生好的序列密码的主要途径之一是利用移位寄存器产生伪随机序列，典型方法有：

① 反馈移位寄存器。采用非线性反馈函数产生大周期的非线性序列；

② 利用线性移位寄存器序列加非线性前馈函数，产生前馈序列。

③ 钟控序列。利用一个寄存器序列作为时钟控制另一寄存器序列（或自己控制自己）来产生钟控序列，这种序列具有大的线性复杂度。

**2. 分组密码**

分组密码是将明文分成固定长度的组（块），如 64 bit 一组，用同一密钥和算法对每一块加密，输出也是固定长度的密文。

著名的分组密码包括出自 IBM 被美国政府正式采纳的数据加密算法（Data Encryption

Algorithm，DEA）、由中国学者 Xuejia Lai 和 James L. Massey 在苏黎世的 ETH 开发的国际数据加密算法 IDEA（International Data Encryption Algorithm）、比利时 Joan Daemen 和 Vincent Rijmen 提交，被美国国家标准和技术研究所（US National Institute of Standards and Technology，NIST）选为美国高级加密标准（AES）的 Rijndael。

数据加密标准（Data Encryption Standard，DES）是迄今为止世界上最为广泛使用和流行的一种分组加密算法，它的分组长度为 64 bit，密钥长度为 56 bit，它是由美国 IBM 公司研制的，是早期的称为 Lucifer 密码的一种发展和修改。DES 在 1975 年 3 月 17 日首次公布在联邦记录中，在做了大量的公开讨论后，DES 于 1977 年 1 月 15 日被证实批准并作为美国联邦信息处理标准，即 FIPS-46，同年 7 月 15 日生效。每隔 5 年由美国国家保密局（National Security Agency，NSA）做出评估，并重新批准它是否继续作为联邦加密标准。最后一次评估是在 1994 年 1 月，美国已决定 1998 年 12 月以后不再使用 DES。

尽管如此，DES 对于推动密码理论的发展和应用起了重大作用，对于掌握分组密码的基本理论、设计思想和实际应用仍然有着重要的参考价值。

很多分组密码的结构从本质上说都是基于一个称为 Feistel 网络的结构。Feistel 提出利用乘积密码可获得简单的代换密码，乘积密码指顺序地执行多个基本密码系统，使得最后结果的密码强度高于每个基本密码系统产生的结果。取一个长度为 $n$ 的分组（$n$ 为偶数），然后把它分为长度为 $n/2$ 的两部分：$L$ 和 $R$。定义一个迭代的分组密码算法，其第 $i$ 轮的输出取决于前一轮的输出：

$$L^{(i)}=R^{(i-1)}$$

$$R^{(i)}=L^{(i-1)}\oplus f(R^{(i-1)},\ K^{(i)})$$

$K^{(i)}$ 是 $i$ 轮的子密钥，$f$ 是任意轮函数。

容易看出其逆为：

$$R^{(i-1)}=L^{(i)}$$

$$L^{(i-1)}=R^{(i)}\oplus f(R^{(i-1)},\ K^{(i)})=R^{(i)}\oplus f(L^{(i)},\ K^{(i)})$$

DES 就是基于 Feistel 网络的结构。假定信息空间都是由{0，1}组成的字符串，信息被分成 64 bit 的块，密钥是 56 bit。经过 DES 加密的密文也是 64 bit 的块。设用 $m$ 表示信息块，$k$ 表示密钥，则：

$$m=m_1m_2\cdots m_{64} \qquad m_i=0;\ 1\ i=1,\ 2,\ \cdots,\ 64$$

$$k=k_1k_2\cdots k_{64} \qquad k_i=0;\ 1\ i=1,\ 2,\ \cdots,\ 64$$

其中 $k_8$，$k_{16}$，$k_{24}$，$k_{32}$，$k_{40}$，$k_{48}$，$k_{56}$，$k_{64}$ 是奇偶校验位，真正起作用的仅为 56 位。

加密算法为 $E_k(m)=\mathrm{IP}^{-1}\cdot T_{16}\cdot T_{15}\cdots T_1\cdot \mathrm{IP}(m)$。其中 IP 为初始置换，$\mathrm{IP}^{-1}$ 是 IP 的逆，$T_i$，$i=1,\ 2,\ \cdots,\ 16$ 是一系列的变换。解密算法为

$$m=E_k^{-1}[E_k(m)]=\mathrm{IP}^{-1}\cdot T_1\cdot T_2\cdot\cdots\cdot T_{16}\cdot \mathrm{IP}[E_k(m)]$$

DES 的每一密文比特是所有明文比特和所有密钥比特的复合函数。这一特性使明文与密文之间，以及密钥与密文之间不存在统计相关性，因而使得 DES 具有很高的抗攻击性。一轮 DES 算法如图 9-5 所示。

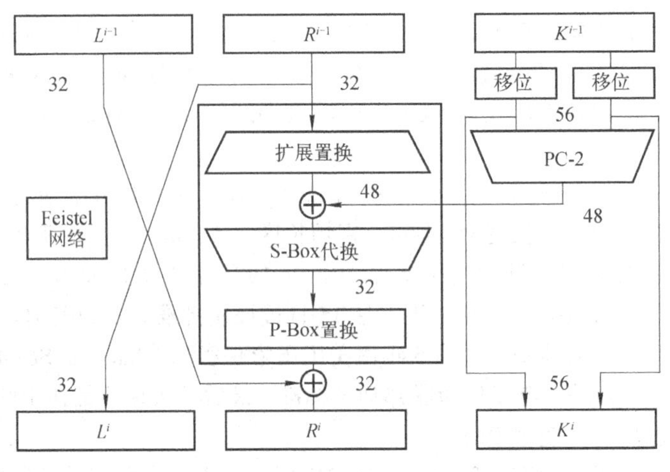


图 9-5　一轮 DES

（1）初始变换

这是移位操作，用 IP 表示。移位时不用密钥，仅对 64 bit 明文进行操作。输入 64 个二进制位明码组，$m=m_1m_2\cdots m_{64}$。按初始换位表 IP 进行换位，得到区组 $B^{(0)}$：$B^{(0)}=b_1^{(0)}b_2^{(0)}\cdots b_{64}^{(0)}=m_{58}m_{50}\cdots m_7$。初始变换 IP 表如表 9-1 所示。

（2）选择运算

选择运算 $E$，输入 32 位数据，产生 48 位输出，如表 9-2 所示。

表 9-1　初始变换 IP 表

| 58 | 50 | 42 | 34 | 26 | 18 | 10 | 2 |
|---|---|---|---|---|---|---|---|
| 60 | 52 | 44 | 36 | 28 | 20 | 12 | 4 |
| 62 | 54 | 46 | 38 | 30 | 22 | 14 | 6 |
| 64 | 56 | 48 | 40 | 32 | 24 | 16 | 8 |
| 57 | 49 | 41 | 33 | 25 | 17 | 9 | 1 |
| 59 | 51 | 43 | 35 | 27 | 19 | 11 | 3 |
| 61 | 53 | 45 | 37 | 29 | 21 | 13 | 5 |
| 63 | 55 | 47 | 39 | 31 | 23 | 15 | 7 |

表 9-2　选择函数 E

| 32 | 1 | 2 | 3 | 4 | 5 |
|---|---|---|---|---|---|
| 4 | 5 | 6 | 7 | 8 | 9 |
| 8 | 9 | 10 | 11 | 12 | 13 |
| 12 | 13 | 14 | 15 | 16 | 17 |
| 16 | 17 | 18 | 19 | 20 | 21 |
| 20 | 21 | 22 | 23 | 24 | 25 |
| 24 | 25 | 26 | 27 | 28 | 29 |
| 28 | 29 | 30 | 31 | 32 | 1 |

设 $B^{(i)}=b_1^{(i)}b_2^{(i)}\cdots b_{64}^{(i)}$ 是第 $i$+1 次迭代的 64 个二进制位输入区组，将 $B^{(i)}$ 分为左右两个大小相等的部分，每部分为一个 32 位二进制的数据块：

$$L^{(i)}=l_1^{(i)}l_2^{(i)}\cdots l_{32}^{(i)}=b_1^{(i)}b_2^{(i)}\cdots b_{32}^{(i)}$$

$$R^{(i)}=r_1^{(i)}r_2^{(i)}\cdots r_{32}^{(i)}=b_{33}^{(i)}b_{34}^{(i)}\cdots b_{64}^{(i)}$$

把 $R^{(i)}$ 视为由 8 个 4 位二进制的块组成，即

$$r_1^{(i)}r_2^{(i)}r_3^{(i)}r_4^{(i)}$$

$$r_5^{(i)}r_6^{(i)}r_7^{(i)}r_8^{(i)}$$

$$\cdots$$

$$r_{29}^{(i)}r_{30}^{(i)}r_{31}^{(i)}r_{32}^{(i)}$$

把它们再扩充为 8 个 6 位二进制的块（左右各增加一列）

$$r_{32}{}^{(i)}\, r_1{}^{(i)}\, r_2{}^{(i)}\, r_3{}^{(i)}\, r_4{}^{(i)}\quad r_5{}^{(i)}$$

$$r_4{}^{(i)}\, r_5{}^{(i)}\, r_6{}^{(i)}\, r_7{}^{(i)}\, r_8{}^{(i)}\quad r_9{}^{(i)}$$

$$\cdots$$

$$r_{28}{}^{(i)}\, r_{29}{}^{(i)}\, r_{30}{}^{(i)}\, r_{31}{}^{(i)}\, r_{32}{}^{(i)}\quad r_1{}^{(i)}$$

用 $E(R^{(i)})$ 表示这个变换，称为选择函数 $E$。

（3）使用密钥

在第 $i$+1 次迭代中，用 48 位二进制的密钥（由 56 位密钥生成）

$$K^{(i+1)}=k_1{}^{(i+1)}\,k_2{}^{(i+1)}\cdots k_{48}{}^{(i+1)}$$

与 $E(R^{(i)})$ 按位相加（逻辑异或），输出仍是 48 位，共 8 行，每行 6 位。

$$Z_1{:}r_{32}{}^{(i)}+k_1{}^{(i+1)}\quad r_1{}^{(i)}\ +k_2{}^{(i+1)}\cdots r_5{}^{(i)}+k_6{}^{(i+1)}$$

$$Z_2{:}r_4{}^{(i)}+k_7{}^{(i+1)}\quad r_5{}^{(i)}\ +k_8{}^{(i+1)}\cdots r_9{}^{(i)}+k_{12}{}^{(i+1)}$$

$$\cdots$$

$$Z_8{:}r_{28}{}^{(i)}+k_{43}{}^{(i+1)}\quad r_{29}{}^{(i)}\ +k_{44}{}^{(i+1)}\cdots r_1{}^{(i)}+k_{48}{}^{(i+1)}$$

（4）选择函数（$S$ 盒）

$S_1$, $S_2$, …, $S_8$ 为选择函数，其功能是把 6 bit 数据变为 4 bit 数据。下面给出选择函数 $S_i$( $i$=1，2，…，8）的功能表，如表 9-3～9-10 所示。

表 9-3　$S_1$ 盒

| 14 | 4 | 13 | 1 | 2 | 15 | 11 | 8 | 3 | 10 | 6 | 12 | 5 | 9 | 0 | 7 |
|---|---|---|---|---|---|---|---|---|---|---|---|---|---|---|---|
| 0 | 15 | 7 | 4 | 14 | 2 | 13 | 1 | 10 | 6 | 12 | 11 | 9 | 5 | 3 | 8 |
| 4 | 1 | 14 | 8 | 13 | 6 | 2 | 11 | 15 | 12 | 9 | 7 | 3 | 10 | 5 | 0 |
| 15 | 12 | 8 | 2 | 4 | 9 | 1 | 7 | 5 | 11 | 3 | 14 | 10 | 0 | 6 | 13 |

表 9-4　$S_2$ 盒

| 15 | 1 | 8 | 14 | 6 | 11 | 3 | 4 | 9 | 7 | 2 | 13 | 12 | 0 | 5 | 10 |
|---|---|---|---|---|---|---|---|---|---|---|---|---|---|---|---|
| 3 | 13 | 4 | 7 | 15 | 2 | 8 | 14 | 12 | 0 | 1 | 10 | 6 | 9 | 11 | 5 |
| 0 | 14 | 7 | 11 | 10 | 4 | 13 | 1 | 5 | 8 | 12 | 6 | 9 | 3 | 2 | 15 |
| 13 | 8 | 10 | 1 | 3 | 15 | 4 | 2 | 11 | 6 | 7 | 12 | 0 | 5 | 14 | 9 |

表 9-5　$S_3$ 盒

| 10 | 0 | 9 | 14 | 6 | 3 | 15 | 5 | 1 | 13 | 12 | 7 | 11 | 4 | 2 | 8 |
|---|---|---|---|---|---|---|---|---|---|---|---|---|---|---|---|
| 13 | 7 | 0 | 9 | 3 | 4 | 6 | 10 | 2 | 8 | 5 | 14 | 12 | 11 | 15 | 1 |
| 13 | 6 | 4 | 9 | 8 | 15 | 3 | 0 | 11 | 1 | 2 | 12 | 5 | 10 | 14 | 7 |
| 1 | 10 | 13 | 0 | 6 | 9 | 8 | 7 | 4 | 15 | 14 | 3 | 11 | 5 | 2 | 12 |

表 9-6　$S_4$ 盒

| 7 | 13 | 14 | 3 | 0 | 6 | 9 | 10 | 1 | 2 | 8 | 5 | 11 | 12 | 4 | 15 |
|---|---|---|---|---|---|---|---|---|---|---|---|---|---|---|---|
| 13 | 8 | 11 | 5 | 6 | 15 | 0 | 3 | 4 | 7 | 2 | 12 | 1 | 10 | 14 | 9 |
| 10 | 6 | 9 | 0 | 12 | 11 | 7 | 13 | 15 | 1 | 3 | 14 | 5 | 2 | 8 | 4 |
| 3 | 15 | 0 | 6 | 10 | 1 | 13 | 8 | 9 | 4 | 5 | 11 | 12 | 7 | 2 | 14 |

表 9-7　$S_5$ 盒

| 2 | 12 | 4 | 1 | 7 | 10 | 11 | 6 | 8 | 5 | 3 | 15 | 13 | 0 | 14 | 9 |
|---|---|---|---|---|---|---|---|---|---|---|---|---|---|---|---|
| 14 | 11 | 2 | 12 | 4 | 7 | 13 | 1 | 5 | 0 | 15 | 10 | 3 | 9 | 8 | 6 |
| 4 | 2 | 1 | 11 | 10 | 13 | 7 | 8 | 15 | 9 | 12 | 5 | 6 | 3 | 0 | 14 |
| 11 | 8 | 12 | 7 | 1 | 14 | 2 | 13 | 6 | 15 | 0 | 9 | 10 | 4 | 5 | 3 |

表 9-8　$S_6$ 盒

| 12 | 1 | 10 | 15 | 9 | 2 | 6 | 8 | 0 | 13 | 3 | 4 | 14 | 7 | 5 | 11 |
|---|---|---|---|---|---|---|---|---|---|---|---|---|---|---|---|
| 10 | 15 | 4 | 2 | 7 | 12 | 9 | 5 | 6 | 1 | 13 | 14 | 0 | 11 | 3 | 8 |
| 9 | 14 | 15 | 5 | 2 | 8 | 12 | 3 | 7 | 0 | 4 | 10 | 1 | 13 | 11 | 6 |
| 4 | 3 | 2 | 12 | 9 | 5 | 15 | 10 | 11 | 14 | 1 | 7 | 6 | 0 | 8 | 13 |

表 9-9 $S_7$ 盒

| 4 | 11 | 2 | 14 | 15 | 0 | 8 | 13 | 3 | 12 | 9 | 7 | 5 | 10 | 6 | 1 |
|---|---|---|---|---|---|---|---|---|---|---|---|---|---|---|---|
| 13 | 0 | 11 | 7 | 4 | 9 | 1 | 10 | 14 | 3 | 5 | 12 | 2 | 15 | 8 | 6 |
| 1 | 4 | 11 | 13 | 12 | 3 | 7 | 14 | 10 | 15 | 6 | 8 | 0 | 5 | 9 | 2 |
| 6 | 11 | 13 | 8 | 1 | 4 | 10 | 7 | 9 | 5 | 0 | 15 | 14 | 2 | 3 | 12 |

表 9-10 $S_8$ 盒

| 13 | 2 | 8 | 4 | 6 | 15 | 11 | 1 | 10 | 9 | 3 | 14 | 5 | 0 | 12 | 7 |
|---|---|---|---|---|---|---|---|---|---|---|---|---|---|---|---|
| 1 | 15 | 13 | 8 | 10 | 3 | 7 | 4 | 12 | 5 | 6 | 11 | 0 | 14 | 9 | 2 |
| 7 | 11 | 4 | 1 | 9 | 12 | 14 | 2 | 0 | 6 | 10 | 13 | 15 | 3 | 5 | 8 |
| 2 | 1 | 14 | 7 | 4 | 10 | 8 | 13 | 15 | 12 | 9 | 0 | 3 | 5 | 6 | 11 |

将以上第 $j$ 个（$1 \leqslant j \leqslant 8$）6 位二进制的块（记为 $Z_j = z_{j1}\ z_{j2}\ z_{j3} z_{j4}\ z_{j5}\ z_{j6}$）输入第 $j$ 个选择函数 $S_j$。各选择函数 $S_j$ 的功能是把 6 位数变换成 4 位数，做法是以 $z_{j1} z_{j6}$ 为行号，$z_{j2}\ z_{j3} z_{j4}\ z_{j5}$ 为列号，查找 $S_j$，行列交叉处即是要输出的 4 位二进制数。

在此以 $S_1$ 为例说明其功能，我们可以看到：在 $S_1$ 中，共有 4 行数据，命名为 0、1、2、3 行；每行有 16 列，命名为 0、1、2、3、…、14、15 列。

如输入为 D = 101100，令列 = 0110，行 = 10，坐标为（2，6），然后在 $S_1$ 表中查得对应的数为 2，以 4 位二进制表示为 0010，此即选择函数 $S_1$ 的输出。由此可见，选择函数实现了代换。

（5）选择函数输出的拼接与换位

八个选择函数 $S_j$（$1 \leqslant j \leqslant 8$）的输出拼接为 32 位二进制数据区组

$$y_1^{(i)} y_2^{(i)} \ldots y_{32}^{(i)}$$

把它作为换位函数 P 的输入，得到输出，换位函数如表 9-11 所示。

$$\mathrm{X}^{(i)} = \mathrm{x}_1^{(i)} \mathrm{x}_2^{(i)} \ldots \mathrm{x}_{32}^{(i)} = y_{16}^{(i)} y_7^{(i)} \ldots y_{25}^{(i)}$$

记 $\mathrm{X}^{(i)} = f(R^{(i)}, \mathrm{K}^{(i+1)})$

（6）每轮输出

把 $L^{(i)}$ 与 $\mathrm{X}^{(i)}$ 按位相加，形成 $R^{(i+1)}$，且令 $R^{(i)}$ 为 $L^{(i+1)}$，即得到经第 $i$+1 次迭代加密后的输出 $L^{(i+1)} R^{(i+1)}$，其中：

$$L^{(i+1)} = R^{(i)}$$

$$R^{(i+1)} = L^{(i)} \oplus f(R^{(i)}, K^{(i+1)}) \quad (i=0, 1, 2, \cdots, 15)$$

可以看出，DES 密码体制的每一次迭代都用替代法和换位法对上一次迭代的输出进行加密变换。用硬件实现 DES 算法时，实际上用替代盒实现替代函数 $S_j$（$1 \leqslant j \leqslant 8$），用换位盒实现换位函数 $P$。为了使最后输出的密码文与原始输入的明码文没有明显的函数关系，DES 算法采用 16 次迭代。在前 15 次迭代中，$L^{(i)}$ 表示左 32 位，$R^{(i)}$ 表示右 32 位。对最后一次迭代，$L^{(16)}$ 表示右 32 位，$R^{(16)}$ 表示左 32 位，即在最后一次迭代时不再左右交换，以保证加密和解密的对称性。

（7）逆初始变换

用 $\mathrm{IP}^{-1}$ 表示，它和 IP 互逆。例如，第 1 位经过初始置换后，处于第 58 位，而通过逆置换，又将第 58 位换回到第 1 位，如表 9-12 所示。

DES 算法的解密过程是一样的，区别仅仅在于第一次迭代时用子密钥 $K^{(15)}$，第二次 $K^{(14)}$，…，最后一次用 $K^{(0)}$，算法本身并没有任何变化，如图 9-6 所示。

为了增加密钥的长度，人们建议将一种分组密码进行级联，在不同的密钥作用下，连续多次对一组明文进行加密，通常把这种技术称为多重加密技术。对于 DES，建议使用 3DES 增强加密强度。3DES 算法是扩展 DES 密钥长度的一种方法，可使加密密钥长度扩展到 128 bit

（112 bit 有效）或 192 bit（168 bit 有效）。

表 9-11　换位表 *P*

| 16 | 7 | 20 | 21 |
|---|---|---|---|
| 29 | 12 | 28 | 17 |
| 1 | 15 | 23 | 26 |
| 5 | 18 | 31 | 10 |
| 2 | 8 | 24 | 14 |
| 32 | 27 | 3 | 9 |
| 19 | 13 | 30 | 6 |
| 22 | 11 | 4 | 25 |

表 9-12　逆初始变换 $IP^{-1}$ 表

| 40 | 8 | 48 | 16 | 56 | 24 | 64 | 32 |
|---|---|---|---|---|---|---|---|
| 39 | 7 | 47 | 15 | 55 | 23 | 63 | 31 |
| 38 | 6 | 46 | 14 | 54 | 22 | 62 | 30 |
| 37 | 5 | 45 | 13 | 53 | 21 | 61 | 29 |
| 36 | 4 | 44 | 12 | 52 | 20 | 60 | 28 |
| 35 | 3 | 43 | 11 | 51 | 19 | 59 | 27 |
| 34 | 2 | 42 | 10 | 50 | 18 | 58 | 26 |
| 33 | 1 | 41 | 9 | 49 | 17 | 57 | 25 |

3DES 可以用两个密钥对明文进行 3 次加密，假设两个密钥是 $K_1$ 和 $K_2$：

① 用密钥 $K_1$ 进行 DES 加密。

② 用 $K_2$ 对步骤 1 的结果进行 DES 解密。

③ 对（2）的结果使用密钥 $K_1$ 进行 DES 加密。

3DES 的缺点是加、解密速度比 DES 慢。

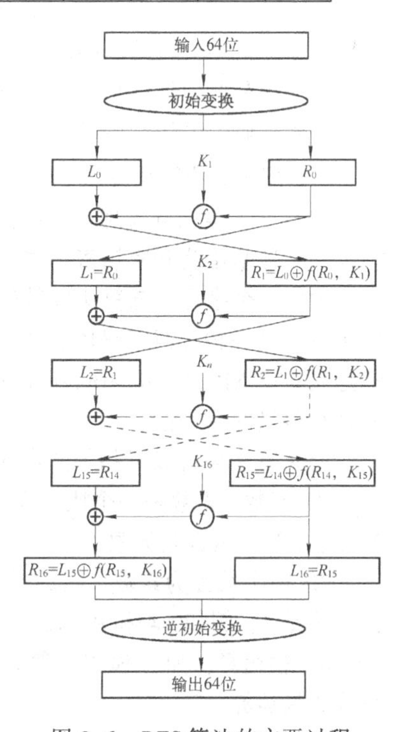


图 9-6　DES 算法的主要过程

## 9.2.3　公钥密码算法

1976 年，美国学者 Diffie 和 Hellman 为解决密钥的分发与管理问题发表了著名论文 *New Direction in Cryptography*，提出一种密钥交换协议，允许在不安全的媒体上通过通讯双方交换信息，安全地传送秘密密钥，并提出了建立“公开密钥密码体制（Public Key）”的新概念。这篇文章中提出的公钥密码的思想为：若每一个用户 A 有一个加密密钥 $k_a$，一个解密密钥 $k'_a$，$k_a$ 与 $k'_a$ 不同，加密密钥 $k_a$ 公开，解密密钥 $k'_a$ 保密，当然要求 $k_a$ 的公开不至于影响 $k'_a$ 的安全。若 B 要向 A 保密发送明文 $m$，可查 A 的公开密钥 $k_a$，用 $k_a$ 加密得密文 $c$，A 收到 $c$ 后，用只有 A 自己才掌握的解密密钥 $k'_a$ 对 $c$ 进行解密得到 $m$。当时还没有实现这种体制的具体算法。

公开密钥算法主要用于加密/解密、数字签名、密钥交换。自从 1976 年公钥密码的思想提出以来，国际上出现了许多种公钥密码体制，比较流行的有基于大整数因子分解问题的 RSA 体制和 Rabin 体制、基于有限域上离散对数问题的 Differ-Hellman 公钥体制、基于椭圆曲线上离散对数问题的 Differ-Hellman 公钥体制和 ElGamal 体制。这些密码体制有的只适合于密钥交换，有的只适合于加密/解密。

### 1. 公钥密码的概念

公开密钥算法中用作加密的密钥不同于用作解密的密钥，而且解密密钥不能根据加密密钥计算出来（至少在合理假定的长时间内），所以加密密钥能够公开，每个人都能用加密密钥加密信息，但只有解密密钥的拥有者才能解密信息。

公钥密码算法的最大特点是采用两个不同的密钥将加密和解密能力分开，其中一个密钥是公开的，称为公开密钥，简称公开钥，用于加密；另一个密钥是为用户专用，因而是保密的，称为秘密密钥，用于解密。因此公钥密码体制也成为双钥密码体制。算法有以下重要特性：已知密码算法和加密密钥，求解解密密钥在计算上是不可行的。

公钥密钥算法应满足以下要求：

① B 用自己的秘密密钥对 $c$ 解密在计算上是容易的。

② 敌手由 B 的公开钥求秘密钥在计算上是不可行的。

③ 敌手由密文 $c$ 和 B 的公开钥恢复明文 $m$ 在计算上是不可行的。

④ 加、解密的次序可换。

其中最后一条虽然非常有用，但不是对所有的算法都做要求。

以上要求的本质之处在于要求一个陷门单向函数。单向函数是两个集合 $X$ 和 $Y$ 之间的一个映射，使得 $Y$ 中每一个元素 $y$ 都有唯一的一个原像 $x \in X$，且由 $x$ 易于计算它的像 $y$，由 $y$ 计算它的原像 $x$ 是不可行的。陷门单向函数，是指该函数是易于计算的，但求它的逆是不可行的，除非在已知某些附加信息的条件下，当附加信息给定后，求可逆在多项式时间完成。

因此，研究公钥密码算法就是要找出合适的陷门单向函数。

2. RSA 公钥密码算法

1978 年，美国麻省理工学院的研究小组成员 Ronald L Rivest、Adi Shamir、Leonard Adleman 提出了一种基于公开密钥密码体制的优秀加密算法——RSA 算法。RSA 就是来自这 3 位发明者姓氏的第一个字母。该算法以其较高的保密强度逐渐成为一种广为接受的公钥密码体制算法。RSA 算法是一种分组密码体制算法，它的保密强度是建立在具有大素数因子的合数，其因子分解是建立在 NP（Nondeterministic Polynomial）完全问题这一数学难题的基础上的，因此 RSA 算法具有很强的保密性。

RSA 算法包含以下相关的数学概念：

① 素数。素数是一个比 1 大，且其因子只有 1 和它本身，没有其他可以整除它的数，如 2、3、5、7 等。素数是无限的。

② 两个数互为素数。指的是它们除了 1 之外没有共同的因子，也可以说这两个数的最大公因子是 1。例如，4 和 9、13 和 27 等。

③ 模运算。如 A 模 $N$ 运算，它给出了 A 的余数，余数是从 0 到 $N-1$ 的某个整数，这种运算称为模运算。

RSA 加密算法的过程如下：

① 取两个随机大素数 $p$ 和 $q$（保密）。

② 计算公开的模数 $r=pq$（公开）。

③ 计算秘密的欧拉函数 $\varphi(r)=(p-1)(q-1)$（保密），两个素数 $p$ 和 $q$ 不再需要，应该丢弃，不要让任何人知道。

④ 随机选取整数 $e$，满足 $\gcd(e, \varphi(r))=1$（公开 $e$，加密密钥）。

⑤ 计算 $d$，满足 $de\equiv 1 \pmod{\varphi(r)}$（保密 $d$，解密密钥，陷门信息）。

⑥ 将明文 $x$（其值的范围在 0 到 $r-1$ 之间）按模为 $r$ 自乘 $e$ 次幂以完成加密操作，从而产生密文 $y$（其值也在 0 到 $r-1$ 范围内）。

$$y\equiv x^e \pmod{r}$$

⑦ 将密文 $y$ 按模为 $r$ 自乘 $d$ 次幂，完成解密操作。

$$x \equiv y^d (\bmod r)$$

下面用一个简单的例子来说明 RSA 公开密钥密码算法的工作原理。

取两个素数 $p$=11，$q$=13，$p$ 和 $q$ 的乘积为 $r=pq$=143，算出秘密的欧拉函数 $\varphi(r)=(p-1)(q-1)$=120，再选取一个与 $\varphi(r)$=120 互质的数，例如 $e$=7 作为公开密钥，$e$ 的选择不要求是素数，但不同的 $e$ 的抗攻击性能力不一样，为安全起见要求选择为素数。对于这个 $e$ 值，可以算出另一个值 $d$=103，$d$ 是私有密钥，满足 $ed\equiv 1(\bmod \varphi(r))$，其实 7×103=721 除以 120 确实余 1。欧几里得算法可以迅速地找出给定的两个整数 $a$ 和 $b$ 的最大公因数 gcd（$a$，$b$），并可判断 $a$ 与 $b$ 是否互素，因此该算法可用来寻找解密密钥。

$$120=7\times17+1$$

$1=120-7\times17(\bmod 120)\equiv120-7\times(-120+17)(\bmod 120)=120+7\times103(\bmod 120)$

（$n,e$）这组数公开，（$n,d$）这组数保密。

设想需要发送信息 $x$=85。利用（$n,e$）=（143,7）计算出加密值：

$$y\equiv x^e(\bmod \mathrm{r})=85^7(\bmod 143)=123$$

收到密文 $y$=123 后，利用（$n,d$）=（143,103）计算明文：

$$x\equiv y^d(\bmod \mathrm{r})=123^{103}(\bmod 143)=85$$

加密信息 $x$（二进制表示）时，首先把 $x$ 分成等长数据块 $x_1,x_2,\cdots,x_i$，块长 $s$，其中 $2^s\leqslant n$，$s$ 尽可能的大。对应的密文是：

$$y_i\equiv x_i^{\mathrm{e}}(\bmod r)$$

解密时做如下计算：

$$x_i\equiv y_i^{\mathrm{d}}(\bmod r)$$

RSA 的安全性在理论上存在一个空白，即不能确切知道它的安全性能如何。我们能够做出的结论是：对 RSA 攻击的困难程度不比大数分解更难，因为一旦分解出 $r$ 的因子 $p$、$q$，就可以攻破 RSA 密码体制。对 RSA 的攻击是否等同于大数分解一直未能得到理论上的证明，因为没能证明破解 RSA 就一定需要做大数分解。目前，RSA 的一些变种算法已被证明等价于大数分解。不管怎样，分解 $n$ 是最显然的攻击方法。1977 年，《科学美国人》杂志悬赏征求分解一个 129 位十进数（426 比特），直至 1994 年 3 月才由 Atkins 等人在 Internet 上使用了 1 600 台计算机，花了八个月的时间才找出答案。现在，人们已能分解 155 位（十进制）的大素数。因此，模数 $n$ 必须选大一些，因具体适用情况而定。

若 $r=pq$ 被因子分解，则 RSA 便被击破。

因为若 $p$，$q$ 已知，则 $\varphi(r)=(p-1)(q-1)$ 便可算出。解密密钥 d 关于 e 满足：

$$\mathrm{de}\equiv 1(\bmod \varphi(r))$$

故 $d$ 也不难求出，因此 RSA 的安全依赖于因子分解的困难性。目前因子分解数度最快的方法，其时间复杂度为 exp（sqrt（ln（$n$）lnln（$n$）））。

RSA 实验室认为，512 bit 的 $r$ 已不够安全。他们建议，现在的个人应用需要用 768 bit 的 $r$，公司要用 1024 bit 的 $r$，极其重要的场合应该用 2048 bit 的 $r$。

总之，随着硬件资源的迅速发展和因数分解算法的不断改进，为保证 RSA 公开密钥密码体制的安全性，最实际的做法是不断增加模 $r$ 的位数。

为了安全起见，对 $p$、$q$ 还要求：$p$、$q$ 长度差异不大；$p$-1 和 $q$-1 有大素数因子；（$p$-1,

$q$-1）很小。满足这些条件的素数称作安全素数。

其他的安全问题包括以下四个方面：

① 公共模数攻击。每个人具有相同的 $r$，但有不同的指数 $e$ 和 $d$，这是不安全的。

② 低加密指数攻击。如果选择了较低的 $e$ 值，虽然可以加快计算速度，但存在不安全性。

③ 低解密指数攻击。如果选择了较低的 $d$ 值，这是不安全的。

④ 选择密文攻击。攻击者并不知道解密的密钥，但是给出任意的消息，攻击者都可以让拥有私钥的实体将其加密，然后，经过计算就可得到想要的信息。这个固有的问题来自公钥密码系统最有用的特征——每个人都能使用公钥。

RSA 的缺点主要有以下三个方面：

① 产生密钥很麻烦，受到素数产生技术的限制，因而难以做到一次一密。

② 分组长度太大，为保证安全性，$n$ 至少需要 600 bit，导致运算代价很高，尤其是速度较慢，较对称密码算法慢几个数量级；且随着大数分解技术的发展，这个长度还在增加，不利于数据格式的标准化。目前，SET（Secure Electronic Transaction）协议中要求 CA 采用 2 048 bit 长的密钥，其他实体使用 1 024 bit 的密钥。

③ RSA 的速度由于进行的都是大数计算，使得 RSA 最快的情况也比 DES 慢 100 倍，无论是软件还是硬件实现，速度一直是 RSA 的缺陷。一般来说只用于少量数据加密。RSA 与 DES 的优缺点正好互补。RSA 的密钥很长，加密速度慢，而采用 DES，正好弥补了 RSA 的缺点。即 DES 用于明文加密，RSA 用于 DES 密钥的加密。由于 DES 加密速度快，适合加密较长的报文；而 RSA 可解决 DES 密钥分配的问题。美国的保密增强邮件（Privacy Enhance Mail，PEM）就是采用了 RSA 和 DES 结合的方法，目前已成为 E-mail 保密通信标准。

### 9.2.4 密码协议

所谓协议，就是两个或者两个以上的参与者为完成某项特定的任务而采取的一系列步骤。协议具有以下特点：协议自始至终是有序的过程，每一个步骤必须执行，在前一步没有执行完之前，后面的步骤不可能执行；协议至少需要两个参与者；通过协议必须能够完成某项任务。协议的参与者可能是完全信任的人，也可能是攻击者和完全不信任的人。

密码学的用途是解决种种难题。当我们考虑现实世界中的应用时，常常遇到以下安全需求：机密性、完整性、认证性、匿名性、公平性等，密码学解决的各种难题围绕这些安全需求。密码协议（Cryptographic Protocol）是使用密码学完成某项特定的任务并满足安全需求的协议，又称安全协议（Security Protocol），如后面将介绍的消息认证协议、数字签名协议等。常用的密码协议还包括密钥建立协议和认证协议。

#### 1. 密钥建立协议

通常的密码技术是使用对称密码算法用单独的密钥对每一次单独的会话加密，这个密钥称为会话密钥。密钥建立协议的目的是在两个或者多个实体之间建立会话密钥。协议可以采用对称密码体制，也可以采用非对称密码体制。有时通过一个可信的服务器为用户分发密钥，这样的密钥建立协议称为密钥分发协议；也可以通过两个用户协商，共同建立会话密钥，这样的密钥建立协议称为密钥协商协议。

#### 2. 认证协议

认证协议主要防止假冒攻击。将认证和密钥建立协议结合在一起，是网络通信中最普遍应用的安全协议。

随着计算机网络应用的不断深入，还出现了保密选举协议、数字现金协议、多方计算协议等许多深奥的安全协议。

在密码协议中，经常使用对称密码、公开密钥密码、单向函数、伪随机数生成器等。

对密码协议的攻击包括直接攻击协议中所用的密码算法、用来实现该算法和协议的密码技术、或者攻击协议本身。我们假设密码算法和密码技术是安全的，只关注对协议本身的攻击。

与协议无关的人偷听协议的一部分或全部，称为被动攻击。也可能假装是其他一些人，在协议中引入新的信息，删掉原有的信息，用另外的信息代替原来的信息，重放旧的信息，破坏通信信道，或者改变存储在计算机中的信息等，这种改变协议以便对自己有利的攻击称为主动攻击。其中最常用的攻击是重放与代替攻击。

攻击者也可能是与协议有关的各方中的一方。他可能在协议执行期间撒谎，或者不遵守协议，这类攻击者称为骗子。被动骗子遵守协议，但试图获取协议外的其他信息。主动骗子在协议的执行中试图通过欺骗来破坏协议。

如果与协议有关的各方中的大多数是主动骗子，就很难保持协议的安全性。但合法用户发觉是否有主动欺骗却是可能的。当然，协议对被动欺骗来说应该是安全的。

密码协议的安全性是一个很难解决的问题，许多广泛应用的密码协议后来都被发现存在安全缺陷。

### 9.2.5　数字签名

在公钥密码体制中，一个主体可以使用他自己的私钥加密消息，所得到的密文可以用该主体的公钥解密来恢复为原来的消息，如此生成的密文对该消息提供认证服务。

随着计算机通信网的发展，人们希望通过电子设备实现快速、远距离的交易，数字（或电子）签名法应运而生，并开始用于商业通信系统，如电子邮递、电子转账和办公自动化等系统。随着计算机网络的发展，过去依赖于手书签名的各种业务都可用这种电子数字签名代替，它是实现电子贸易、电子支票、电子货币、电子购物、电子出版及知识产权保护等系统安全的重要保证。

数字签名在信息安全，包括身份认证、数据完整性、不可否认性以及匿名性等方面有重要应用，特别是在大型网络安全通信中的密钥分配、认证以及电子商务系统中具有重要作用。

数字签名与手书签名的区别在于手书签名是模拟的，且因人而异。数字签名是 0 和 1 的数字串，因消息而异。

数字签名与消息认证有所区别。消息认证使收方能验证消息发送者及所发消息内容是否被篡改过。当收发者之间没有利害冲突时，这对于防止第三者的破坏是足够的。但当收者和发者之间有利害冲突时，就无法解决他们之间的纠纷，此时须借助满足前述要求的数字签名技术。

数字签名应满足以下要求：

① 收方能够确认或证实发方的签名，但不能伪造，简记为 R1–条件。

② 发方发出签名的消息给收方后，就不能再否认他所签发的消息，简记为 S–条件。

③ 收方对已收到的签名消息不能否认，即有收报认证，简记作 R2–条件。

④ 第三者可以确认收发双方之间的消息传送，但不能伪造这一过程，简记 T–条件。

安全的数字签名实现的条件：发方必须向收方提供足够的非保密信息，以便使其能验证消息的签名但又不能泄露用于产生签名的机密信息，以防止他人伪造签名。任何一种产生签名的算法或函数都应当提供这两种信息，而且从公开的信息很难推测出用于产生签名的机密信息。此外，还有赖于仔细设计的通信协议。

一个签名体制可由向量（$M$，$S$，$K$，$V$）表示，其中 $M$ 是明文空间，$S$ 是签名的集合，$K$ 是密钥空间，$V$ 是证实函数的值域，由真、伪组成。

① 签名算法：对每一 $m\in M$ 和每一 $k\in K$，易于计算对 $M$ 的签名 $S=\mathrm{Sig}\ k(M)\in S$，签名算法或签名密钥是秘密的，只有签名人才能掌握。

② 验证算法：$\mathrm{Verk}(S,M)\in\{真，伪\}=\{0，1\}$

$$Ver_k(S,M)\begin{cases}真 & 当S=\mathrm{sig}(M)\\ 伪 & 当S\neq\mathrm{sig}(M)\end{cases}$$

证实算法应当公开，已知 $M$，$S$ 易于证实 $S$ 是否为 $M$ 的签名，以便他人进行验证。

## 9.3 VPN 技术

随着网络，尤其是网络经济的发展，企业日益扩张，客户分布日益广泛，合作伙伴日益增多，促使企业的效益日益增长，另一方面也越来越凸现传统企业网的功能缺陷：传统企业网基于固定物理地点的专线连接方式已难以适应现代企业的需求。于是企业对于自身的网络建设提出了更高的需求，主要表现在网络的灵活性、安全性、经济性、扩展性等方面。在这样的背景下，VPN 以其独具特色的优势赢得了越来越多企业的青睐，令企业可以较少地关注网络的运行与维护，而更多地致力于企业商业目标的实现。

### 9.3.1 VPN 概述

VPN（Virtual Private Network，虚拟专用网）是一种利用公共网络来构建的私人专用网络技术，用于构建 VPN 的公共网络包括 Internet、帧中继、ATM 等。简单来讲，一般的网络连接通常由三部分组成：客户机、传输介质和服务器，而 VPN 同样也由这三部分组成，不同的是 VPN 连接使用隧道作为传输通道，这个隧道是建立在公共网络或专用网络基础之上的，如 Internet 或 Intranet。“虚拟”这一概念是相对传统私有网络的构建方式而言的，对于广域网连接，传统的组网方式通过远程拨号连接来实现，而 VPN 是利用服务提供商（ISP）所提供的公共网络来实现远程的广域连接。通过 VPN，企业可以更低的成本连接远程办事机构、出差人员以及业务合作伙伴。为了保障信息在 Internet 上传输的安全性，VPN 技术采用了认证、存取控制、机密性、数据完整性等措施，以保证了信息在传输中不被偷看、篡改、复制。简单而言，VPN 并不使用专用的真实连接（如租用线路），它通过互联网使用从公司的私有网络到远程站点或雇员的可路由的虚拟连接。

要实现 VPN 连接，企业内部网络中必须配置一台基于 Windows NT 或 Windows 2000 Server 的 VPN 服务器，VPN 服务器一方面连接企业内部专用网络，另一方面连接 Internet，即 VPN 服务器必须拥有一个公用的 IP 地址。当客户机通过 VPN 连接与专用网络中的计算机进行通信时，先由 ISP 将所有的数据传送到 VPN 服务器，然后再由 VPN 服务器负责将所有的数据传送到目标计算机。VPN 使用三个方面的技术保证了通信的安全性：隧道协议、身份验证和数据加密。客户机向 VPN 服务器发出请求，VPN 服务器响应请求并向客户机发出身份质询，客户机将加密

的响应信息发送到VPN服务器，VPN服务器根据用户数据库检查该响应，如果账户有效，VPN服务器将检查该用户是否具有远程访问权限，如果该用户拥有远程访问的权限，VPN服务器接受此连接。在身份验证过程中产生的客户机和服务器公有密钥将用来对数据进行加密。

由于使用Internet进行传输相对于租用专线来说，费用极为低廉，所以VPN的出现使企业通过Internet既安全又经济地传输私有机密信息成为可能。与传统的电信专线网络相比，VPN虚拟专用网具备以下优势：

1. 廉价的网络接入

VPN虚拟专网利用免费的Internet资源将企业在全省乃至全国的各分支机构进行互连，各结点全部采用本地电话或本地专线接入方式，大大节省了长途拨号及长途专线的连接费用。

2. 严格的用户认证

VPN系统全部采用CA认证体制（采用非对称密钥证书体系），即在企业信息中心VPN控制平台建立全省统一的认证授权系统，所有企业客户端都有自己的私有证书、用户名及密码，使接入用户与VPN虚拟专网、VPN网关进行双向身份鉴别，同时客户端还支持双因素身份认证。每次用户登录都将有严格的审计日志记录，以便于日后的审计与稽核，同时VPN系统增加了用户操作的数字签名，即数据交易的不可抵赖性，这种技术一般用于银行的金融业务交易。所以与普通专线相比，其强制认证措施确保了企业内网服务的访问与稽核安全。

3. 高强度的数据保密

由于数据全部通过互联网进行传输，所以必须进行数据加密与数据完整性保护。VPN虚拟专网一般提供128位以上的对称加密措施，非对称密码算法使用1 024位，并采用网络协议堆栈上的应用层VPN技术，全部采用一次一密体制，数据安全性极高。同时VPN虚拟专网采用MD5数据摘要算法，用以保护数据传输过程的完整性。而普通电信专线不提供任何形式的加密措施，所以VPN技术虽然构建在Internet之上，但其高强度的加密措施使得数据传输的安全性要比普通电信专线高得多。

### 9.3.2 VPN的组网方式

在实际使用中，VPN有三种组网方式，用户可以根据自己的情况进行选择。这三种方式分别是：远程访问虚拟专用网（Access VPN）、企业内部虚拟专用网（Intranet VPN）和企业扩展虚拟专用网（Extranet VPN），这三种类型的VPN分别与传统的远程访问网络、企业内部的Intranet以及企业网和相关合作伙伴的企业网所构成的Extranet相对应，各种组网方式下所采用的隧道协议有所不同。

1. Access VPN

随着当前移动办公的日益增多，远程用户需要及时地访问Intranet和Extranet。对于出差流动员工、远程办公人员和远程办公室，Access VPN通过公用网络与企业的Intranet和Extranet建立私有的网络连接。在Access VPN的应用中，利用了二层网络隧道技术在公用网络上建立VPN隧道（Tunnel）连接来传输私有网络数据。

Access VPN的结构有两种类型，一种是用户发起（Client-Initiated）的VPN连接，另一种是接入服务器发起（NAS-Initiated）的VPN连接。

用户发起的VPN连接指的是以下这种情况：首先，远程用户通过服务提供点（ISP）拨入Internet，接着，用户通过网络隧道协议与企业网建立的一条隧道（可加密）连接从而访问企业网内部资源。在这种情况下，用户端必须维护与管理发起隧道连接的有关协议和软件。

在接入服务器发起的 VPN 连接应用中，用户通过本地号码或免费号码拨入 ISP，然后 ISP 的 NAS（Network Access Server）再发起一条隧道连接连到用户的企业网。在这种情况下，所建立的 VPN 连接对远端用户是透明的，构建 VPN 所需的协议及软件均由 ISP 负责管理和维护。

Access VPN 通过一个拥有与专用网络相同策略的共享基础设施，提供对企业内部网或外部网的远程访问。Access VPN 能使用户随时、随地以其所需的方式访问企业资源。Access VPN 包括模拟、拨号、ISDN、数字用户线路（xDSL）、移动 IP 和电缆技术，能够安全地连接移动用户、远程工作者或分支机构。

Access VPN 最适用于公司内部经常有流动人员远程办公的情况。出差员工利用当地 ISP 提供的 VPN 服务，就可以和公司的 VPN 网关建立私有的隧道连接。

Access VPN 的主要特点如下：

① 减少用于相关的调制解调器和终端服务设备的资金及费用，简化网络。

② 实现本地拨号接入的功能来取代远距离接入或 800 电话接入，这样能显著降低远距离通信的费用。

③ 极大的可扩展性，简便地对加入网络的新用户进行调度。

④ 远端验证拨入用户服务（RADIUS）基于标准、基于策略功能的安全服务。

#### 2. Intranet VPN

Intranet VPN 通过公用网络进行企业各个分布点互连，是传统的专线网或其他企业网的扩展或替代形式。传统企业的各个机构之间进行互连的方式一般都是通过租用专线，从而造成在分公司增多、业务开展越来越广泛时，网络结构趋于复杂，费用昂贵。利用 VPN 特性可以在 Internet 上组建世界范围内的 Intranet VPN。利用 Internet 的线路保证网络的互连性，而利用隧道、加密等 VPN 特性可以保证信息在整个 Intranet VPN 上安全传输。Intranet VPN 通过一个使用专用连接的共享基础设施，连接企业总部、远程办事处和分支机构。企业拥有与专用网络的相同政策，包括安全、服务质量（QoS）、可管理性和可靠性。

Intranet VPN 的主要特点如下：

① 减少 WAN 带宽的费用。

② 能使用灵活的拓扑结构，包括全网络连接。

③ 新的站点能更快、更容易地被连接。

④ 通过设备供应商 WAN 的连接冗余，可以延长网络的可用时间。

#### 3. Extranet VPN

Extranet VPN 是指利用 VPN 将企业网延伸至合作伙伴与客户。在传统的专线构建方式下，Extranet 通过专线互连实现，网络管理与访问控制需要维护，甚至还需要在 Extranet 的用户侧安装兼容的网络设备；虽然可以通过拨号方式构建 Extranet，但此时需要为不同的 Extranet 用户进行设置，而同样不能降低复杂度。因合作伙伴与客户的分布广泛，这样的 Extranet 建设与维护是非常昂贵的。因此，诸多的企业常常放弃构建 Extranet，使得企业间的商业交易程序复杂化，商业效率被迫降低。

利用 VPN 技术可以组建安全的 Extranet，既可以向客户、合作伙伴提供有效的信息服务，又可以保证自身内部网络的安全。Extranet VPN 通过一个使用专用连接的共享基础设施，将客户、供应商、合作伙伴或兴趣群体连接到企业内部网。Extranet 用户对于 Extranet VPN 的访问

权限可以通过防火墙等手段来设置与管理。企业拥有与专用网络的相同政策，包括安全、服务质量、可管理性和可靠性。

Extranet VPN 的主要特点如下：

① 能容易地对外部网进行部署和管理，外部网的连接可以使用与部署内部网和远端访问 VPN 相同的架构和协议进行部署。

② 外部网的用户被许可只有一次机会连接到其合作人的网络。

### 9.3.3　VPN 的体系结构

目前有很多可选的 VPN 结构，有独立于操作系统的黑匣 VPN，有基于路由器的 VPN，有基于防火墙的 VPN，还有基于软件的 VPN。除了这些结构之外，还有很多可以应用到这些设备上的服务和特性等。然而，如同任何其他设备一样，在产品的有效服务数量、运行这些服务所需的处理需求以及这些服务的最终支持之间要做一个权衡。下面对几种常见的 VPN 体系结构分别进行介绍。

#### 1．网络服务商提供的 VPN

这是使公司与因特网联网并享受 VPN 提供的最简单有效的方法。网络服务供应商将在公司现场放置一个设备来创建 VPN 隧道。一些 ISP 可以安装一个前端 PPTP 交换机，它可以自动创建 VPN 隧道。通信的目的端将信息分组进行解密并把数据发送到主机。防火墙也可能被添加到这种类型的环境中，通常在网络设备前端或其中间。与以往建立 DMZ 的方法类似，内部路由器连接到防火墙的一个端口上，防火墙的另一个端口连接到外部。

#### 2．基于防火墙的 VPN

基于防火墙的 VPN 也是 VPN 较常见的一种实现方式，许多厂商都提供这种配置类型。它是在现有防火墙技术基础上的再发展。如今很难找到一个连接因特网而不使用防火墙的公司。在考虑基于防火墙的 VPN 时，有很多厂商可供选择，其产品在所有不同的平台上都能有效地使用。一个非常重要的安全性因素是关于下层操作系统的。防火墙在什么平台上运行？该操作系统潜在的威胁是什么？没有百分百的安全的设备，因此，如果在防火墙设备上建立 VPN，需要确认底层的操作系统是安全的。当然，防火墙的价格偏高，所以对于某些中小企业用户来说，仍需慎重选择考虑。

#### 3．基于黑匣的 VPN

在黑匣方式中，厂商只提供一个黑匣。这是加载了加密软件——VPN 隧道的一个基本的设备。一些黑匣附带有运行于台式客户机上帮助进行设备管理的软件，而另一些可以通过 Web 浏览器进行配置。这些硬件的加密设备比软件类型的加密设备速度更快，它们可以建立所需的加速隧道，更快地执行加密进程。并非所有的黑匣子都提供集中管理功能，它们通常并不支持自身记录，需要把这些记录发送到另一个数据库进行查询。目前，厂商应该支持所有的三种隧道协议：PPTP、L2TP 和 IPSec，但这也不是必然的。在技术问题上，如果容易实现，性能就不会灵活。只要性能良好，对公司来说就足够了。大多数黑匣装备都需要一个独立的防火墙，尽管更多的厂商正准备把基于黑匣的 VPN 的防火墙功能合并起来。

### 9.3.4　VPN 的关键技术

VPN 技术非常复杂，它涉及通信技术、密码技术和现代认证技术，是一项交叉科学。目前，

VPN 主要包含两种技术：隧道技术与安全技术，此外 QoS 技术对 VPN 的实现也至关重要。

**1. 隧道技术**

隧道技术的基本过程是在源局域网与公网的接口处将数据（可以是 OSI 七层模型中的数据链路层或网络层数据）作为负载封装在一种可以在公网上传输的数据格式中，在目的局域网与公网的接口处将数据解封装，取出负载。被封装的数据包在互联网上传递时所经过的逻辑路径称为隧道。

要使数据顺利地被封装、传送及解封装，通信协议是核心。目前 VPN 隧道协议有五种：点到点隧道协议 PPTP、第二层隧道协议 L2TP、第三层隧道协议 GRE 和 IPSec 协议以及 SOCKS v5，各协议工作在不同层次，不同的网络环境适合不同的协议。

（1）点到点隧道协议 PPTP 和第二层隧道协议 L2TP

1996 年，Microsoft 和 Ascend 等在 PPP 协议的基础上开发了 PPTP，它集成于 Windows NT Server 4.0 中，Windows NT Workstation 和 Windows 9.X 也提供相应的客户端软件。PPP 支持多种网络协议，可把 IP、IPX、AppleTalk 或 NetBEUI 的数据包封装在 PPP 包中，再将整个报文封装在 PPTP 隧道协议包中，最后，再嵌入 IP 报文、帧中继或 ATM 中进行传输。PPTP 提供流量控制，减少拥塞的可能性，避免由包丢弃而引发包重传的数量。PPTP 的加密方法采用 Microsoft 点对点加密（MPPE：Microsoft Point-to-Point Encryption）算法，可以选用较弱的 40 位密钥或强度较大的 128 位密钥。

同年，Cisco 提出 L2F（Layer 2 Forwarding）隧道协议，它也支持多协议，但其主要用于 Cisco 的路由器和拨号访问服务器。1997 年底，Microsoft 和 Cisco 公司把 PPTP 协议和 L2F 协议的优点结合在一起，形成了 L2TP 协议。L2TP 支持多协议，利用公共网络封装 PPP 帧，可以实现和企业原有非 IP 网的兼容。还继承了 PPTP 的流量控制，支持 MP（Multilink Protocol），把多个物理通道捆绑为单一逻辑信道。L2TP 隧道在两端的 VPN 服务器之间采用口令握手协议 CHAP 来验证对方的身份。L2TP 隧道的建立有两种方式：即用户初始化隧道和 NAS 初始化隧道。前者一般指“主动”隧道，后者指“强制”隧道。“主动”隧道是用户为某种特定目的的请求建立的，而“强制”隧道则是在没有任何来自用户的动作以及选择的情况下建立的。

L2TP 作为“强制”隧道模型是拨号用户与网络中的另一点建立连接的重要机制。建立过程如下：

① 用户通过 Modem 与 NAS 建立连接。

② 用户通过 NAS 的 L2TP 接入服务器身份认证。

③ 在政策配置文件或 NAS 与政策服务器进行协商的基础上，NAS 和 L2TP 接入服务器，动态地建立一条 L2TP 隧道。

④ 用户与 L2TP 接入服务器之间建立一条 PPP 协议访问服务隧道。

⑤ 用户通过该隧道获得 VPN 服务。

与之相反的是，PPTP 作为“主动”隧道模型允许终端系统进行配置，与任意位置的 PPTP 服务器建立一条不连续的、点到点的隧道。并且，PPTP 协商和隧道建立过程都没有中间媒介 NAS 的参与。NAS 的作用只是提供网络服务。PPTP 建立过程如下：

① 用户通过串口以拨号 IP 访问的方式与 NAS 建立连接取得网络服务。

② 用户通过路由信息定位 PPTP 接入服务器。

③ 用户形成一个 PPTP 虚拟接口。

④ 用户通过该接口与 PPTP 接入服务器协商、认证建立一条 PPP 访问服务隧道。

⑤ 用户通过该隧道获得 VPN 服务。

在 L2TP 中，用户感觉不到 NAS 的存在，仿佛与 PPTP 接入服务器直接建立连接。而在 PPTP 中，PPTP 隧道对 NAS 是透明的；NAS 不需要知道 PPTP 接入服务器的存在，只是简单地把 PPTP 流量作为普通 IP 流量处理。

采用 L2TP 还是 PPTP 实现 VPN 取决于控制权在 NAS 还是用户手中。L2TP 比 PPTP 更安全，因为 L2TP 接入服务器能够确定用户。L2TP 主要用于比较集中的、固定的 VPN 用户，而 PPTP 比较适合移动的用户。

（2）第三层隧道协议 GRE

GRE 主要用于源路由和终路由之间所形成的隧道。例如，将通过隧道的报文用一个新的报文头（GRE 报文头）进行封装，然后带着隧道终点地址放入隧道中。当报文到达隧道终点时，GRE 报文头被剥掉，继续原始报文的目标地址进行寻址。GRE 隧道通常是点到点的，即隧道只有一个源地址和一个终地址。然而也有一些实现允许点到多点，即一个源地址对多个终地址。这时候就要和下一跳路由协议（Next-Hop Routing Protocol，NHRP）结合使用。NHRP 主要是为了在路由之间建立捷径。

GRE 隧道用于建立 VPN 有很大的吸引力。从体系结构的观点来看，VPN 就像是通过普通主机网络的隧道集合。普通主机网络的每个点都可利用其地址以及路由所形成的物理连接配置成一个或多个隧道。在 GRE 隧道技术中入口地址用的是普通主机网络的地址空间，而在隧道中流动的原始报文用的是 VPN 的地址空间，这样反过来就要求隧道的终点应该配置成 VPN 与普通主机网络之间的交界点。这种方法的好处是使 VPN 的路由信息从普通主机网络的路由信息中隔离出来，多个 VPN 可以重复利用同一个地址空间而没有冲突，这使得 VPN 从主机网络中独立出来。从而满足了 VPN 的关键要求：可以不使用全局唯一的地址空间。隧道也能封装数量众多的协议族，减少实现 VPN 功能函数的数量。还有，对许多 VPN 所支持的体系结构来说，用同一种格式来支持多种协议同时又保留协议的功能，这是非常重要的。IP 路由过滤的主机网络不能提供这种服务，而只有隧道技术才能把 VPN 私有协议从主机网络中隔离开来。基于隧道技术的 VPN 实现的另一特点是对主机网络环境和 VPN 路由环境进行隔离。对 VPN 而言主机网络可看成点到点的电路集合，VPN 能够用其路由协议穿过符合 VPN 管理要求的虚拟网。同样，主机网络用符合网络要求的路由设计方案，而不必受 VPN 用户网络的路由协议限制。

虽然 GRE 隧道技术有很多优点，但用其技术作为 VPN 机制也有缺点，例如，管理费用高、隧道的规模数量大等。因为 GRE 是由手工配置的，所以配置和维护隧道所需的费用和隧道的数量是直接相关的，每次隧道的终点改变，隧道就需要重新配置。隧道也可自动配置，但有缺点，如不能考虑相关路由信息、性能问题以及容易形成回路问题。一旦形成回路，会极大恶化路由的效率。除此之外，通信分类机制是通过一个好的粒度级别来识别通信类型。如果通信分类过程是通过识别报文（进入隧道前的）进行的话，就会影响路由发送速率的能力及服务性能。

GRE 隧道技术是用在路由器中的，可以满足 Extranet VPN 以及 Intranet VPN 的需求。但在远程访问 VPN 中，多数用户是采用拨号上网，这时可以通过 L2TP 和 PPTP 来加以解决。

**2．安全技术**

VPN 是在不安全的 Internet 中通信，通信的内容可能涉及企业的机密数据，因此其安全性非常重要。VPN 中的安全技术通常由加/解密技术（Encryption & Decryption）、身份认证技术

（Authentication）以及密钥管理技术（Key Management）组成。

（1）加解密技术

数据加密的基本思想是通过变换信息的表示形式来伪装需要保护的敏感信息，使非授权者不能了解被保护信息的内容。加密算法有用于 Windows 95 的 RC4、用于 IPSec 的 DES 和三次 DES。RC4 虽然强度比较弱，但是免于非专业人士的攻击已经足够；DES 和三次 DES 强度比较高，可用于敏感的商业信息。

加密技术可以在协议栈的任意层进行，可以对数据或报文头进行加密。在网络层中的加密标准是 IPSec。网络层加密实现的最安全方法是在主机的端到端进行。另一个选择是隧道模式：加密只在路由器中进行，而终端与第一跳路由之间不加密。这种方法不太安全，因为数据从终端系统到第一跳路由时可能被截取而危及数据安全。终端到终端的加密方案中，VPN 安全粒度达到个人终端系统的标准；而隧道模式方案，VPN 安全粒度只达到子网标准。在链路层中，目前还没有统一的加密标准，因此所有链路层加密方案基本上是生产厂家自己设计的，需要特别的加密硬件。

具体 VPN 采用何种加密技术依赖于 VPN 服务器的类型，可以分为以下两种情况：

① 对于 PPTP 服务器，将采用 MPPE 加密技术，MPPE 可以支持 40 位密钥的标准加密方案和 128 位密钥的增强加密方案。只有在 MS-CHAP、MS-CHAP v2 或 EAP/TLS 身份验证被协商之后，数据才由 MPPE 进行加密，MPPE 需要这些类型的身份验证生成的公用客户和服务器密钥。

② 对于 L2TP 服务器，将使用 IPSec 机制对数据进行加密，IPSec 是基于密码学的保护服务和安全协议的套件。IPSec 对使用 L2TP 协议的 VPN 连接提供机器级身份验证和数据加密。在保护密码和数据的 L2TP 连接建立之前，IPSec 在计算机及其远程 VPN 服务器之间进行协商。IPSec 可用的加密包括 56 位密钥的数据加密标准 DES 和 56 位密钥的三倍 DES（3DES）。

（2）身份认证技术

身份认证技术采用一种称为“摘要”的技术来防止数据的伪造和篡改，摘要技术主要采用 HASH 函数将一段长的报文通过函数变换，映射为一段短的报文即摘要。由于 HASH 函数的特性，两个不同的报文几乎不可能具有相同的摘要。该特性使得摘要技术在 VPN 中有两个用途：验证数据的完整性和用户认证。

（3）QoS 技术

通过隧道技术和加密技术，已经能够建立起一个具有安全性、互操作性的 VPN。但是该 VPN 性能上不稳定，管理上不能满足企业的要求，这就要加入 QoS 技术。实行 QoS 应该在主机网络中，即 VPN 所建立的隧道这一段，这样才能建立一条性能符合用户要求的隧道。

不同的应用对网络通信有不同的要求，这些要求可用如下参数体现：

① 带宽。网络提供给用户的传输率。

② 反应时间。用户所能容忍的数据报传递延时。

③ 抖动。延时的变化。

④ 丢失率。数据包丢失的比率。

网络资源是有限的，有时用户要求的网络资源得不到满足，可通过 QoS 机制对用户的网络资源分配进行控制以满足应用的需求。QoS 机制具有通信处理机制以及供应（Provisioning）和配置（Configuration）机制。通信处理机制包括 802.1p、区分服务（Differentiated Service per-hop-behaviors，DiffServ）、综合服务（Integrated Services，IntServ）等。现在大多数局域网

是基于 IEEE 802 技术的，如以太网、令牌环、FDDI 等，802.1p 为这些局域网提供了一种支持 QoS 的机制。802.1p 对链路层的 802.3 报文定义了一个可表达 8 种优先级的字段。802.1p 优先级只在局域网中有效，一旦出了局域网，通过第三层设备时就被移走。DiffServ 则是第三层的 QoS 机制，它在 IP 报文中定义了一个字段 DSCP（DiffServ Code Point）。DSCP 有 6 位，用作服务类型和优先级，路由器通过它对报文进行排队和调度。与 802.1p、DiffServ 不同的是，IntServ 是一种服务框架，目前有两种：保证服务和控制负载服务。保证服务许诺在保证的延时下传输一定的通信量；控制负载服务则同意在网络轻负载的情况下传输一定的通信量。典型地，IntServ 与资源预留协议（Resource reservation Protocol，RSVP）相关。IntServ 服务定义了允许进入的控制算法，决定多少通信量被允许进入网络中。

网络管理员基于一定的政策进行 QoS 机制配置。政策组成部分包括：政策数据，如用户名；有权使用的网络资源；政策决定点（Policy Decsion Point，PDP）；政策加强点（Policy Enforcement Point，PEP）以及它们之间的协议。传统的由上而下（TopDown）的政策协议包括简单网络管理协议（Simple Network Management Protocol，SNMP）、命令行接口（Command Line Interface，CLI）、命令开放协议服务（Command Open Protocol Services，COPS）等。这些 QoS 机制相互作用使网络资源得到最大化利用，同时又向用户提供了一个性能良好的网络服务。

### 9.3.5　IPSec VPN

IPSec VPN 是指采用 IPSec 协议来实现远程接入的一种 VPN 技术，IPSec 全称为 Internet Protoool Security，是由 Internet Engineering Task Force（IETF）于 1998 年 11 月公布的 IP 安全标准，其目标是为 IPv4 和 IPv6 提供透明的安全服务。定义的安全标准框架，用以提供公用和专用网络的端对端加密和验证服务。IPSec 是一套比较完整或体系的 VPN 技术，它规定了一系列的协议标准。

IPSec 在 IP 层上提供数据源验证、无连接数据完整性、数据机密性、抗重播和有限通信流机密性等安全服务。各种应用程序可以享用 IP 层提供的安全服务和密钥管理，而不必设计和实现自己的安全机制，因此减少密钥协商的开销，也降低了产生安全漏洞的可能性。

IPSec 可保障主机之间、网络安全网关（如路由器或防火墙）之间或主机与安全网关之间的数据包的安全。

使用 IPSec 可以防范以下几种网络攻击：

① Sniffer。IPSec 对数据进行加密对抗 Sniffer，保持数据的机密性。

② 数据篡改。IPSec 用密钥为每个 IP 包生成一个消息验证码（MAC），该密钥为且仅为数据的发送方和接收方共享。对数据包的任何篡改，接收方都能够检测，保证了数据的完整性。

③ 身份欺骗。IPSec 的身份交换和认证机制不会暴露任何信息，依赖数据完整性服务实现了数据起源认证。

④ 重放攻击。IPsec 防止了数据包被捕获并重新投放到网上，即目的地会检测并拒绝老的或重复的数据包；它通过与 AH 或 ESP 一起工作的序列号实现。

⑤ 拒绝服务攻击。IPSec 依据 IP 地址范围、协议、甚至特定的协议端口号来决定哪些数据流需要受到保护，哪些数据流可以被允许通过，哪些需要拦截。

IPSec 规范中包含大量的 RFC 文档，其中最重要的是在 1998 年 11 月发布的，它们是安全体系结构（IPSEC）概述 RFC2401、包身份验证扩展（Authentication Header，AH）到 IPv4 和 IPv6

的描述 2402、包加密扩展（Encapsulating Security Payload，ESP）到 IPv4 和 IPv6 的描述 2406 和 Internet 密钥交换（Internet Key Exchange，IKE）协议 2409。

IPSec 对于 IPv4 是可选使用的，对于 IPv6 是强制使用的。安全特征作为扩展报头实现，它跟在主 IP 报头后面。身份验证的扩展报头称为身份验证报头（AH 头），加密报头称为封装安全性有效载荷报头（ESP）。

IPSec 安全体系结构如图 9-7 所示。

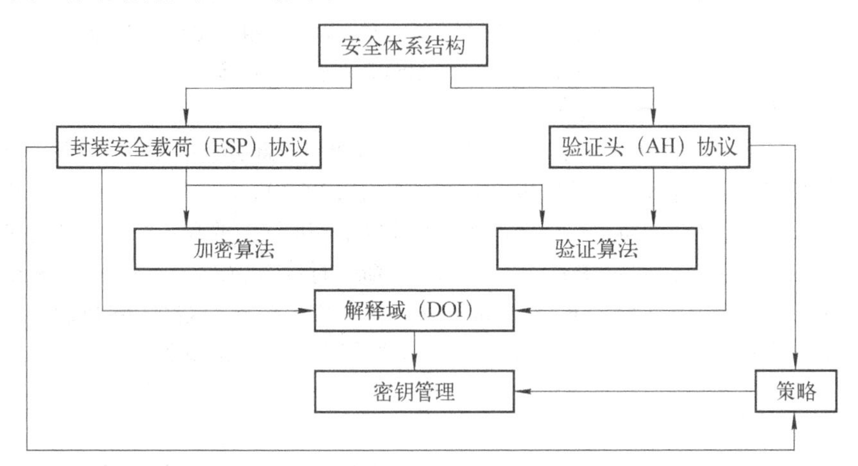


图 9-7　IPSec 安全体系结构

① 安全体系结构。包含了一般的概念、安全需求、定义和定义 IPSec 的技术机制。

② 封装安全载荷。覆盖了为了包加密（可选身份验证）与 ESP 的使用相关的包格式和常规问题。

③ 验证头。包含使用 AH 进行包身份验证相关的包格式和一般问题。

④ 加密算法。描述各种加密算法如何用于 ESP 中。

⑤ 验证算法。描述各种身份验证算法如何用于 AH 中和 ESP 身份验证选项。

⑥ 密钥管理。密钥管理的一组方案，其中 IKE 是默认的密钥自动交换协议，IKE 适合为任何一种协议协商密钥，并不仅限于 IPSec 的密钥协商，协商的结果通过解释域（IPSec DOI）转化为 IPSec 所需的参数。

⑦ 解释域。彼此相关各部分的标识符及运作参数。

⑧ 策略。决定两个实体之间能否通信，以及如何进行通信。策略的核心由三部分组成：安全关联 SA、安全关联数据库 SAD、安全策略数据库 SPD。SA 表示了策略实施的具体细节，包括源/目的地址、应用协议、SPI（安全策略索引）、所用算法/密钥/长度；SAD 为进入和外出包处理维持一个活动的 SA 列表；SPD 决定了整个系统的安全需求。策略部分是唯一尚未成为标准的组件。

IPSec 协议（包括 AH 和 ESP）既可用来保护一个完整的 IP 载荷，亦可用来保护某个 IP 载荷的上层协议。这两方面的保护分别是由 IPSec 两种不同的模式来提供的。其中，传送模式用来保护上层协议；而通道模式（隧道模式）用来保护整个 IP 数据报。两种 IPSec 协议（AH 和 ESP）均能同时以传送模式或通道模式工作，如图 9-8 所示。

| IP头 | TCP头 | 数据 | | |
|---|---|---|---|---|
| IP头 | IPsec头 | TCP头 | 数据 | |
| 新IP头 | IPsec头 | IP头 | TCP头 | 数据 |

图 9-8　传送模式与通道模式保护的数据包

传送模式：在 IPv4 中，传输模式的 IPSec 头插入到 IP 报头之后、高层传输协议（如 TCP、UDP）之前。在 IPv6 中，该模式的 IPSec 头出现在 IP 头及 IP 扩展头之后、高层传输协议之前。

通道模式。要保护的整个 IP 包都需封装到另一个 IP 数据报中，同时在外部与内部 IP 头之间插入一个 IPSec 头。外部 IP 头指明进行 IPSec 处理的目的地址，内部 IP 头指明最终的目的地址。若构成一个安全联盟的两个终端中至少有一个是安全网关（而不再是主机），则这个安全联盟就必须采用隧道模式。在隧道模式下，IPSec 报文要进行分段和重组操作，并且可能要再经过多个安全网关才能到达安全网关后面的目的主机。

为正确封装及提取 IPSec 数据包，有必要采取一套专门的方案，将安全服务/密钥与要保护的通信数据联系到一起；同时要将远程通信实体与要交换密钥的 IPSec 数据传输联系到一起。换言之，要解决如何保护通信数据、保护什么样的通信数据以及由谁来实行保护的问题。这样的构建方案称为安全关联（Security Association，SA）。

SA 是两个应用 IPsec 实体（主机、路由器）间的一个单向逻辑连接，决定保护什么、如何保护以及谁来保护通信数据。它规定了用来保护数据包安全的 IPsec 协议、转换方式、密钥以及密钥的有效存在时间等。SA 是单向的，要么对数据包进行“进入”保护，要么进行“外出”保护。具体采用什么方式，由三方面的因素决定：第一个是安全参数索引（SPI），该索引存在于 IPSec 协议头内；第二个是 IPSec 协议值；第三个是要向其应用 SA 的目标地址。通常，SA 是以成对的形式存在的，每个朝一个方向。既可人工创建它，亦可采用动态创建方式。SA 驻留在安全关联数据库（SAD）内。

SA 提供的安全服务取决于所选的安全协议（AH 或 ESP）、SA 模式、SA 作用的两端点和安全协议所要求的服务。

# 9.4　防火墙技术

“防火墙（Firewall）”这一名词可以追溯到古代，古人在建造木制结构房屋时为防止火灾的发生和蔓延，将坚固的石块堆砌在房屋周围作为屏障，这种防护构筑物就称为防火墙。在网络环境中，防火墙则是内部网络的现代数字化版的安全措施，它要求所有进入内部网络的数据都要通过检查后，才能进入内部网络。用专业术语来说，防火墙是一种高级访问控制设备，位于两个（或多个）网络之间，是不同网络安全域之间的通信流的唯一通道，执行网络间安全控制和策略的一组组件的集合，它可以是软件，也可以是硬件，或两者并用。防火墙本身具有自我免疫的能力，能够抵制各种攻击，同时防火墙还应具有完善的日志/报警/监控功能，以及良好的用户接口。

防火墙是目前最为流行也是使用最为广泛的网络安全技术之一。在构建环境中，防火墙作为网络安全的第一道防线，越来越受到用户的关注。防火墙的主要作用是选择性地允许或拒绝进出网络的数据流量，为企业提供必要的访问控制。

通常，内部网络被认为是安全的、可信赖的，被称为受信网络（Trusted Network）；而外部网络(通常是Internet)被认为是不安全和不可信赖的，称为不受信网络(Untrusted Network)。防火墙则是内部网和外部网之间数据传输的必经通道，其位置如图9-9所示。

防火墙通过边界控制强化内部网络的安全政策，有效地控制内部网络与外部网络之间的访问及数据传输,从而达到保护内部网络的信息不受外部非授权用户的访问和对不良信息的过滤。这包括两个方面的含义：一是允许，允许被授权的合法数据，即符合安全策略的数据通过防火墙；另一方面是阻止，就是阻止那些未经授权的通信进出被保护的内部网络（从外部网络到内部网络来，或反过来）。

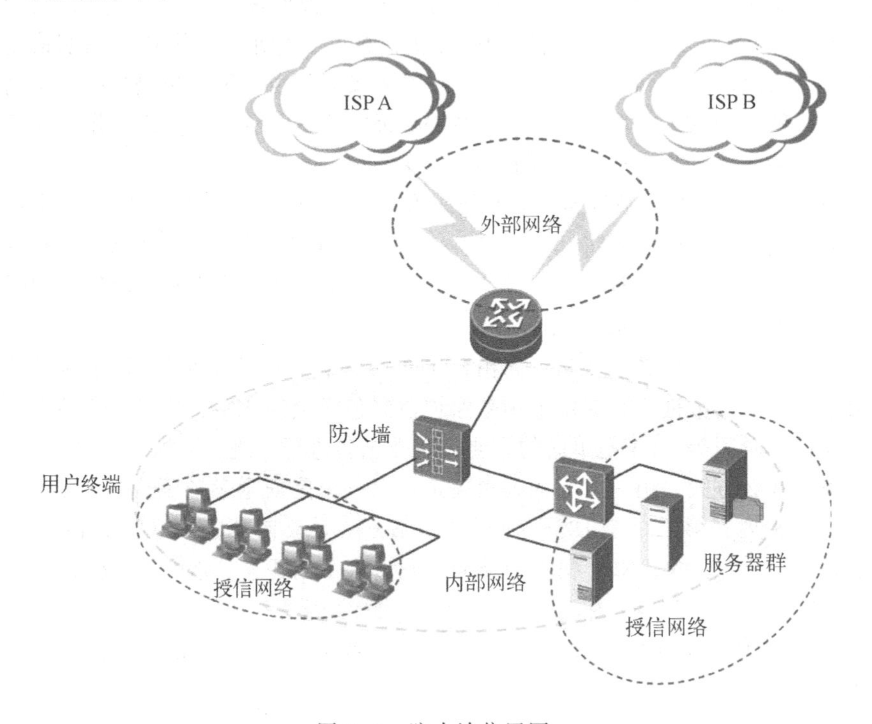


图9-9　防火墙位置图

## 9.4.1　防火墙的设计策略

计算机网络的脆弱性和潜在面临的重重安全威胁，使人们必须采取强有力的安全策略才能保障网络的安全性。不同的机构安全方面的要求不同，安全策略的侧重点也有所不同。如有的机构允许从内部网点访问Internet而禁止外部网络访问其内部。实现一个公司的安全策略，研制和开发一个有效的防火墙，首先要设计和制订一个有效的安全策略。

总的说来，机构的安全策略主要包括物理安全策略、访问控制策略、信息加密策略、网络安全管理策略等几个方面。其中最为重要的是网络访问控制策略，它用来保证网络资源不被非法使用和非法访问，主要是定义哪些用户能够登录到服务器并获取网络资源，授权用户可以访问网络资源的权限，允许或禁止的服务。它也是维护网络系统安全、保护网络资源的重要手段。各种安全策略必须相互配合才能真正起到保护作用，但访问控制可以说是保证网络安全最重要的核心策略之一。

Internet 防火墙是机构总体安全策略的一部分，在设计防火墙之前，必须先了解这种防火墙的性能以及缺点，以及 TCP/IP 哪些服务易受攻击和危险。总的来说，防火墙技术是目前用来实现网络安全措施的一种主要手段。它主要用来拒绝未经授权的用户访问，阻止未经授权的用户存取敏感数据，同时允许合法用户不受妨碍地使用网络资源。

防火墙一般执行以下两种基本设计策略中的一种：

① 除非明确不允许，否则允许某种服务。

② 除非明确允许，否则将禁止某种服务。

第一种是实施一种宽松的策略，执行第一种策略的防火墙在默认情况下准许所有的服务。这种策略是不可取的，因为它将易使用这个特点放在了安全性的前面，所以存在的风险较大。当受保护网络的规模增大时，很难保证网络的安全。因为攻击者可以访问没有被策略所说明（禁止）的服务。例如，用户可以在没有被策略特别设计的非标准的 TCP/IP 端口上执行被禁止的服务。

第二种实施的是一种限制性的策略，认为“我们所不知道的都会伤害我们”的观点，所以更加严格更加安全，但它更难于执行，并对用户的约束也存在重复。这种情况下能穿透防火墙的服务，无论在数量上还是类型上，都受到很大的限制。

总的说来，常用的防火墙必须满足下面的设计策略：

① 防火墙设计的策略应遵循安全防范的基本原则——“除非明确允许，否则就禁止”。

② 防火墙本身支持安全策略，而不是添上去的。

③ 如果组织机构的安全策略发生变化，可以加入新的服务。

④ 如果需要，可运行过滤技术和禁止服务。

⑤ 可以使用 FTP 和 Telnet 等服务代理，以便先进的认证手段可以安装和运行在防火墙上。

⑥ 拥有界面友好、易于编程的 IP 过滤语言，并可根据数据包的性质进行包过滤。数据包的性质包括目标和源 IP、协议类型、源和目的 TCP/UDP 端口、TCP 包的 ACK 位、出站和入站网络接口等。

总之，防火墙是否适合内部网的要求，取决于公司或机构安全性和灵活性的要求，所以在实施防火墙之前，考虑策略是至关重要的。否则会导致防火墙不能达到要求，或对应用不方便。

传统意义上的防火墙技术分为三大类：包过滤（Packet Filtering）、应用代理（Application Proxy）和状态监视（Stateful Inspection）。简单的一个包过滤路由器或应用级网关、应用代理都可以作为防火墙使用。目前越来越多的防火墙技术混合使用这些技术，以获得最大的安全性和系统性能。下面将分别介绍不同核心技术防火墙的工作原理及其优缺点。

应用层（代理）防火墙工作在应用层，表示层或者连接层。状态检测包过滤防火墙工作在传输层和网络层，除了进行数据包安全规则匹配和过滤外，提供对于数据连接的状态检测，这是目前主流的防火墙技术（Stateful Packet Filtering，SPF）。

### 9.4.2　包过滤技术

包过滤技术（IP Filtering or Packet Filtering）又称分组过滤，是最早使用的一种防火墙技术，其原理在于监视并过滤网络上进出的 IP 包，拒绝发送可疑的包。包过滤操作可以在路由器（屏蔽路由器，又称包过滤路由器）上进行，也可以在其他网络设备上实现，如网桥、甚至一台单独的主机。包过滤操作通常在选择路由的同时对数据包进行过滤（由于认为内部网是可信赖的，通常是对从互联网络到内部网络的包进行过滤）。包过滤路由器是一个多端口的 IP 路由器，它除了像普通路由器一样决定 IP 数据包是否能到达目标地址的路径外，还要通过一组策略进行检查决定是否应该发送该数据包。数据包过滤技术是在网络中的适当位置对数据包实施有选择的通过的技术。

包过滤技术的发展出现了两种不同版本，第一代是静态包过滤（Static Packet Filtering），又称简单包过滤技术，第二代是动态包过滤技术（Dynamic Packet Filter）。

1. 简单包过滤

使用包过滤技术的防火墙通常工作在 OSI 模型中的网络层上，路由器逐一审查数据包以判定它是否与其他包过滤规则相匹配。过滤规则以数据包的 IP 和 TCP 或 UDP 头信息为基础，不考虑其数据部分。过滤路由器根据从包头取得的信息，如果找到一个匹配，且规则为“允许”时，这个包则根据路由表中的信息进行转发。一旦发现某个包的某个或多个部分与过滤规则匹配并且条件为“阻止”时，这个包就会被丢弃。如果无匹配规则，则根据用户配置的默认参数来决定是转发还是丢弃。

防火墙接收到信息之后，对于简单包过滤防火墙，它只处理 IP 和 TCP 的报头信息。包过滤规则只有两个功能，即允许和阻止，如果检查数据包所有的条件：都符合规则，允许功能就进行转发；如果检查到数据包条件不符合规则，阻止功能将会丢弃所有的包。如果信息通过了安全策略检查，则将通过另外一个接口转发给接收方。

接收方网卡接收到信息后，其处理正好与封装过程相反，它的工作是解包。即在另一边，为了获取数据就自下而上依次把包头剥离。

从管理角度来看，过滤规则对于简单包过滤型防火墙非常重要。但是普通计算机用户多数都不了解网络协议，不能很快地修改过滤规则。如果防火墙公司定期提供过滤规则的网络升级的话，又不能解决与专业用户修改后过滤规则的冲突问题。

2. 动态包过滤

人们对静态包过滤技术进行了改进，提出了动态包过滤技术（Dynamic Packet Filter，DPF），它在保持着原有静态包过滤技术的基础之上，通过建立连接状态表，还会动态地检查每一个有效连接的状态。

当动态包过滤防火墙接收到一个数据包后，在传统包过滤的基础上增加了对数据包的状态判断。即除了检查包头信息外，还能根据连接状态信息动态的建立和维持连接状态表，并将连接状态表用于后序报文的访问控制过程中。一个数据包的意图如果不是建立连接，同时又不属于任何已经建立的连接，那么这个数据包直接就被丢弃或者拒绝。它还监视每一个有效连接的状态，并把当前数据包及其状态信息与前一时刻的数据包及状态信息进行比较，即经过一系列严密的算法分析，根据分析结果实施相应的操作，如允许数据包通过、拒绝通过、认证连接、加密数据等，这样就大大增加了安全性。

与简单包过滤防火墙相比，动态包过滤防火墙提高了效率。因为一旦建立起连接状态表后，对于同一个连接的后序报文不需要匹配一条条的过滤规则，而直接根据连接状态表来进行转发。

动态包过滤技术对于包处理的规则是动态的，对每一个连接都进行跟踪，并且根据需要可动态地在过滤规则中增加或更新条目。虽然它加强了对网络层的保护，但对应用层的保护仍很弱。

总的说来，包过滤方式有许多优点，而其主要优点之一是仅用一个放置在战略要位上的包

过滤路由器就可保护整个网络，减少暴露的风险。如果站点与因特网间只有一台路由器，那么不管站点规模有多大，只要在这台路由器上设定合适的包过滤，站点就可以获得很好的网络安全保护；其次，包过滤不需要用户软件的支撑，也不要求对客户机做特别的设置，对用户完全透明，因此不需要对用户做任何培训；最后，包过滤产品比较容易获得，在市场上有许多硬件和软件的路由器产品，不管是商业产品还是从网上免费下载的产品都提供了包过滤功能，因此不需要专门添加设备。

尽管包过滤系统有许多优点，但是它仍有缺点和局限性：它得以正常工作的一切依据都在于过滤规则的实施，但是不能满足建立精细规则的要求（规则数量和防火墙性能成反比），而且它只能工作于网络层和传输层，包过滤仅可以检测包头信息中的有限信息，并不能判断高级协议中的数据是否有害；同时包过滤规则的配置比较困难，即使配置好了，也难于检验；最后包过滤是提供无状态信息或者有限的状态信息，所以其审计、日志功能都较差。但是由于它廉价、容易实现，所以它（主要是动态包过滤）依然应用于各种领域。

### 9.4.3　代理服务技术

由于包过滤技术无法提供完善的数据保护措施，而且一些特殊的报文攻击仅仅使用过滤的方法并不能消除危害（如 SYN 攻击、ICMP 洪水等），因此人们需要一种更全面的防火墙保护技术，在这样的需求背景下，采用应用代理（Application Proxy）技术的防火墙诞生。

代理防火墙有两种基本类型：应用层网关（Application Gateway）和电路级网关。这种防火墙通过一种代理（Proxy）技术参与到一个 TCP 连接的全过程，访问者任何时候都不能与服务器建立直接的 TCP 连接。从内部发出的数据包经过这样的防火墙处理后，就好像是源于防火墙外部网卡一样，从而可以达到隐藏内部网结构的作用。这种类型的防火墙比包过滤型防火墙更安全。它的核心技术就是代理服务器技术。

“代理”这个概念对于应用代理防火墙是非常重要的。代理服务是运行在防火墙主机上的一些特定的应用程序或者服务器程序，它是基于软件的，和过滤数据包的防火墙、以路由器为基础的防火墙的工作方式稍有不同。代理是一种进程，其任务是把客户端的 IP 地址替换成其他暂时的地址。这种执行对于互联网来说有效地隐藏了真正的网络 IP 地址，因此保护了整个网络。它包含了三大主要的功能：数据获取、数据转化和数据通信。

代理服务器是网络信息的中转站，位于客户端和服务器之间。代理服务器必须完成以下功能：

① 能够接收和解释客户端的请求。

② 能够创建到服务器的新连接。

③ 能够接收服务器发来的响应。

④ 能够发出或解释服务器的响应并将该响应传回给客户端。

比方说 HTTP 代理服务器。浏览器不是直接到 Web 服务器去取回网页而是向代理服务器发出请求，Request 信号会先送到代理服务器，由代理服务器来取回浏览器所需要的信息并传送回来。而且大部分代理服务器都具有缓冲功能，它不断将新取得的数据包存到本机的存储器上，如果浏览器所请求的数据在本机的存储器上已经存在而且是最新的，那么它就不重新从 Web 服务器取数据，而直接将存储器上的数据传送给用户的浏览器，这样就能显著提高浏览速度和效率。

代理服务技术具有通过网络地址转换以访问外部网络，达到节约了 IP 地址开销的优点，但是，对于在 TCP/UDP 报文中存在源 IP 地址的应用情况下，仅仅更改 IP 地址头部的源 IP 地址是不够的，还必须了解应用层协议的数据报报文，进行应用层协议数据报中相关地址的转换。同时人们还发现如果将代理技术和防火墙技术结合起来，在代理服务器上就很容易实现防火墙的安全控制功能，这就发展成了应用代理（Application Proxy）。它是运行在防火墙上的一种服务器程序，防火墙主机可以是一个具有两个网络接口的双重宿主主机，也可以是一个堡垒主机。代理服务器被放置在内部服务器和外部服务器之间，用于转接内外主机之间的通信，它可以根据安全策略来决定是否为用户进行代理服务。

### 9.4.4 状态监视技术

状态监视技术是继包过滤技术和应用代理技术后发展的防火墙技术，它是 CheckPoint 技术公司在基于包过滤原理的动态包过滤技术发展而来的，与之类似的有其他厂商联合发展的深度包检测（Deep Packet Inspection）技术。

状态监视（Stateful Inspection）技术结合了包过滤技术和应用代理技术，它保留了包过滤和应用代理技术防火墙的全部特点。因为用户级别的应用如 FTP 或网络浏览都将创建复杂的网络通信方式，因此在不影响网络安全正常工作的前提下采用抽取相关数据的方法对网络通信的各个层次实行监测，从而增加了对会话的保护，是十分必要的。图 9-10 展示了状态监视技术的工作过程。

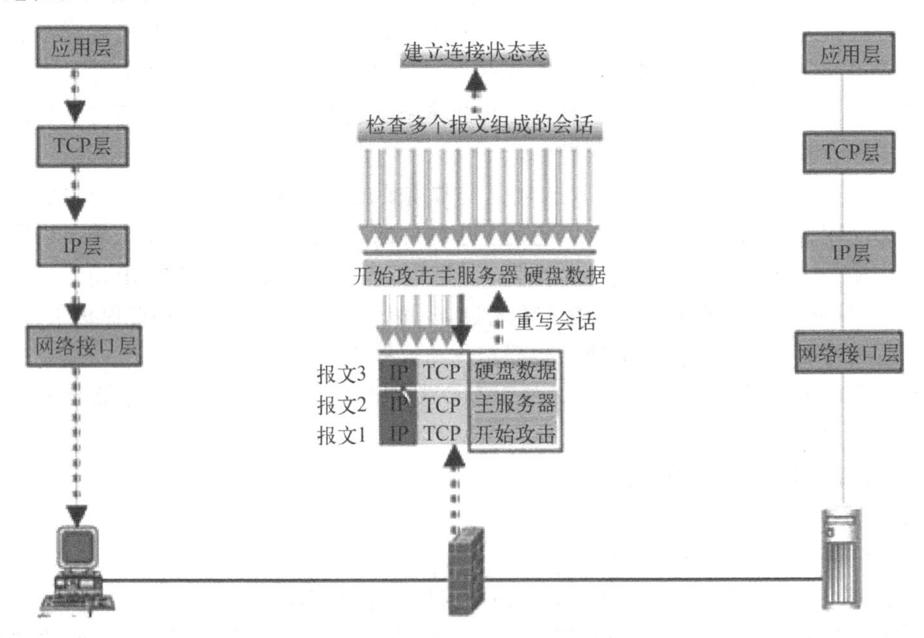


图 9-10　状态监视防火墙工作过程

假如客户端要发送的数据量很大，交给应用层时会被拆成多个报文向下转发，假定交给防火墙的是三个报文，防火墙接到每个报文后，先采用包过滤策略，检测数据包的头部，对数据的协议、源目的地址、源目的端口和类型等信息进行分析；然后采用应用代理策略，检测数据部分，从而实现对每个数据包的内容进行监视；同时，在每个连接建立时，防火墙会为这个连接构造一个会话状态，里面包含了这个连接数据包的所有信息，以后这个连接都基于这个状态

信息进行，一旦建立了一个会话状态，则此后的数据传输都要以此会话状态作为依据，状态监视模块会对这三个数据报进行模拟、重组成会话的形式来进行理解和处理，然后根据会话策略选择对报文的操作（包括转发、丢弃、鉴定或给通信加密等）。一旦某个访问违反安全规定，安全报警就会拒绝该访问，并做记录。

状态监视防火墙在网络层、应用层以及会话上的保护都大大增强。由于它将上下文和前后文都可以进行关联，合成一个会话来进行理解和处理，因此它可以提供更安全、更细致的访问控制，同时也可以输出生成日志，把日志信息输出得更加详细。

基于状态监视技术的防火墙有强大功能，但由于状态检测防火墙毕竟是工作在网络层和传输层的，所以它仍然有一些不能解决的问题需要在应用层进行解决，比如对于动态分配端口的 RPC 就必须做特殊处理；另外它也不能过滤掉应用层中特定的内容，比如对于 HTTP 内容，它要么允许进，要么允许出，而不能对 HTTP 内容进行过滤，这样就不能控制用户访问的 Web 内容，也不能过滤掉外部进入内网的恶意 HTTP 内容。

## 9.5　入侵检测技术

入侵检测（Intrusion Detection）是对入侵行为的检测。它通过收集和分析网络行为、安全日志、审计数据、其他网络上可以获得的信息以及计算机系统中若干关键点的信息，检查网络或系统中是否存在违反安全策略的行为和被攻击的迹象。入侵检测作为一种积极主动的安全防护技术，提供了对内部攻击、外部攻击和误操作的实时保护，在网络系统受到危害之前拦截和响应入侵。因此，它是防火墙的合理补充，被认为是防火墙之后的第二道安全防线。

### 9.5.1　入侵检测的概念

入侵检测就是通过从计算机网络或计算机系统中若干关键点收集信息并对其进行分析，从中发现网络或系统中是否有违反安全策略的行为和遭到攻击的迹象，同时做出响应。

入侵检测通过执行以下任务来实现：监视、分析用户及系统活动；系统构造和弱点的审计；识别反映已知进攻的活动模式并向相关人士报警；异常行为模式的统计分析；评估重要系统和数据文件的完整性；操作系统的审计跟踪管理，并识别用户违反安全策略的行为。入侵检测是防火墙的合理补充，帮助系统对付网络攻击，扩展了系统管理员的安全管理能力（包括安全审计、监视、进攻识别和响应），提高了信息安全基础结构的完整性。它从计算机网络系统中的若干关键点收集信息，并分析这些信息，检查网络中是否有违反安全策略的行为和遭到袭击的迹象。

从入侵检测的定义可以看出，入侵检测的一般过程是：信息收集、数据的检测分析、根据安全策略做出响应，如图 9-11 所示。

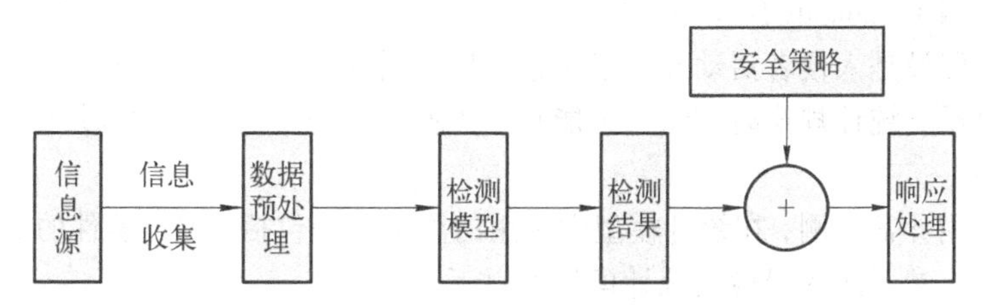


图 9-11　入侵检测的一般过程

**1. 入侵信息的收集**

入侵检测的第一步是信息收集，收集的内容包括系统、网络、数据及用户活动的状态和行为。通常需要在计算机网络系统中的若干不同关键点（不同网段和不同主机）收集信息，这除了尽可能扩大检测范围的因素外，还有一个重要的因素就是从一个信源来的信息有可能看不出疑点，但从几个信源来的信息的不一致性却是可疑行为或入侵的最好标识。

入侵检测很大程度上依赖于收集信息的可靠性和正确性，因此，有必要利用真正的和精确的软件来报告这些信息。因为入侵者经常替换软件修改这些信息，例如，替换被程序调用的子程序、库和其他工具。入侵者对系统的修改可能使系统功能失常而看起来跟正常的一样。这需要保证用来检测网络系统的软件的完整性，特别是入侵检测系统软件本身应具有相当强的坚固性，防止被篡改而收集到错误的信息。

入侵检测利用的信息一般来自以下四个方面：系统和网络日志、目录和文件中的不期望的改变、程序执行中的不期望行为以及物理形式的入侵信息。

**2. 数据的检测分析**

对上述四类收集到的有关系统、网络、数据及用户活动的状态和行为等信息，一般通过三种技术手段进行分析：模式匹配、统计分析和完整性分析。其中前两种方法用于实时的入侵检测，而完整性分析则用于事后分析。

**3. 根据安全策略做出响应**

根据安全策略做出响应，响应方式可分为主动响应和被动响应。

被动响应型系统只会发出告警通知，将发生的不正常情况报告给管理员，本身并不试图降低所造成的破坏，更不会主动地对攻击者采取反击行动。

主动响应系统可分为对被攻击系统实施控制和对攻击系统实施控制两种系统。

对被攻击系统实施控制（防护），它通过调整被攻击系统的状态，阻止或减轻攻击影响，例如，断开网络连接、增加安全日志、杀死可疑进程等。

对攻击系统实施控制（反击），这种系统多被军方所重视和采用。

目前，主动响应系统比较少，即使做出主动响应，一般也都是断开可疑攻击的网络连接，或是阻塞可疑的系统调用，若失败，则终止该进程。但由于系统暴露于拒绝服务攻击下，这种防御一般也难以实施。

## 9.5.2 入侵检测的分类

**1. 根据检测技术分类**

从入侵检测的过程看出，数据分析是入侵检测系统的核心，是关系到检测入侵行为的关键所在，因而根据分析技术的分类可分为异常检测和特征检测。

（1）异常检测（Anomaly Detection）

异常检测的假设是入侵者活动异常于正常主体的活动，建立正常活动的“活动简报”，当前主体的活动违反其统计规律时，认为可能是“入侵”行为。通过检测系统的行为或使用情况的变化来完成。

统计模型常用异常检测，在统计模型中常用的测量参数包括：审计事件的数量、间隔时间、资源消耗情况等。常用的入侵检测统计模型为以下五种：

① 操作模型。该模型假设异常可通过测量结果与一些固定指标相比较得到，固定指标可

以根据经验值或一段时间内的统计平均得到，例如，在短时间内的多次失败登录很有可能是口令尝试攻击。

② 方差。计算参数的方差，设定其置信区间，当测量值超过置信区间的范围时表明有可能是异常。

③ 多元模型。操作模型的扩展，通过同时分析多个参数实现检测。

④ 马尔柯夫过程模型。将每种类型的事件定义为系统状态，用状态转移矩阵来表示状态的变化，当一个事件发生时，或状态矩阵该转移的概率较小则可能是异常事件。

⑤ 时间序列分析。将事件计数与资源耗用根据时间排成序列，如果一个新事件在该时间发生的概率较低，则该事件可能是入侵。

这种入侵检测方法是基于对用户历史行为建模以及在早期的证据或模型的基础上，审计系统实时的检测用户对系统的使用情况，根据系统内部保存的用户行为概率统计模型进行检测，当发现有可疑的用户行为发生时，保持跟踪并监测、记录该用户的行为。系统要根据每个用户以前的历史行为，生成每个用户的历史行为记录库，当用户改变他们的行为习惯时，这种异常就会被检测出来。

统计方法的最大优点是它可以“学习”用户的使用习惯，从而具有较高检出率与可用性。但是它的学习能力也给入侵者以机会通过逐步训练使入侵事件符合正常操作的统计规律，从而透过入侵检测系统。

（2）特征检测（Signature-based Detection）

特征检测又称误用检测（Misuse Detection），特征检测假设入侵者活动可以用一种模式来表示，然后将观察对象与之进行比较，判别是否符合这些模式。特征检测对已知的攻击或入侵的方式做出确定性的描述，形成相应的事件模式。当被审计的事件与已知的入侵事件模式相匹配时，即报警。原理上与专家系统相仿，其检测方法上与计算机病毒的检测方式类似。目前基于对包特征描述的模式匹配应用较为广泛。该方法预报检测的准确率较高，但对于无经验知识的入侵与攻击行为无能为力。

（3）专家系统

用专家系统对入侵进行检测，经常是针对有特征入侵行为。所谓的规则，即是知识，不同的系统与设置具有不同的规则，且规则之间往往无通用性。专家系统的建立依赖于知识库的完备性，知识库的完备性又取决于审计记录的完备性与实时性。入侵的特征抽取与表达，是入侵检测专家系统的关键。在系统实现中，将有关入侵的知识转化为 if-then 结构（也可以是复合结构），if 部分为入侵特征，then 部分是系统防范措施。运用专家系统防范有特征入侵行为的有效性完全取决于专家系统知识库的完备性。

该技术根据安全专家对可疑行为的分析经验形成一套推理规则，然后在此基础上建立相应的专家系统，由此专家系统自动进行对所涉及入侵行为的分析工作。该系统应当能够随着经验的积累而利用其自学习能力进行规则的扩充和修正。

**2. 根据数据来源分类**

从入侵检测的过程可知，入侵检测中数据的来源是非常关键的。来源数据要根据其监测的对象是主机还是网络分为基于主机的入侵检测系统和基于网络的入侵检测系统。

（1）基于主机的入侵检测系统（HIDS）

通过监视与分析主机的审计记录检测入侵。能否及时采集到审计是这些系统的弱点之一，入侵者会将主机审计子系统作为攻击目标以避开入侵检测系统。基于主机的入侵检测系统通常以系统日志、应用程序日志等审计记录文件作为数据源。它是通过比较这些审计记录文件的记录与攻击签名以发现它们是否匹配。如果匹配，检测系统就会向系统管理员发出入侵报警并采取相应的行动。基于主机的 IDS 可以精确地判断入侵事件，并可对入侵事件做出立即反应。它还可针对不同操作系统的特点判断出应用层的入侵事件。

由于审计数据是收集系统用户行为信息的主要方法，因而必须保证系统的审计数据不被修改。但是，当系统遭到攻击时，这些数据很可能被修改。这就要求基于主机的入侵检测系统必须满足一个重要的实时性条件：检测系统必须在攻击者完全控制系统并能更改审计数据之前完成对审计数据的分析、产生报警并采取相应的措施。

早期的入侵检测系统大多都是基于主机的 IDS，作为入侵检测系统的一大重要类型，它具有明显的优点：

① 能够确定攻击是否成功。

② 非常适合于加密和交换环境。

③ 近实时的检测和响应。

④ 不需要额外的硬件。

⑤ 可监视特定的系统行为。

但也存在一些不足：会占用主机的系统资源，增加系统负荷，并且针对不同的操作系统必须开发出不同的应用程序，另外，所需配置的 IDS 数量众多。

（2）基于网络的入侵检测系统（NIDS）

基于网络的入侵检测系统通过在共享网段上对通信数据的侦听采集数据，分析可疑现象。这类系统不需要主机提供严格的审计，对主机资源消耗少，并可以提供对网络通用的保护而无须顾及异构主机的不同架构。

基于网络的入侵检测系统以原始的网络数据包为数据源。它是利用网络适配器来实时地监视并分析通过网络进行传输的所有通信业务，其攻击识别模块在进行攻击签名识别时常用的技术有模式、表达式或字节码匹配、频率或阈值比较、次要事件的相关性处理、统计学意义上的非常规现象检测、异常统计检测等。

一旦检测到攻击，IDS 的响应模块通过通知、报警以及中断连接等方式来对攻击行为做出反应。作为入侵检测发展史上的一个里程碑，基于网络的 IDS 使网络迅速发展，攻击手段日趋复杂的新的历史条件下的产物，它以其独特的技术手段在入侵检测中扮演着不可或缺的角色。较之基于主机的 IDS，它有着以下明显优势：

① 攻击者转移证据更困难。

② 实时检测和应答。

③ 能够检测到未成功的攻击企图。

④ 操作系统无关性。

⑤ 较低成本。

但也存在一定的不足：只能监视通过本网段的活动，并且精确度较差；在交换网络环境中难于配置；防欺骗的能力比较差，对于加密环境无能为力。

（3）分布式入侵检测系统

目前这种技术在 ISS 的 Real Secure 等产品中已经有了应用。它检测的数据也是来源于网络

中的数据包，不同的是，它采用分布式检测、集中管理的方法。即在每个网段安装一个黑匣子，该黑匣子相当于基于网络的入侵检测系统，只是没有用户操作界面。黑匣子用来监测其所在网段上的数据流，它根据集中安全管理中心制订的安全策略、响应规则等来分析检测网络数据，同时向集中安全管理中心发回安全事件信息。集中安全管理中心是整个分布式入侵检测系统面向用户的界面。它的特点是对数据保护的范围比较大，但对网络流量有一定的影响。

从上述基于主机的 IDS 和基于网络的 IDS 的分析中，我们可以看出：这两者各自都有着自身独到的优势，而且在某些方面是很好的互补。一种融合以上两种技术的检测方法应运而生，这种入侵检测技术不仅可以利用模型推理的方法针对用户的行为进行判断，而且同时运用了统计方法建立用户的行为统计模型，监控用户的异常行为。

当前混合入侵检测系统的整体结构多为分级的多层次结构，这是一种自顶向下的树状结构，由控制结点、数据聚合结点和数据搜集结点组成。位于树顶层的是控制结点，负责控制整个系统以及提供接口与外界通信；处在中间层的是数据聚合结点，它接受来自上层的命令后对下层进行控制，分析来自下层的数据流并进行缩减后递交到上层；而底层的叶结点负责数据搜集功能，它既可以是网络中的某台主机，也可以是网络中的某个数据采集器。

这种系统架构的优点是显而易见的：它能很好地处理基于滥用和基于异常的入侵检测模型，从而保护网络的安全；并且能适应网络通信大小的需要，很方便地随时进行扩充和缩减，从而达到它所监控的网络环境的最优化。

### 9.5.3　通用入侵检测框架

通用入侵检测框架（Common Intrusion Detection Framework，CIDF）所做的工作主要包括四部分：体系结构、通信机制、描述语言和应用编程接口 API。

#### 1. CIDF 的体系结构

CIDF 在 IDES 和 NIDES 的基础上提出了一个通用模型，将入侵检测系统分为事件产生器、事件分析器、响应单元和事件数据库四个基本组件。

在这个模型中，事件产生器、事件分析器和响应单元通常以应用程序的形式出现，而事件数据库则往往是文件或数据流的形式，很多 IDS 厂商都以数据收集部分、数据分析部分和控制台部分三个术语来分别代替事件产生器、事件分析器和响应单元。

CIDF 将 IDS 需要分析的数据统称为事件，它可以是网络中的数据包，也可以是从系统日志或其他途径得到的信息。

以上四个组件只是逻辑实体，一个组件可能是某台计算机上的一个进程甚至线程，也可能是多个计算机上的多个进程，它们以 GIDO（Generalized Intrusion Detection Objects，统一入侵检测对象）格式进行数据交换。GIDO 是对事件进行编码的标准通用格式，由 CIDF 描述语言 CISL（Common Intrusion Specification Language，通用入侵规范语言）定义，它可以是发生在系统中的审计事件，也可以是对审计事件的分析结果。

（1）事件产生器

事件产生器的任务是从入侵检测系统之外的计算环境中收集事件，并将这些事件转换成 CIDF 的 GIDO 格式传送给其他组件。例如，事件产生器可以是读取 C2 级审计踪迹并将其转换为 GIDO 格式的过滤器，也可以是被动地监视网络并根据网络数据流产生事件的另一种过滤器，还可以是 SQL 数据库中产生描述事务的事件的应用代码。

（2）事件分析器

事件分析器可以是一个轮廓描述工具，统计性地检查现在的事件是否可能与以前某个事件来自同一个时间序列；也可以是一个特征检测工具，用于在一个事件序列中检查是否有已知的滥用攻击特征；此外，事件分析器还可以是一个相关器，观察事件之间的关系，将有联系的事件放到一起，以利于以后的进一步分析。

（3）事件数据库

事件数据库用来存储事件分析器产生的事件，以备系统需要时使用。响应单元处理收到的GIDO，并据此采取相应的措施，如杀死相关进程、将连接复位、修改文件权限等。

由于 CIDF 有一个标准格式 GIDO，所以这些组件也适用于其他环境，只需要将典型的环境特征转换成 GIDO 格式，这样就提高了组件之间的消息共享和互通。

**2. CIDF 的通信机制**

为了保证各个组件之间安全、高效的通信，CIDF 将通信机制构造成一个三层模型：GIDO 层、消息层和协商传输层。

要实现有目的的通信，各组件就必须能正确理解相互之间传递的各种数据的语义，GIDO 层的任务就是提高组件之间的互操作性，所以 GIDO 就如何表示各种各样的事件做了详细的定义。

消息层确保被加密认证的消息在防火墙或 NAT 等设备之间传输过程中的可靠性。消息层只负责将数据从发送方传递到接收方，而不携带任何有语义的信息；同样，GIDO 层也只考虑所传递信息的语义，而不关心这些消息怎样被传递。

单一的传输协议无法满足 CIDF 各种各样的应用需求，只有当两个特定的组件对信道使用达成一致认识时，才能进行通信。协商传输层规定 GIDO 在各个组件之间的传输机制。

CIDF 的通信机制主要讨论消息的封装和传递，主要分为 4 个方面。

（1）配对服务

配对服务采用了一个大型目录服务 LDAP（Lightweight Directory Access Protocol，轻量级目录访问协议），每个组件都要到此目录服务进行注册，并通告其他组件它所使用或产生的 GIDO 类型。在此基础上，组件才能被归入它所属的类别中，组件之间才能互相通信。

配对服务还支持一些安全选项（如公钥证书、完整性机制等），为各个组件之间安全通信、共享信息提供了一种统一的标准机制，大大提高了组件的互操作性，降低了开发多组件入侵检测与响应系统的难度。

（2）路由

组件之间要通信时，有时需经过非透明的防火墙，发送方先将数据包传递给防火墙的关联代理，然后再由此代理将数据包转发到目的地。CIDF 采用了两种路由：源路由和绝对路由。

（3）消息层

消息层要实现的功能包括：

① 提供一个开放的体系结构。

② 使消息独立于操作系统、编程语言和网络协议。

③ 简化向 CIDF 中增添新组件的过程。

④ 支持鉴定与保密等安全需求。

⑤ 同步（封锁进程与非封锁进程）。

（4）消息层处理

消息层处理规定了消息层消息的处理方式，它包括四个规程：标准规程、可靠传输规程、保密规程和鉴定规程。

### 3. CIDF 的描述语言

CIDF 的总体目标是实现软件的复用和 IDR（入侵检测与响应）组件之间的互操作性。首先，IDR 组件基础结构必须是安全、健壮、可伸缩的，CIDF 的工作重点是定义了一种应用层的语言 CISL（公共入侵规范语言），用来描述 IDR 组件之间传送的信息，以及制订一套对这些信息进行编码的协议。CISL 可以表示 CIDF 中的各种信息，如原始事件信息（审计踪迹记录和网络数据流信息）、分析结果（系统异常和攻击特征描述）、响应提示（停止某些特定的活动或修改组件的安全参数）等。

CISL 使用了一种称为 S 表达式的通用语言构建方法，S 表达式可以对标记和数据进行简单的递归编组，即对标记加上数据，然后封装在括号内完成编组，这与 LISP 有些类似。S 表达式的最开头是语义标识符（简称为 SID），用于显示编组列表的语义。

### 4. CIDF 的 API 接口

CIDF 的 API 负责 GIDO 的编码、解码和传递，它提供的调用功能使得程序员可以在不了解编码和传递过程具体细节的情况下，以一种很简单的方式构建和传递 GIDO。

GIDO 的生成分为两个步骤：①构造表示 GIDO 的树状结构；②将此结构编成字节码。

在构造树形结构时，SID 被分为两组：一组把 S 表达式作为参数（即动词、副词、角色、连接词等），另一组把单个数据或一个数据阵列作为参数（即原子），这样就可以把一个完整的句子表示成一棵树，每个 SID 表示成一个结点，最高层的 SID 是树根。因为每个 S 表达式都包含一定的数据，所以，树的每个分支末端都有表示原子 SID 的叶子。

由于编码规则是定义好的，所以对树进行编码只是一个深度优先遍历和对各个结点依次编码的过程。在这种情况下，可以先对 V 编码，然后对 R1 子树编码，再对 R2 子树编码。如果上面的句子是一个连接句的一部分，那么，每个成分句都可以从中完好地提取出来。也就是说，如果句子事先已经编码，在插入到一个连接句时无须再进行编码。

将字节码进行解码跟上面的过程正好相反，在 SID 码的第一个字节里有一个比特位显示其需要的参数：是基本数据类型，还是 S 表达式序列。然后语法分析器再对后面的字节进行解释。CIDF 的 API 并不能根据树构建逻辑 GIDO，但提供了将树以普通 GIDO 的 S 表达式格式进行打印的功能。

CIDF 的 API 为实现者和应用开发者都提供了很多的方便，它分为两类：GIDO 编码/解码 API 和消息层 API。

# 实 训 练 习

## 实训 1　学习防火墙的设置及使用

#### 实训目的

① 掌握防火墙的设置过程与使用方法。

② 掌握个人防火墙简单规则设置方法。

**实训内容**

① 在 Windows 7 上配置最基本的防火墙功能。

② Windows 7 防火墙的简单规则设置。

**实训条件**

装有 Windows 7 系统的计算机。

**实训步骤**

① Windows 7 防火墙的开启与关闭。单击“开始”→“控制面板”→“系统和安全”→“Windows 防火墙”命令，在左边状态栏中选择“打开或关闭 Windows 防火墙”，在“家庭或工作（专用）网络位置设置”和“公用网络位置设置”中均选择“启用 Windows 防火墙”单选按钮，如图 9-12 所示。

图 9-12　启用 Windows 7 防火墙

② 启用文件和打印共享。单击“开始”→“控制面板”→“系统和安全”→“Windows 防火墙”命令，在左边状态栏中选择“允许程序或功能通过 Windows 防火墙”，在“允许的程序和功能”列表框中勾选“文件和打印机共享”复选框，如图 9-13 所示。

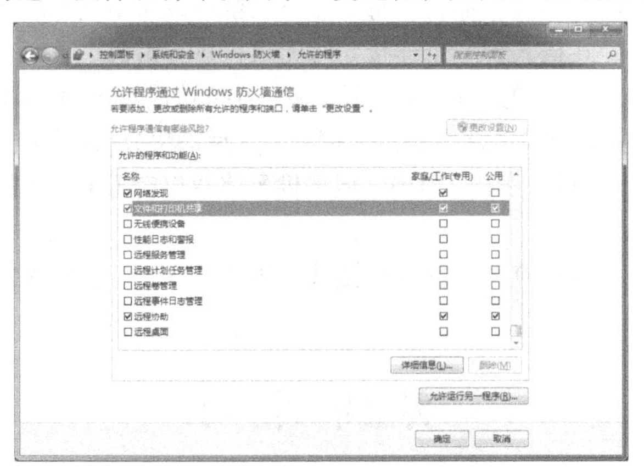


图 9-13　启用文件和打印共享

③ 添加应用程序规则允许 WinRAR 访问互联网。单击“开始”→“控制面板”→“系统和安全”→“Windows 防火墙”命令，在左边状态栏中选择“允许程序或功能通过 Windows 防火墙”，单击“允许运行另一程序”按钮，在程序列表中选择“WinRAR”复选框，单击“按钮”按钮，再单击“确定”按钮，如图 9-14 所示。

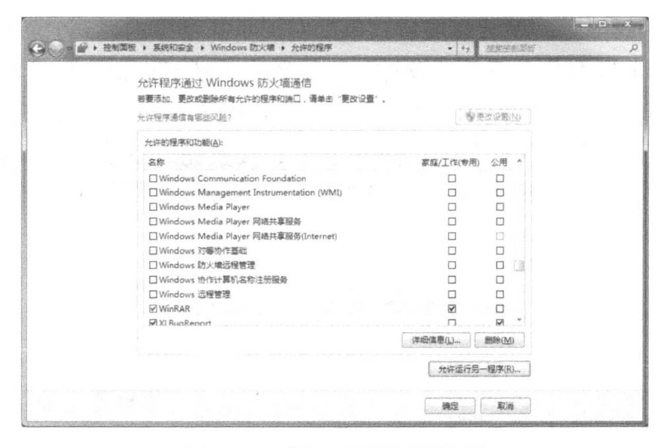


图 9-14　添加应用程序规则

**问题与思考**

① 关闭防火墙会有什么后果?

② 如何通过防火墙规则的设置来限制通过浏览器访问互联网?

## 实训 2　杀毒软件的安装与使用

**实训目的**

① 掌握常用杀毒软件的安装和配置。

② 掌握常用杀毒软件清除病毒的方法。

**实训内容**

360 杀毒软件的安装、配置与使用。

**实训条件**

装有 Windows 7 系统的计算机，能连接互联网。

**实训步骤**

① 下载并安装 360 杀毒软件。

a. 打开 360 公司官网，在“电脑安全”中单击“杀毒”按钮，下载“360 杀毒软件”，如图 9-15 所示。

b. 双击打开安装程序，完成 360 杀毒软件的安装，如图 9-16 所示。

图 9-15　下载 360 杀毒软件

图 9-16　安装 360 杀毒软件

② 360 杀毒软件的配置。安装完成后，单击右下角托盘中的“360 杀毒”图标，打开 360 杀毒软件主界面，单击界面右上角的“设置”，勾选“登录 Windows 后自动启动”复选框（见图 9-17）；选中“定时升级 每天 10:00”单选按钮（见图 9-18）；选择“实时防护设置”，监控文件类型选择“监控所有文件”（见图 9-19），设置完成后单击“确定”按钮。

图 9-17　常规设置

图 9-18　升级设置

图 9-19　实时防护设置

③ 病毒的扫描与清除。

a. 打开 360 杀毒软件的主界面，单击“快速扫描”按钮进行扫描，如图 9-20 所示。

b. 扫描完成后，单击“立即处理”按钮，如图 9-21 所示。

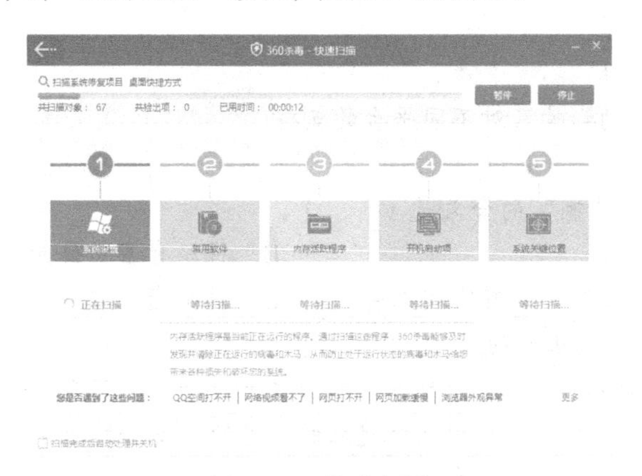


图 9-20　快速扫描

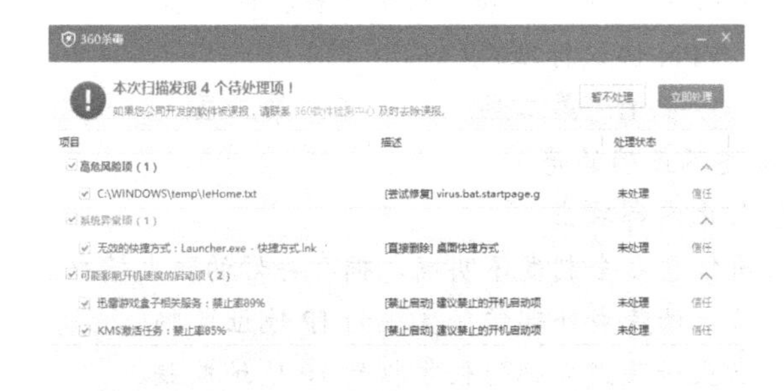


图 9-21　处理异常

**问题与思考**

① 杀毒软件的作用是什么？

② 常用的杀毒软件有哪些？

# 小　　结

本章主要对加密技术、VPN 技术、防火墙技术和入侵检测技术四种常用网络安全技术进行了简要介绍，总结归纳了网络安全的目标。

# 习　　题

## 一、选择题

1. 密码学的目的是（　　）。

A. 研究数据加密　　　　B. 研究数据解密

C. 研究数据保密　　　　D. 研究信息安全

2. 网络安全最终是一个折中的方案，即安全强度和安全操作代价的折中，除增加安全设施投资外，还应考虑（　　）。

A. 用户的方便性

B. 管理的复杂性

C. 对现有系统的影响及对不同平台的支持

D. 以上都是

3. “公开密钥密码体制”的含义是（　　）。

A. 所有密钥公开　　　　B. 将私有密钥公开，公开密钥保密

C. 将公开密钥公开，私有密钥保密　　　　D. 两个密钥相同

4. 以下关于 VPN 说法正确的是（　　）。

A. VPN 指的是用户自己租用线路，和公共网络物理上完全隔离、安全的线路

B. VPN 指的是用户通过公用网络建立的临时的、安全的连接

C. VPN 不能做到信息认证和身份认证

D. VPN 只能提供身份认证、不能提供加密数据的功能

5. IPSec 是（　　）VPN 协议标准。

A. 第一层　　B. 第二层　　C. 第三层　　D. 第四层

6. 关于防火墙的描述不正确的是（　　）。

A. 防火墙不能防止内部攻击

B. 如果一个公司信息安全制度不明确，拥有再好的防火墙也没有用

C. 防火墙可以防止伪装成外部信任主机的 IP 地址欺骗

D. 防火墙可以防止伪装成内部信任主机的 IP 地址欺骗

7. 关于 VPN，以下说法不正确的有（　　）。

A. VPN 的本质是利用公网的资源构建企业的内部私网

B. VPN 技术的关键在于隧道的建立

C. GRE 是三层隧道封装技术，把用户的 TCP/UDP 数据包直接加上公网的 IP 报头发送到公网中去

D. L2TP 是二层隧道技术，可以用来构建 VPDN

## 二、填空题

1. 密码系统包括四个方面：__________、__________、__________、__________。

2. 如果加密密钥和解密密钥__________，这种密码体制称为对称密码体制

3. VPN 按照组网应用分类，主要有哪三类型：__________、__________、__________。

## 三、问答题

1. 简述网络安全的目标。

2. 加密体制由几元组构成？

3. 举例已用到的 VPN 技术。

4. 防火墙有几种检测技术？

5. 入侵检测的技术有哪些？

# 参 考 文 献


[1] TANENBAUM S A. 计算机网络[M]. 5 版. 严伟，潘爱民，译. 北京：清华大学出版社，2012.

[2] 华为技术有限公司. HCNA 网络技术学习指南[M]. 北京：人民邮电出版社，2015.

[3] 谢希仁. 计算机网络[M]. 6 版. 北京：电子工业出版社，2013.

[4] 谢钧，谢希仁. 计算机网络教程[M]. 4 版. 北京：人民邮电出版社，2014.

[5] 黄传河. 计算机网络[M]. 北京：机械工业出版社，2010.

[6] 吴功宜. 计算机网络[M]. 3 版. 北京：清华大学出版社，2011.

[7] 郭秋萍，陈建辉. 计算机网络技术及应用[M]. 北京：机械工业出版社，2010.

[8] 胡小强，戴航. 计算机网络[M]. 北京：北京邮电大学出版社，2005.

[9] 李向丽，李磊，陈静. 计算机网络技术与应用[M]. 北京：机械工业出版社，2006.

[10] 邢彦辰. 数据通信与计算机网络[M]. 北京：人民邮电出版社，2015.

[11] FINKENZELLER K. 射频识别技术原理与应用[M]. 6 版. 王俊峰，译. 北京：电子工业出版社，2015.

[12] 夏巴纳，于里安. RFID 与物联网[M]. 北京：清华大学出版社，2016.

[13] 黄玉兰. 物联网：射频识别（RFID）核心技术教程[M]. 北京：人民邮电出版社，2016.

[14] 麦克依文，卡西麦利. 物联网设计：从原型到产品[M]. 张崇明，译. 北京：人民邮电出版社，2015.

[15] HASSAN T, CHATTERJEE S. A Taxonomy for RFID [C]. Proceedings of the 39th Hawaii International Conference on System Sciences, 2006:1–10.

[16] WANT R. An Introduction to RFID Technology. Pervasive Computing [J], 2006: 25–33.

[17] EEINSTEIN R. RFID: a technical overview and its application to the enterprise. IT Professional [J], 2005:27–33.

[18] LANDT J. The History of RFID. IEEE Protentials [J], 2005: 8–11.

[19] FLOYD R E. Radio frequency identification. Canadian Conference on Electrical and Computer Engineering [J], 1993: 377–380.

[20] BASAT S, LIM K, KIM I, et al. Design and Development of a Miniaturized Embedded UHF RFID Tag for Automotive Tire Applications [C]. 2005 Electronic Components and Technology Conference, 2005: 867–870.

[21] PARK J H, SEOL J A, OH Y H. Design and implementation of an effective mobile healthcare system using mobile and RFID technology [C]. Proceedings of 7th International Workshop on Enterprise networking and computing in Healthcare Industry, 2005: 263–266.

[22] BAPTISTE P, BIDEAUX E, HARWOOD D J. Design and operation of multiple trackless automatically guided vehicle systems [C]. IEE Colloquium on Innovations in Manufacturing Control Through Mechatronics, 1995: 1–4.

[23] RECORD P, SCANLON W. An identification tag for sea mammals [C]. IEE Colloquium on RFID Technology, 1999: 1–5.

[24] LANDWEHR C E. Speaking of Privacy [J]. IEEE Security & Privacy Magazine, 2006: 4–5.

[25] ZHOU Z, CHEN B, YU H. Understanding RFID Counting Protocols [J]. IEEE/ACM Transactions on Networking, 2016(24):312–327.

[26] PARLAK S, MARSIC I, SARCEVIC A, et al. Passive RFID for Object and Use Detection during Trauma Resuscitation [J]. IEEE Transactions on Mobile Computing, 2016(15): 924–937.

[27] YANG L, CAO J, ZHU W P, et al. Accurate and Efficient Object Tracking Based on Passive RFID [J]. IEEE Transactions on Mobile Computing, 2015 (14):2188–2200.

[28] ABDULLAH S, ISMAIL W, HALIM Z A, et al. Investigating the effects of conveyor speed and product orientation on the performance of wireless RFID system in production line using factorial design [C]. Science and Information Conference (SAI), 2015:519–524.

[29] NARMADA A, RAO P S. Zigbee Based WSN with IP Connectivity [C]. 2012 Fourth International Conference on Computational Intelligence, Modelling and Simulation, 2012: 178–181.

[30] ASHWINI W. Nagpurkar, Siddhant K. Jaiswal. An overview of WSN and RFID network integration [C]. 2015 2nd International Conference on Electronics and Communication Systems (ICECS), 2015: 497–502.

[31] Ahmed R Z, RAJASHEKHAR C. Biradar. Data aggregation for pest identification in coffee plantations using WSN: A hybrid model [C]. 2015 International Conference on Computing and Network Communications (CoCoNet), 2015:139–146.

[32] TSAI C W, HONG T P, SHIU G N. Metaheuristics for the Lifetime of WSN: A Review [J]. IEEE Sensors Journal, 2016(16):2812–2831.

[33] NAYAK P, DEVULAPALLI A. A Fuzzy Logic–Based Clustering Algorithm for WSN to Extend the Network Lifetime [J]. IEEE Sensors Journal, 2016(16): 137–144.

[34] AKBAS A, YILDIZ H U, TAVLI B, et al. Joint Optimization of Transmission Power Level and Packet Size for WSN Lifetime Maximization [J]. IEEE Sensors Journal, 2016(16):5084–5094.

[35] 聂景楠. 多址通信及其接入控制技术[M]. 北京：人民邮电出版社，2006.

[36] 王营冠，王智. 无线传感器网络[M]. 北京：电子工业出版社，2012.

[37] 胡飞，曹小军. 无线传感器网络：原理与实践[M]. 牛晓光，宫继兵，译. 北京：机械工业出版社，2015.

[38] 杨双华. 无线传感器网络：原理、设计和应用[M]. 张燕，叶成荫，王宏亮，等，译. 北京：机械工业出版社，2015.

[39] 刘伟荣，何云. 物联网与无线传感器网络[M]. 北京：电子工业出版社，2013.

[40] 洪利，王敏，章扬. 无线 CPU 与移动 IP 网络开发技术[M]. 北京：北京航空航天大学出版社，2008.

[41] 李晓辉，顾华玺，党岚君. 移动 IP 技术与网络移动性[M]. 北京：国防工业出版社，2009.

[42] 陈月云. ALL–IP 无线移动网移动性管理[M]. 北京：国防工业出版社，2010.